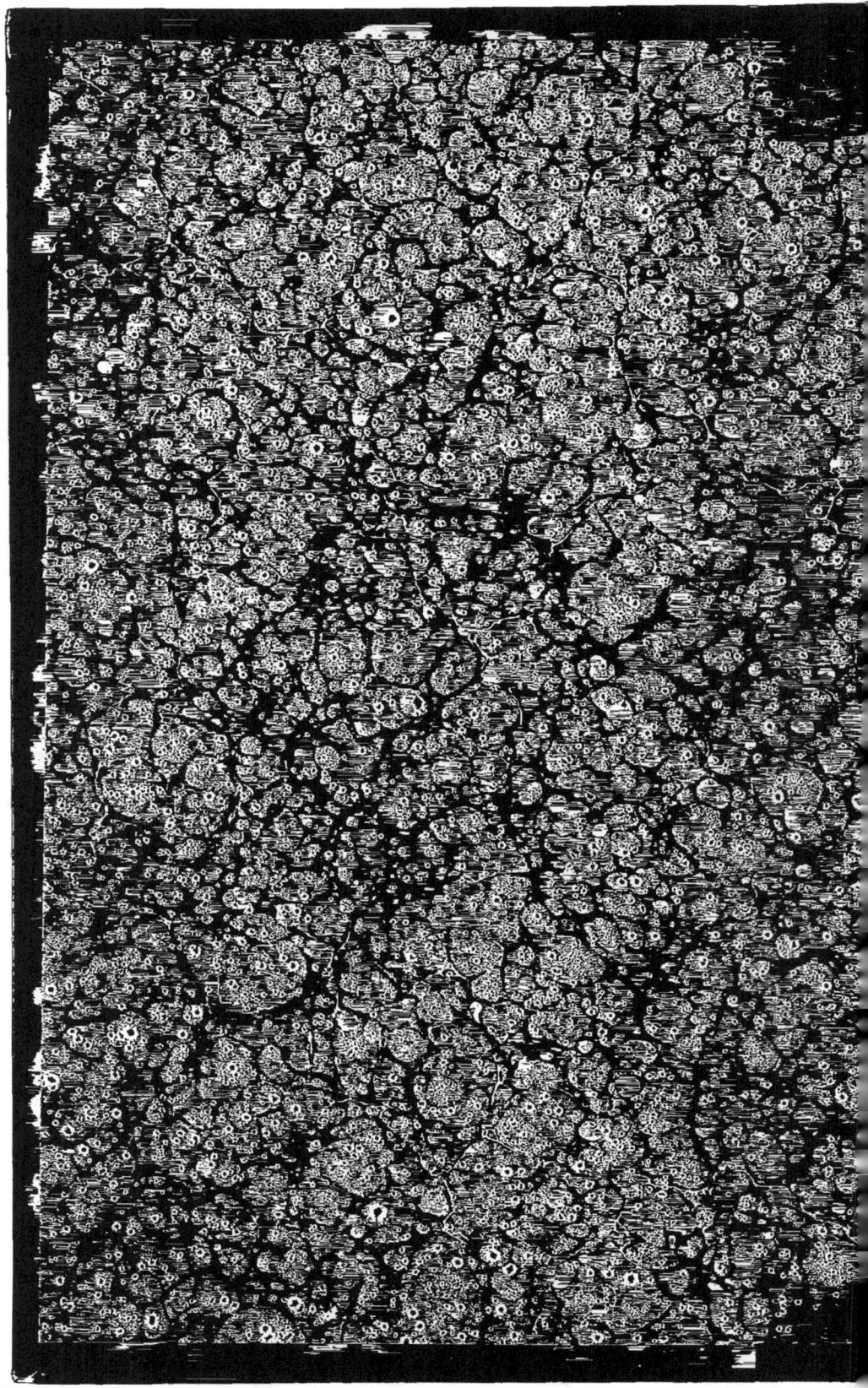

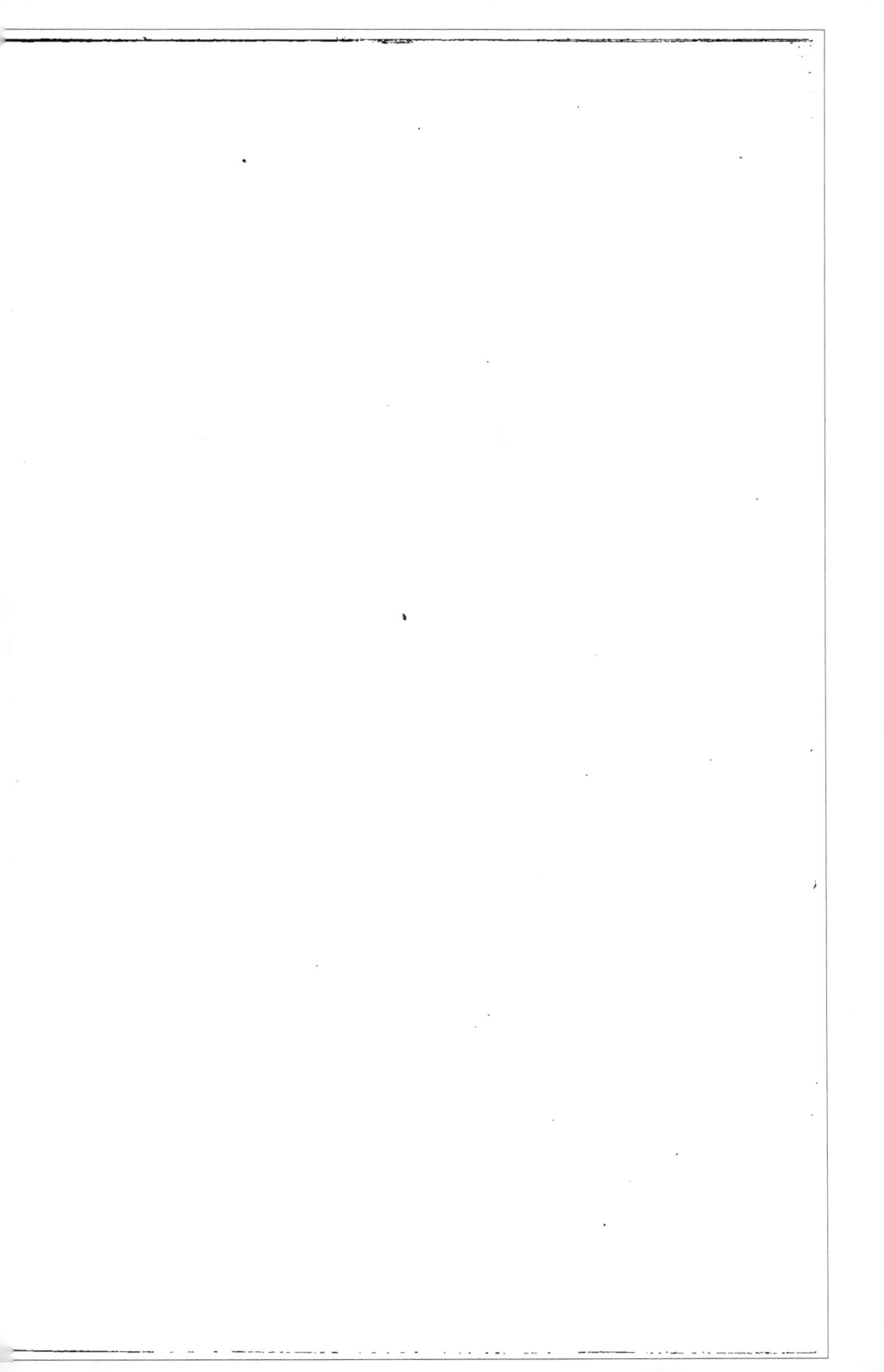

To 108

T 3310.
Amt.

COURS COMPLET

DE

PHYSIOLOGIE,

DISTRIBUÉ EN LEÇONS.

I.

Tous les exemplaires qui ne seront pas revêtus de ma
signature seront réputés contrefaits. Les contrefacteurs
seront poursuivis selon les lois.

PARIS. — De l'Imprimerie d'A. EGRON, rue des Noyers, n° 37.

COURS COMPLET
DE PHYSIOLOGIE,
DISTRIBUÉ EN LEÇONS,

OUVRAGE POSTHUME

DE J.-C.-M. DE GRIMAUD,

CONSEILLER, MÉDECIN ORDINAIRE DU ROI,
PROFESSEUR EN MÉDECINE DE L'UNIVERSITÉ DE MONTPELLIER ;

PUBLIÉ PAR SON DISCIPLE ET SON AMI,

LE DOCTEUR LANTHOIS,

Membre de l'ancienne Académie de Médecine de Paris et du Comité
d'Emulation de la même ville ;

*auteur de la Nouvelle Théorie de la Phthisie Pulmonaire, et de la
Réfutation de la Médecine anglaise du docteur Clare sur les
Maladies syphilitiques par les injections.*

SECONDE ÉDITION,

REVUE, CORRIGÉE, ET ENRICHIE DE NOTES.

TOME PREMIER.

PARIS,

A. ÉGRON, Imprimeur-Libraire, rue des Noyers, n° 37 ;
GABON, Libraire, rue de l'École de Médecine, n° 3 ;
CROCHARD, Libraire, rue des Maçons-Sorbonne, n° 3 ;
L'HEUREUX, Libraire, quai des Augustins, n° 27 ;
BÉCHET jeune, Libraire, place de l'École de Médecine;
Et chez l'Éditeur, rue de Richelieu, n° 108.

1824.

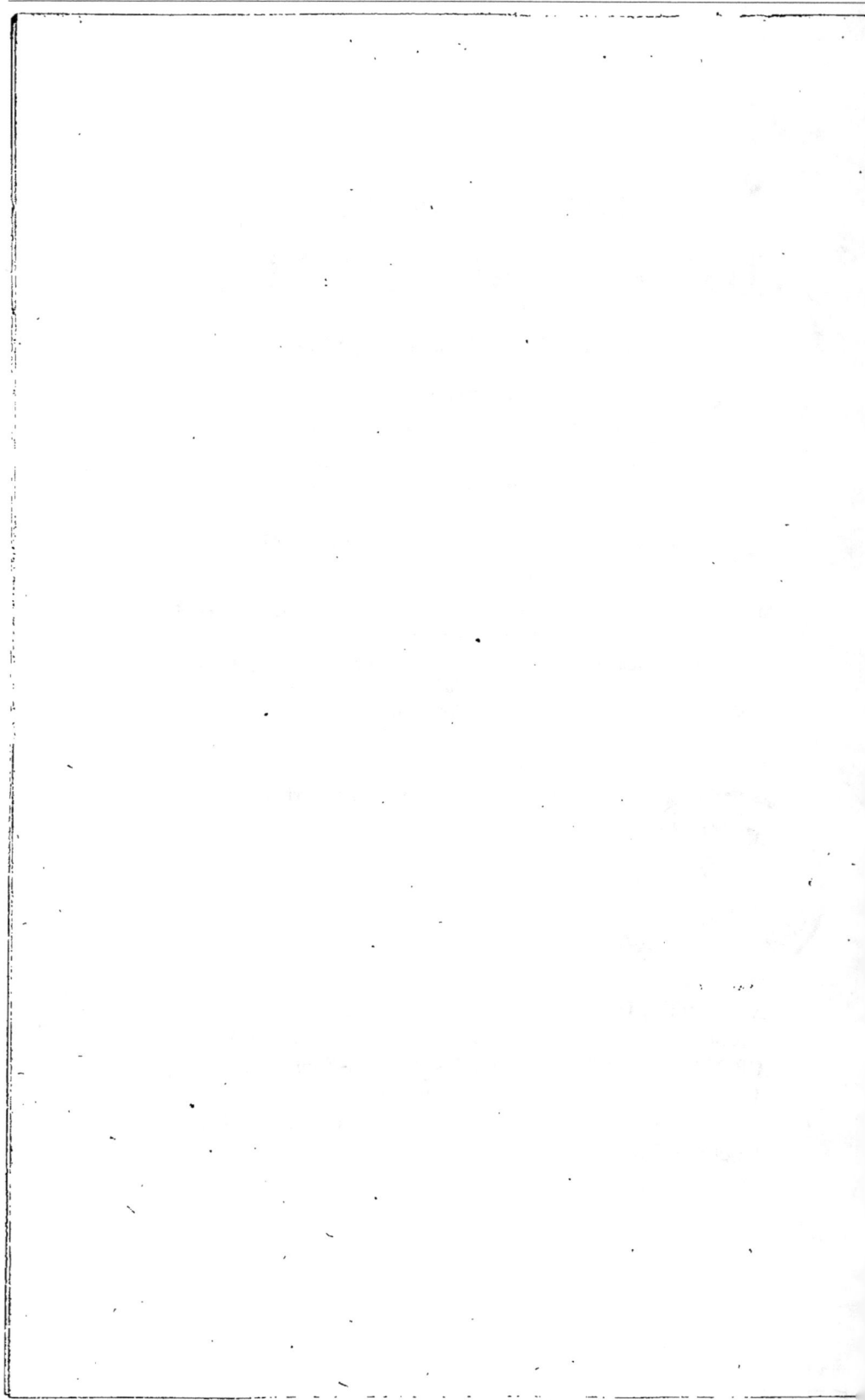

DÉDICACE

DE L'ÉDITEUR

AUX

ÉLÈVES EN MÉDECINE.

En dédiant à la jeunesse le principal ouvrage d'un homme qui consuma toute sa vie pour l'instruction, c'est moins un don que je lui fais, qu'un legs que je lui restitue.

Elle ne trouvera pas sans doute ici des choses dont elle n'ait pu voir le développement dans les brillants traités qui sont l'objet de ses études; mais qu'elle songe que, dans tout ce qui touche à l'enseignement, l'ordre et la précision passent avant le luxe et la pompe du style.

D'ailleurs, si la vue se délecte dans des

compartiments fleuris, elle s'y égare quelquefois, au lieu qu'un cadre resserré, mais régulier, la fortifie : si l'esprit a ses délices, la
mémoire a ses besoins.

PRÉFACE DE L'ÉDITEUR.

UNE loi des Perses, au rapport de Diodore de Sicile, décernait de fortes peines contre les ingrats. Si cette loi fut jamais transportée parmi nous, il faut convenir qu'elle est bien tombée en désuétude. Il faut le dire, notre siècle est un siècle d'orgueil, et l'orgueil ne va pas sans l'ingratitude : un fol amour d'indépendance nous représente tout devoir comme un joug, tout hommage comme une honte ; nous jouissons du bienfait sans aimer le bienfaiteur ; nous profitons des veilles de nos devanciers, nous nous enrichissons de leurs travaux, et nous voudrions pouvoir ensevelir les monuments de leur gloire, et jusqu'à leurs noms.

C'est parmi les écrivains surtout que cette ingratitude est commune : race orgueilleuse et jalouse, leurs yeux sont blessés d'une renommée nouvelle ou étrangère, plutôt que flattés d'une découverte inattendue ; ils haïssent les premiers pour être venus avant eux, et les seconds à cause de l'invention. Si par pudeur, ou pour s'épargner le reproche d'ignorance, ils allèguent quelquefois des vices secrets, c'est moins comme une autorité que comme un témoignage, et quand ils devraient invoquer les anciens pour patrons, ils ne les introduisent qu'en qualité d'auxiliaires, et comme étant plus à leur portée ; ils outragent les modernes de leur langue (1), et les plus grands hommes

_____

(1) Après le peu de bien que j'aurai pu faire pendant ma vie, ce qui sera plus glorieux et plus honorable pour moi, sera sans doute la haine de mes calomniateurs.

ne sont pas exempts, je voudrais dire de ce travers, mais le mot serait trop doux, c'est le mot vice qui convient.

Racine, pillant l'*Hyppolite* de Sénèque, et ne mentionnant pas Sénèque dans la moindre de ses notes ; Molière, pillant *Cyrano de Bergerac*, sous le spécieux prétexte que l'on prend son bien où on le trouve, sont de grands exemples de cet irrésistible penchant de l'esprit humain; car ici l'opulence dérobait à la médiocrité.

Qu'importe dans quel siècle et à quelle époque que fut prononcé le *Qu'il mourût*, ou à quelle source le Grand Corneille a puisé le *Moi* de Médée? et quand un autre que le Dante s'attribuerait la terrible inscription des portes de l'Enfer (1), pourvu que cette inscription dure autant qu'elle le doit, la postérité ne sera pas frustrée : c'est que la poésie est un sentiment, et que le sentiment est un acte ; depuis le commencement des siècles elle est la manifestation de l'homme intérieur, lequel ne change pas. Il n'en est pas de même pour la science : les titres et les origines en sont une partie essentielle; comme elle ne se compose que d'analise et d'investigation, rien de ce qui marque le point de départ et les progrès de l'esprit humain ne lui est étranger. On ne reconnaîtra la mécanique et la chimie dans tout ce qu'elles sont, que quand on aura classé dans la tête la succession des systèmes dont elles sont l'objet : l'itinéraire est ici presque autant que le but du voyage. On aurait tort de prendre ceci pour un lieu commun; il me répugnerait trop de commencer par des digressions.

(1)   Lasciate ogni speranza voi ch' entrate.
        Ici plus d'espérance, entrez.

Depuis Grimaud, sans doute, la physiologie a fait des pas de géants, surtout elle a revêtu les couleurs les plus brillantes, trop brillantes peut-être (1); car, dût la mémoire de Buffon s'élever contre moi, je n'aime pas la science parée du manteau de la poésie : c'est comme si la vérité affectait les dehors du mensonge.

Il y a sûrement moins de recherche, plus de sécheresse, si l'on veut, dans les leçons à-peu-près improvisées de mon jeune professeur, avec plus de simplicité : mais quelle clarté de style ! quelle propriété d'expression ! quelle attention paternelle à soulager l'esprit de ses auditeurs par des divisions qui ne sont ni assez fréquentes pour détruire la doctrine, ni assez rares pour en déguiser les éléments ! Et qu'on n'aille pas croire que je loue une qualité afin de masquer un défaut ; que je vante la sagesse de sa marche, afin d'en dissimuler la faiblesse : lui aussi a parlé en maître, sa voix aussi a pris quelquefois cet accent mâle et noble qui convient à la véritable philosophie. Il est vrai que l'audace de son génie aimait à fléchir devant l'Etre que l'œil de l'homme ne saurait envisager sans terreur et sans amour ; il est vrai que cette raison supérieure et toujours maîtresse de son sujet respectait des limites que toutes les forces réunies de toutes les générations humaines tenteraient en vain d'ébranler. Grimaud ne s'avisa jamais de soumettre au calcul les quantités mo-

(1) Je proteste d'avance contre toute allusion maligne, toute interprétation offensante, dans cette même page, qui reproche au génie ses injustices ; j'aime à déposer l'hommage de mon estime profonde et de mon admiration sincères pour les deux flambeaux de la science physiologique, Richerand et Bichat.

rales, de représenter la sensibilité comme un accident du
mouvement, de régir la liberté par les lois de la nécessité,
de substituer à l'intelligence infinie je ne sais quelles com-
binaisons aveugles et fortuites, et de déguiser sous un nom
pompeux un mensonge aride et désespérant.

Avec sensualité, Grimaud croyait en Dieu. « Je serais
« heureux, dit-il (pag. 53, tom. I), si vous deviez tirer
« de mon travail de nouvelles raisons de vous convaincre
« de l'existence du premier Etre, de l'Etre qui a créé et
« ordonné les mondes, qui fit les animaux de toute espèce,
« qui a constamment réglé leur organisation sur leurs be-
« soins, qui a assuré à chacun toute la plénitude des biens
« que pouvait comporter son organisation, et pour qui
« l'homme, qu'il a appelé à la contemplation de tant de
« merveilles, ne saurait être un objet indifférent. »

Cette idée, présentée à ses auditeurs, dès le début, est
manifestement l'idée-mère de l'ouvrage. Galien avait dit :
C'est dans le cadavre que la Majesté Divine éclate.
Elle éclate bien mieux dans l'homme vivant, dans l'étude
approfondie de cette action secrète, qui n'appartient pas
sans doute à l'ordre intellectuel qu'il présente, et qui cependant contrarie les lois de la physique ; dans la physiologie, enfin, dont l'anatomie n'est qu'un chapitre. Grimaud
tend toujours vers ce but, et il l'atteint toujours.

Ecoutez-le parler du sommeil, de cet état mystérieux
où l'âme semble reprendre son indépendance, et se révèle
à elle-même sa nature. « Un des phénomènes les plus in-
« téressants, dit-il, (tom. II, pag. 209), dans l'histoire
« du réveil, c'est que la durée peut devenir arbitraire,
« et qu'une volonté bien décidée fixe le réveil à un

« instant précis, il faut dès-lors que l'âme mesure la
« durée du sommeil : cependant elle ne peut absolument
« prendre aucune connaissance ni de cette mesure, ni de
« l'acte qui la détermine ; voilà donc une de ces connais-
« sances intuitives, dont nous avons parlé quelqufois ; qui
« sont dans l'âme sans qu'elle puisse les apercevoir, parce
« qu'elle ne les doit point à l'exercice des sens, et que,
« dès-lors, elle ne peut se les représenter, se les figurer
« d'une manière grossière, et les rendre ainsi le sujet de
« la réflexion, de l'imagination et de la mémoire. »

Le livre que je donne au public n'appartient pas seulement à une physiologie dogmatique, il appartient aussi à
la critique et à l'histoire de la physiologie. Vous y trouverez, avec la plupart des nombreuses et lumineuses découvertes de la médecine moderne, des indications qui
n'ont pas été toutes ignorées ni effacées par des découvertes nouvelles. L'ancienne médecine, aujourd'hui si
rabaissée, n'était pas tout-à-fait digne de mépris ; il y
avait aussi quelques lumières chez ces premiers investiga-
teurs ; les prodiges de la nature vivante n'avoient point
passé sous leurs yeux sans laisser quelques traces dans leur
cerveau ; et j'oserais répondre qu'Hippocrate et Galien,
s'ils revenaient au monde, ne seraient pas jugés indignes
d'une place à la Société Royale. Il faut savoir gré à mon
illustre professeur de sa vénération pour la sciences des
pères de la médecine. Il n'avait que trente ans environ, à
l'époque où il écrivait son livre, et, dans cet âge de l'orgueil et des illusions ambitieuses, il n'éprouvait pour ces
hautes renommées qu'un respect filial ; il ne sentait que
le besoin de la justice. Personne, mieux que lui, n'a su

apprécier Galien, dont les jeunes gens ne rappellent guère aujourd'hui les écrits que pour mémoire, et qui cependant devança un de nos procédés chirurgicaux les plus hardis, en pratiquant la section d'une partie du sternum, pour mettre le poumon à découvert, dix-sept siècles avant qu'un de nos plus habiles maîtres en chirurgie, pour sauver un malade dans une situation désespérée, se fût décidé à couper une portion considérable des côtes et à découvrir le cœur. Mais on vante beaucoup la salutaire hardiesse de l'opérateur, et l'on se tait sur l'inventeur : est-ce que le discrédit de Galien, par ce silence affecté, ne tiendrait pas à quelque cause qu'on craint d'avouer ? Ne serait-ce pas une protestation secrète de l'orgueil qui prétend tout savoir, contre le maître illustre qui déclarait qu'*il n'y a que l'Ouvrier divin qui connaisse vraiment son ouvrage ?*

Grimaud avait, le premier, ouvert la carrière, et il paraît aujourd'hui le dernier : le punira-t-on d'un retard qu'il n'était pas en lui d'éviter, et pour avoir montré ses titres au public, long-temps après que ses puînés en avaient eu connaissance, est-il juste qu'il soit privé de son droit d'aînesse ? Et maintenant que le voilà tout entier avec ses élucubrations si dignes d'admiration et de respect; mais encore avec la pureté de ses intentions morales; grand de sa science profonde, plus grand peut-être de ses modestes aveux; sage conseiller de la jeunesse; honorable modèle pour ceux qui la conduisent; non moins utile à la pratique qu'à l'enseignement; redoutable ennemi de ce faux savoir qui déifie les effets pour matérialiser les causes, ferions-nous à lui l'injure, et à nous le tort de le dédaigner ?

LEÇON

LEÇONS
DE PHYSIOLOGIE.

~~~~~~~~~

Je me propose dans ce cours de traiter de
la Physiologie, ou de la science qui a pour
objet de présenter les fonctions du corps
vivant, qui s'exercent dans l'état de santé,
et qui la constituent. Il faudra rechercher
l'ordre dans lequel se suivent ces fonctions,
marquer les rapports qui les unissent; et
surtout il faudra tâcher de s'élever, par des
analogies simples, aux lois qui les règlent, et
les dirigent. Il est bien évident, dès-lors, qu'il
faudra commencer par donner, le plus exactement qu'il sera possible, l'histoire de ces
fonctions; puisque tous nos raisonnements,
qui ne portent pas sur des faits, ne sauraient
aboutir qu'à des conséquences d'une application vicieuse par rapport aux choses vraiment existantes, ou par rapport aux productions réelles de la nature. Il est évident aussi
que nos observations doivent être déduites
principalement de l'état vivant. Cependant

I.

comme cette marche qui est la plus naturelle,
la seule véritablement utile, est assez communément négligée : comme les travaux de
la plupart des modernes ne roulent que sur
l'état de cadavre et de mort, et que leur
science physiologique, aussi bornée que leur
génie, ne donne que des résultats anatomiques, résultats stériles, minutieux; il ne
sera pas inutile de vous parler d'abord de
l'anatomie et de fixer vos idées sur les avantages réels que notre science peut en retirer;
c'est ce que je ferai dans cette première leçon.

OSTÉOLOGIE SÈCHE.

LEÇON PREMIÈRE.

De l'utilité de l'anatomie pour l'art de guérir les affections des parties extérieures.

L'ANATOMIE s'occupe de la division, de la dissection des corps ordonnés, je veux dire des corps ou des agrégés naturels qui se présentent sous une forme régulière et constante. Cette science, prise dans son étendue, embrasse le système général des êtres construits, *entia structa*, selon la doctrine de Stahl; et son objet est de développer pleinement et de présenter par ordre tous les phénomènes, toutes les circonstances de structure et d'organisation.

Je ne crois pas devoir m'arrêter ici à vous présenter le tableau historique de l'anatomie, et à suivre les progrès, les vicissitudes de cette science à travers les révolutions des temps. Il me paraît que les objets de cette nature sont peu propres à être traités dans un discours public, parce qu'il est très-peu d'esprits sur lesquels ils puissent faire des impressions durables et vraiment utiles. Je crois donc plus avantageux de vous renvoyer tout d'un coup aux auteurs qui en ont écrit, par exemple, à l'histoire anatomique de Goelike, à la préface que Manget a mise à la tête de sa Bibliothèque anatomique, et surtout à l'excellente Histoire de la Médecine de M. Le Clerc, médecin de Genève : vous trouverez dans cet ouvrage une profonde érudition, mais surtout un grand sens, beaucoup de jugement, une critique éclairée ; avantages bien supérieurs à l'érudition, et qui sont infiniment plus rares.

Je me bornerai à quelques remarques générales. En rassemblant le petit nombre de monuments qui nous restent, il paraît, à la première vue, que l'anatomie a été cultivée dans des temps très-reculés, et peut-être, quoi que disent bien des modernes, serait-il facile de montrer que cette science était cultivée alors d'une manière plus lumineuse, plus philosophique, plus vraiment intéressante qu'elle ne l'a été depuis, et même qu'elle ne l'est de nos jours.

Galien nous apprend que tous les premiers *Asclépiades* étaient anatomistes. Alors les connaissances se transmettaient par voie de tradition des pères aux enfants, et il n'y avait point de livres qui en traitassent, parce que les faits anatomiques étaient si répandus, les procédés pour les acquérir si familiers, que des livres sur ces objets eussent été absolument inutiles. Ce ne fut que chez leurs descendants, lorsque, par un progrès trop naturel, le goût de la dissipation et des plaisirs eut pris là place de cet ardent amour pour la vertu et la vérité, qui avaient rendu leurs premiers aïeux si célèbres, qu'il devint nécessaire de consigner, dans des monuments durables, des connaissances importantes, que la négligence des hommes allait perdre. Ce fut Dioclès qui, le premier, se chargea de ce soin, et c'est à cet homme célèbre que nous sommes redevables des premiers traités qui se soient écrits sur l'anatomie.

Je remarque que les préjugés des anciens, ou, si vous voulez, le fond, le système des idées régnantes, devait assez naturellement les rapprocher de l'anatomie, et devait en répandre les connaissances plus généralement qu'elles ne le sont de nos jours. En effet, la mort ne s'offre plus à nous que sous un appareil effrayant et terrible. Tout ce qui nous en rappelle l'idée nous étonne, nous écrase, et il faut avoir déjà secoué bien des opinions vulgaires; il faut avoir acquis une certaine force de tête et d'esprit, pour pénétrer, sans horreur, dans nos amphithéâtres. Les objets qui, aujourd'hui, nous causent des émotions si déchirantes, des sensations si révoltantes, étaient, pour les anciens, des objets familiers, des objets qui revenaient sans cesse, et dont tout le monde s'occupait. Le philosophe s'en occupait, le peuple s'en occupait; et tandis que le premier scrutait les plus beaux ouvrages de la nature, et qu'il y saisissait avec transport des preuves multipliées de l'intelligence et de la sagesse de celui qui l'avait fait, l'homme du peuple y trouvait un avertissement de mettre à profit un temps dont la durée devait être si fugitive. Ces dispositions se marquent surtout d'une manière bien saillante dans les moyens employés par les arts d'imitation : chez nous le peintre et le sculpteur ne sauraient trouver d'images assez hideuses et assez menaçantes, pour répondre à la manière dont l'idée de notre destruction nous affecte. Chez les anciens, au contraire, la mort était représentée sous des allégories douces et tendres: c'était un amour, principe de la vie, qui éteignait un flambeau; c'était un jeune enfant doucement assoupi, que l'aurore emportait; c'était la rose, la plus belle des fleurs, tombant mollement sur sa tige. Des manières si différentes d'envisager un état qui nous attend tous, et qui n'est, aux yeux du sage, que le terme de ses erreurs, de ses faiblesses et de ses maux, tiènent à une révolution bien étonnante opérée dans l'ordre de nos idées; révolution dont il serait curieux de rechercher les

causes; mais ce n'est pas l'objet qui doit nous occuper ici.

L'anatomie se présente sous deux aspects : on
peut étudier ses avantages relatifs à la médecine;
l'on peut envisager ses avantages applicables à la
philosophie, c'est-à-dire à cette partie de la science
humaine qui a pour objet de distinguer et de clas-
ser les différents ordres d'analogie, ou les rapports
de ressemblance et de dissemblance que présentent
entre eux les phénomènes de la nature. Je parlerai
d'abord des avantages de l'anatomie, considérée
dans ses rapports avec la médecine, et plus généralement avec l'art de guérir, ou plutôt l'art de
traiter, *artem curandi*; et je passerai ensuite à la
considération philosophique de l'anatomie.

Ici je dois nécessairement anticiper sur les démonstrations; et devant traiter, au commencement
de ce cours, des usages de l'anatomie, je dois nécessairement m'appuyer sur des faits anatomiques.
Mais outre qu'il est, pour ainsi dire, d'une impossibilité à peu près démontrée que, dans les cours de
l'espèce de celui-ci, on suive scrupuleusement, sans
s'en écarter jamais, les lois d'une méthode exacte et
rigoureuse, et qu'on s'impose la nécessité de ne
partir que de choses déjà écrites, définies, démontrées, j'ai l'avantage d'avoir des auditeurs déjà
instruits; et si, parmi ceux qui me font l'honneur

de m'entendre, il s'en trouve quelques-uns pour qui les objets anatomiques soient absolument neufs, ils pourront prendre comme autant d'hypothèses, autant de suppositions, autant de demandes, *tanquam postulata*, comme parlent les géomètres, les choses que je vais dire, jusqu'à ce qu'elles leur aient été convenablement démontrées, comme elles le seront dans la suite.

Pour procéder avec ordre, je considérerai, mais d'une manière rapide et générale, d'abord les accidents auxquels le corps est exposé dans ses parties extérieures ; puis je passerai aux maladies intérieures.

Par rapport aux maladies de la première classe, les utilités de l'anatomie ne sauraient être équivoques. Il est bien évident que, si vous ne savez pas la manière dont les os sont unis et assemblés, dans les circonstances où ils seront désunis, séparés, disjoints, *luxés*, comme on dit dans l'école, vous ne saurez ni le degré, ni l'intensité, ni la direction des mouvements à employer pour les rétablir dans leur situation naturelle. Si vous ne connaissez pas la direction des os, la courbure presque insensible qu'affectent la plupart d'entre eux, et le sens dans lequel se fait cette courbure, lorsque ces os seront rompus, et que les pièces en seront séparées, vous ne pourrez pas replacer

ces pièces de manière à les adapter précisément,
et à les faire correspondre exactement l'une à
l'autre; et vous ne saurez pas fixer cette situation
convenable pendant l'intervalle de temps assez long,
nécessaire à la production du nouveau corps qui
doit retenir et souder ces pièces ainsi séparées.
C'est un des objets les plus importants dans la
pratique de la chirurgie, sur lequel vous trouverez
d'excellents préceptes dans le traité des fractures
d'Hippocrate, éclairci par le commentaire de
Galien. Si vous ne connaissez point l'ensemble
des qualités superficielles des os, leur habitude,
leur port extérieur, s'il m'est permis de parler
ainsi, vous prendrez journellement pour des accidents contre nature, ce qui n'est que l'effet des
dispositions naturelles. On se rappèle à cette occasion le malheur d'Hippocrate, qui prit pour
des fractures une des sutures du crâne; c'est ce
grand homme qui nous fait lui-même l'aveu de
cette faute. On a beaucoup vanté sa candeur, on
la vantera beaucoup encore; mais c'est un exemple
qui, malheureusement, comptera toujours bien
plus d'admirateurs que d'imitateurs. Parmi nombre
d'observations analogues que je pourrais citer, je
me borne à une seule, qui m'a paru frappante,
et qui peut se représenter communément. Je la
tire de l'ouvrage de M. Morgagni. Cet excellent
anatomiste et excellent écrivain, quoique d'une

I.   2

exactitude qui dégénère quelquefois et devient mi-
nutieuse, nous dit qu'il fut appelé par un médecin
pour consulter avec lui sur le sort d'un malade
qui, disait-on, avait des obstructions dans le bas-
ventre. Ce malade était alité depuis quelques mois,
et réduit à un état de maigreur extrême. Morgagni,
en palpant le bas-ventre, vit bientôt que cette tumeur prétendue, pour laquelle on avait donné des
fondants, des apéritifs, des désobstruants de toute
sorte, n'était que l'effet de la saillie ou de la projection en avant que forment les vertèbres lombaires. Morgagni part de cette observation pour
faire une sortie assez vive sur les médecins qui
nient les avantages de l'anatomie. Cette sortie est
fondée en raison : il faut avouer cependant qu'elle
est déplacée; car, parmi les détracteurs les plus
outrés de l'anatomie, il ne s'en est point trouvé
qui aient révoqué en doute l'utilité de connaissances
de l'espèce de celle-ci.

Dans les opérations qui se présentent à faire, si
vous ne savez point la direction des vaisseaux qui
rampent sous la peau, vous risquez à chaque instant d'ouvrir des vaisseaux d'un grand diamètre,
et de produire des effusions de sang, des hémorrha-
gies, qui peuvent devenir promptement mortelles.

Si les matières épanchées et corrompues auxquelles vous devez procurer, par des incisions

convenables, des issues que la nature leur refuse ;
si ces matières se trouvent contenues sous un plan
musculeux, il faut alors faire des entailles, des
incisions dans ce muscle, afin de pénétrer jusqu'au
foyer de la matière dont vous voulez procurer l'é-
vacuation. Or, si vous faites cette incision par une
section qui soit perpendiculaire à la direction des
fibres musculaires, non-seulement vous produirez
une très-large blessure, parce que les parties que
vous détachez se retirent d'une quantité très-considérable, par l'effet de la force de contractilité
qui les anime, comme nous le verrons dans la
suite ; mais ce qui est bien plus considérable, vous
détruisez l'action de ce muscle, puisque l'action
d'un muscle consiste exclusivement dans sa contraction, c'est-à-dire dans le rapprochement mutuel de ses extrémités, et que cette contraction,
ce rapprochement, ne peuvent plus se faire, lorsque
vous avez coupé ce muscle transversalement, et
qu'il n'y a plus de moyen d'adhérence entre ses
extrémités ; alors, si le muscle que vous avez coupé
de cette manière est chargé de l'exercice de quelque mouvement, vous avez, par cette opération
maladroite, éteint pour toujours la source de ce
mouvement. (Galien nous apprend qu'il avait été
témoin de nombre d'accidents de cette espèce, et
qu'il en avait prévenu quelques-uns, en marquant
à l'opérateur la manière dont il devait diriger son

incision.) Si la section du muscle n'était pas complète, les parties détachées, en se contractant, exerceraient sur les fibres entières un tiraillement continuel qui, très-souvent, est suivi de convulsions fort dangereuses.

Au contraire, si vous connaissez parfaitement la direction des fibres musculaires, et que vous conduisiez la section par des lignes qui soient parallèles à la direction de ces fibres, vous ne produisez que des blessures peu étendues, et qui se ferment, se cicatrisent facilement; mais surtout, Messieurs, vous laissez subsister l'action du muscle dans toute son intégrité ; car, selon l'expérience de Willis, et, plus anciennement, de Galien et de Vésale, si on partage un muscle en plusieurs lambeaux par des lignes de section qui soient menées parallèlement à la direction des fibres, chaque portion de ce muscle se contracte encore avec autant de force que le muscle entier. Une conséquence qui suit naturellement de cette expérience, et que je puis énoncer ici, c'est que le mouvement musculaire ne dépend pas de filets nerveux qui passent transversalement d'une fibre à l'autre, comme l'ont cru Tauvry et Werreyen : mais c'est ce qui sera traité dans la suite avec avantage.

La connaissance de la distribution des muscles,

de leurs points d'attache et d'insertion, donne
les moyens de concevoir des accidents absolument
inexplicables pour ceux qui ne sont point fournis
de ce genre de connaissances. Elle donne des
aperçus intéressants sur le traitement des accidents
auxquels les muscles sont exposés, surtout par l'impression des causes extérieures, en marquant la
partie de ces muscles sur laquelle les topiques
doivent être appliqués ; parties quelquefois très-
éloignées de celles sur lesquelles les symptômes
se manifestent, et qui seraient cependant les seules
que se proposerait de traiter celui qui ne serait
pas instruit de la distribution des muscles. C'est
un objet d'une application très-étendue dans la
pratique de la médecine, sur lequel nous aurons
occasion de revenir souvent, et sur lequel vous
pouvez consulter, en attendant, une dissertation
de M. Crawfort, insérée dans le sixième tome de la
collection d'Edimbourg. Cette société d'Edimbourg
me paraît une des sociétés savantes dont les travaux
soient les plus intéressants, et qui aillent le plus
directement à notre objet.

Si vous ne connaissez pas la direction des nerfs,
vous vous exposez à les couper, et à éteindre, par ce
moyen, la sensibilité dans les parties auxquelles ils
se distribuent ; la section des nerfs est quelquefois
nécessaire dans les affections convulsives du sys-

tème qui dépendent de quelque vive irritation locale. Ce n'est pas, Messieurs, comme on le dit
communément, que les nerfs soient les seules
parties du corps animé qui soient sensibles, et
qu'ils soient les instruments immédiats et exclusifs
de la sensibilité qui est affectée à chaque organe.
Indépendamment des raisons très-multipliées qui
trouveront plus naturellement leur place dans la
suite de ces leçons, une raison qui se présente
d'elle-même, c'est que les nerfs, dans leur origine,
dans leur trajet, dans leur terminaison, ne présentent partout que des corps homogènes, des
corps similaires, des corps qui, dans leur examen
le plus attentif, n'offrent aucune distinction de
parties : dès-lors, comment veut-on attribuer à un
corps uniforme la sensibilité modifiée différemment
dans chaque organe ? Est-il rien de plus inconsé-
quent que de rapporter à une seule cause, à une
cause identique et toujours la même, nombre d'effets essentiellement différents ? Il faut enfin renoncer
à des idées qui nous ont abusés trop long-temps, et
qui sont encore si généralement répandues; il faut
s'accoutumer à voir chaque partie vivante pénétrée
de forces indéterminées, principes exclusifs des opérations qui s'y exercent. Galien comparait le corps
animal à la forge de Vulcain, dont chaque pièce,
selon la fiction d'Homère, faisait par elle-même
tout ce qu'elle devait faire, indépendamment d'au-

cune impulsion étrangère. Il faut ajouter à cette idée, par rapport à la machine animale, que les forces inhérentes à chaque organe ont besoin, pour continuer leur mouvement dans l'ordre convenable, d'être soutenues par l'influence ou l'irradiation de l'organe principal auquel elles appartiènent comme à un centre, et voir que le système général des forces vitales n'est que le produit de l'action réciproque et non interrompue qu'exercent, les uns sur les autres, ces organes majeurs, ces organes chefs, qui sont comme autant de foyers, autant de masses de vitalité. Mais ce sont des idées abstraites, dont les conséquences sont extrêmement étendues, et sur lesquelles j'aurai soin de revenir souvent dans le cours de ces leçons. (Voyez GALIEN, *com.* 2ᵉ, in libr. HIPP. *de vict.* rat. *in acut.*, vers. 47, *opera omnia*, tome 6, p. 646, édit. Frob.)

La connaissance de la distribution des nerfs donne seule les moyens de traiter convenablement bien des lésions des forces sensitives et motrices : je me borne, pour le présent, à un seul fait que rapporte Galien, qui fit, à Rome, beaucoup de bruit, et qui le mit dans une grande considération. Un homme se plaignait d'une insensibilité absolue dans trois doigts de la main, et les médecins, qui n'avaient égard qu'aux parties affectées, appliquaient sur ces parties des remèdes qui, quoique bien in-

diqués, ne faisaient rien pour la guérison. Galien,
appelé, s'informa exactement de tout ce qui avait
précédé. Il apprit que, trois mois auparavant, cet
homme avait fait une chute, et qu'il avait éprouvé
une forte contusion sur l'un des côtés du cou. Galien, en conséquence de la connaissance qu'il
avait de la distribution des nerfs, regarda la paralysie des doigts comme sympathique, et comme
une répétition d'une lésion établie dans les nerfs
cervicaux qui fournissent les nerfs des bras; il sup-
posa, dans ces nerfs cervicaux, un endurcissement
comme schirreux, amené par l'inflammation qu'ils
avaient subie; et, d'après cette idée heureuse, il
transporta sur le cou les remèdes réchauffants et
résolutifs qu'on avait jusques-là infructueusement
appliqués sur les doigts, et en très-peu de temps il
parvint à une guérison complète (1).

---

(1) Pratique de M. Pott sur la paralysie des extrémités
inférieures, décidée par une lésion de la moelle épinière,
qui se marquait par un déplacement de quelques vertèbres,
et qu'il guérit par un cautère actuel appliqué à chacun
des côtés de l'endroit affecté. Cette affection est analogue
à celles que décrit Hippocrate dans le 2ᵉ liv. *des Epid.*,
et qui paraissaient dépendre de tumeurs formées dans les
ligaments des vertèbres cervicales. Ces tumeurs déplaçaient quelques-unes de ces vertèbres. Quand dans ce déplacement les vertèbres se portaient en avant ou en arrière,

D'après les faits que je viens de rapporter, et sur lesquels il a fallu nécessairement s'en tenir aux faits majeurs et principaux, me réservant d'entrer dans des détails plus étendus, à mesure que les occasions s'en présenteront, vous voyez, Messieurs, que les connaissances anatomiques sont d'une nécessité indispensable pour le traitement méthodique des accidents auxquels le corps est exposé dans ses parties extérieures. Au reste, c'est une vérité toute évidente, et qui n'a jamais été contestée; et lorsque les anciens médecins méthodiques, en convenant de la valeur réelle de ces connaissances, voulaient qu'on attendît, pour se les procurer, les occasions

---

mais sans s'éloigner du plan vertical, ni à droite ni à gauche, il n'y avait point d'affection paralytique; mais quand elles se déplaçaient en se portant sur l'un ou l'autre côté, il survenait une affection paralytique de l'un ou l'autre bras; (Voy. GAL., *De locis affectis, lib.* 4, *cap.* 4, *t.* 4, *p.* 90.) affection paralytique des extrémités inférieures avec écoulement involontaire de l'urine et des excréments, à la suite d'une chute de cheval sur les vertèbres dorsales, traitée sans succès, parce qu'on n'eut aucun égard à la cause. THEDEN, *in Comm. lipsiens., t.* 18, *p.* 611.—*Confer.* WANSWIETEN, *t.* 2, *p.* 640.—MORGAGNI, *Epist.* 63, *n.* 19.) Dans la paralysie des extrémités supérieures, des vésicatoires appliqués à la nuque, et dans celle des extrémités inférieures, avec incontinence d'urine, sur l'os sacrum. (DICKSON, *in Comm. Lipsiæ, t.* 12, *p.* 461.)

que le hasard pourrait offrir, et qu'on se contentât
d'étudier l'anatomie dans le traitement des blessures, ces anciens médecins avançaient une chose
bien absurde, puisque, non-seulement, ils préfé-
raient des moyens de recherche difficiles et rares,
à des moyens faciles et qu'on peut se procurer
à volonté ; mais encore ils ignoraient combien
l'art de l'observation est difficile, et combien, pour
être en état de bien voir et de bien observer un
objet, surtout lorsque cet objet est fort compli-
qué, il faut l'avoir vu souvent, et l'avoir vu sous
différentes faces.

Vous devez conclure, Messieurs, de ce que je
viens de dire, que les connaissances anatomiques
qui doivent régler l'exercice de la chirurgie et l'application des topiques, doivent être prises surtout
sur les parties extérieures, et la connaissance
exacte et précise de ces parties extérieures est celle
dont l'utilité est la plus pressante pour la médecine
comme pour la chirurgie. Il n'est point d'homme
de sens qui ne souscrive aux critiques de Galien
contre les sophistes de son temps, qui s'occupaient
très-exactement des parties intérieures, qui savaient, dit-il, très-exactement le nombre des membranes dont ces parties étaient recouvertes, qui
auraient pu vous dire de combien de fibres chacune de ces membranes était tissue, et qui ne

connaissant point la disposition des parties extérieures, commettaient journellement, dans leur
pratique, les fautes les plus graves.

Il faut convenir qu'une partie de ces critiques
de Galien convient encore plus à ce siècle qu'à
celui où ce grand homme écrivait, à ce siècle aca-
démique, comme le disait un homme d'esprit,
dans lequel on roule perpétuellement dans le même
cercle d'idées, et dans lequel on s'obstine avec une
opiniâtreté inconcevable à des recherches stériles,
oiseuses, et qui jamais n'auront la plus légère application. Il faut que l'homme sache bien peu et
ce qu'il est, et ce qu'est la nature, pour consommer
son temps à des travaux de cette espèce. *Vita bre-*
vis, c'est par-là qu'Hippocrate a commencé son
immortel ouvrage, et, en effet, il n'est point de
vérité dont le médecin doive être plus profondément pénétré; il n'en est point qu'il doive avoir
plus souvent présente, lui qui est appelé à des
objets de connaissance si relevés, si difficiles, si
importants, et pour qui l'erreur, même légère,
peut entraîner des conséquences si funestes.

SECONDE LEÇON.

Du peu d'utilité des recherches anatomiques sur la nature des causes des maladies qui affectent les parties intérieures.

JE tâchai, dans la dernière leçon, de vous faire sentir les avantages multipliés que la médecine pouvait retirer de l'anatomie; je m'attachai principalement à vous démontrer que cette science, considérée dans ses rapports vrais et réels avec la médecine, devait s'occuper avec le plus grand soin de la description des parties extérieures. On a voulu porter bien plus loin ses avantages, on a voulu l'appliquer à rechercher la nature et les causes des maladies qui se déployent sur les parties intérieures, et qui appartiènent plus spécialement à la médecine, d'après la division anciennement établie dans l'art de guérir. Cette anatomie, *l'anatomie pratique*, comme on l'appelle vulgairement, a été cultivée dans ce siècle avec ardeur, et nous avons acquis, sur cet objet, des ouvrages précieux, dont on ne saurait trop vous recommander la lecture. Tel est le *Sepulcretum* de Bonnet, duquel Stahl disait, en le comparant aux autres ouvrages du même auteur : *Quantum lenta inter viburna cu-*

pressi. Tel est aussi et tel est principalement le bel ouvrage de Morgagni, qui est comme le supplément de celui de Bonnet, et qui, quelle que soit la valeur réelle des prétentions de l'auteur, sera toujours regardé comme un trésor de faits pratiques, que le médecin ne saurait trop consulter. (*Nocturnâ versate manu, versate diurnâ.*)

Le germe des idées qui devaient naturellement conduire aux recherches d'anatomie pratique, se trouve dans des ouvrages fort anciens. Les aperçus sublimes des premiers *Asclépiades* et des premiers philosophes théistes sur la vitalité, s'altérèrent peu à peu; et, d'assez bonne heure, il se présenta, comme nous l'apprend Galien, des esprits inquiets et ambitieux qui préférèrent la gloire de se faire un nom par des nouveautés, à l'avantage moins brillant de défendre des vérités connues. Ces hommes mirent en avant des opinions grossières, et qui pussent être saisies facilement par le peuple, dont il était surtout question de capter le suffrage. De là les systèmes indéfiniment variés, sortis de l'école d'Epicure, et qui se réunissaient sur la prétention de rapporter les phénomènes de l'économie vivante à la nécessité des mouvements de la matière.

On crut, dès-lors, ou du moins on feignit de

croire qu'il n'y avait de réel dans la nature que ce qui tombait sous les sens; et que, par rapport à la machine animale, tout dépendant de la situation des parties et de la structure intime de ces parties, il n'était question que de développer pleinement cette structure, pour parvenir à la connaissance exacte des causes premières de la santé et de la maladie.

D'après cette idée, on se livra aux recherches anatomiques avec une infatigable activité. Les siècles se succédèrent, les travaux s'accumulèrent; mais, il faut en convenir, sans aucun avantage bien réel, ni pour la médecine, ni pour l'anatomie. La médecine n'avança pas, parce qu'on avait perdu de vue son véritable objet, je veux dire le corps comme capable de santé et de maladie; car il était au moins douteux, et certainement on n'avait pas démontré que ces modifications du corps vivant lui appartinssent à raison des qualités matérielles et sensibles qui seules pouvaient devenir le sujet des observations anatomiques. L'anatomie n'avança pas non plus, parce qu'elle se trouvait bornée à un seul être, et encore à la partie de cet être la moins intéressante et la plus variable. C'est ce qui faisait regréter au savant Henri Meibon que l'anatomie fût regardée depuis si long-temps comme une partie exclusive de la médecine; et c'est ce qui me faisait remarquer, dans la leçon précédente, que cette science, chez les premiers philosophes théistes qui l'avaient cultivée, était beaucoup plus intéressante qu'elle ne l'est devenue depuis, parce que ces philosophes en étendaient le champ, qu'ils l'embrassaient d'une vue générale, qu'ils faisaient marcher de concert la connaissance de différentes espèces, et que, comparant entre eux les organes différents susceptibles de cette comparaison, ils pouvaient parvenir et parvenaient effectivement à des résultats précieux sur la structure réelle des organes et sur la nature des mouvements que ces moyens exécutaient.

Les observations d'anatomie-pratique, quand elles sont complètes et entières, je veux dire quand elles offrent à la fois le tableau des dégradations trouvées dans le cadavre, et l'histoire détaillée et exacte des maladies précédentes, peuvent, sans doute, être un moyen utile d'avancement pour la médecine. Cependant, comme il nous importe encore infiniment moins de multiplier nos connaissances de détail, que de nous former des idées nettes sur la valeur de chaque chose, je crois devoir vous exposer ici, Messieurs, quelques remarques qui pourront vous servir à déterminer le degré de confiance que méritent ces travaux.

La partie la plus importante, et certainement la partie la moins avancée de la métaphysique générale, est celle qui a pour objet d'assigner à chaque science le rang que la nature lui marque dans l'ordre de nos connaissances; de mesurer son étendue, son département, son domaine, de la circonscrire par des limites qui soient posées d'une manière invariable, et de prévenir les fausses applications que l'esprit de l'homme est si porté à faire, de celles qui ont été le sujet de ses préférences, et avec lesquelles sa vanité l'identifie en quelque sorte.

Je remarque donc, Messieurs, 1° qu'il est nombre de circonstances dans lesquelles l'inspection la plus attentive ne saurait démontrer, dans le cadavre, aucune cause sensible de mort. Je ne parle pas ici de ces cas où la nature, comme étonnée de l'activité des causes de destruction qui l'assiégent, se refuse à la production des actes constitutifs de la maladie, et interrompt brusquement des efforts dont elle semble pressentir l'impuissance, comme cela arrive quelquefois lorsque des constitutions pestilentielles et très-meurtrières commencent à s'établir, ainsi que nous le voyons dans Sydenham et dans quelques autres observateurs ; je parle, Messieurs, des maladies bien décidées, des maladies qui ont présenté librement tous leurs

caractères, parcouru tous leurs temps, fourni tous
leurs périodes, et qui, enfin, se sont naturellement
terminées par la mort. La mort, en effet, est une
solution naturelle de certaines maladies; solution
annoncée par le développement nécessaire des circonstances qui ont précédé ; en sorte qu'en observant l'ensemble de ces circonstances et la mesure
du mouvement selon lequel elles se succèdent, on
peut déterminer assez long-temps d'avance l'instant
précis où elle se consommera; car la nature est si
fortement attachée à l'ordre, *adeo ordinis tenax*,
qu'elle l'observe même dans la suite des actes par
lesquels elle marche à sa perte.

Et ces maladies qui ne laissent aucune trace sensible de leur existence dans le corps, qui en a été
sujet ; ces maladies, dont la cause semble s'être
dissipée avec la vie, selon l'expression heureuse de
Baillon, ne sont pas seulement des maladies générales, des fièvres primitives et essentielles , par
rapport auxquelles cette circonstance est si ordinaire, que Morgagni n'a pu s'empêcher de dire :
Tantum incerti id per quod febres interficiunt ;
ce sont encore des maladies particulières , des maladies qui ont bien évidemment, et d'une manière
soutenue, porté leur impression sur quelque organe déterminé ; en un mot, des fièvres locales
selon la nomenclature des anciens. Ainsi , après

I.   4

des pleurésies et des péripneumonies, c'est-à-dire
après des fièvres locales, qui ont porté leur impression sur le poumon ou sur la plèvre, souvent
on ne trouve aucune lésion sensible ni dans le
poumon, ni dans la plèvre, ni dans les parties circonvoisines. Une observation analogue, et qui est
encore plus étonnante, c'est qu'après des maladies de cette espèce, après des fièvres locales,
les lésions se présentent dans des parties différentes de celles qui paraissaient affectées, d'après
le symptôme que la maladie avait manifesté.
Ainsi, après des pleurésies qui avaient évidemment intéressé le côté droit, et dans lesquelles la
douleur s'était fait ressentir de ce côté, Morgagni a trouvé que la plèvre était affectée dans le
côté opposé.

Ces observations sont étonnantes, ai-je dit; mais
seulement d'après nos conceptions erronées, d'a-
près nos fausses manières de voir : car, dans la contemplation des phénomènes naturels, l'étonnement
et l'admiration ne résultent jamais que de nos préjugés, que de nos vaines et futiles hypothèses, et
le *nil mirari* de Pythagore sera constamment la
devise de tout philosophe qui étudiera la nature
telle qu'elle est, *et qui ne la chargera pas du
poids étranger de ses idées*, comme le dit l'é-
loquent M. de Buffon.

Si l'anatomie ne démontre souvent dans le cadavre aucune empreinte sensible des maladies qui ont précédé, il est aussi ordinaire et aussi remarquable, par rapport à ce que j'entreprends de prouver ici, qu'elle trouve souvent des lésions très-marquées, sans qu'on ait observé aucun des accidents qui semblaient devoir en être des conséquences nécessaires. Il y a plus : des fonctions très-importantes se sont soutenues souvent dans toute leur intégrité, dans toute leur liberté, quoique les organes, auxquels on est fondé de les attribuer, fussent profondément dégradés. Enfin, la vie subsiste quelquefois long-temps après la destruction complète des parties qu'on regarde et qu'on doit effectivement regarder comme des parties éminemment vitales. (*Voyez* plusieurs cas dans de HAEN, *p.* 208, *t.* 11.) Il ne faudrait pas, à l'exemple d'un des plus fameux praticiens de ce siècle, considérer ces faits, dont on trouve des exemples dans tous les observateurs, comme des miracles; il ne faudrait pas, comme il l'a fait, les rapporter à l'action immédiate du Souverain Être, qui peut, quand il lui plaît, déroger aux lois qu'il a établies librement pour le gouvernement de l'univers. C'est là prêter d'une manière bien étrange nos petites vues à la nature, qui ne se soutient que par l'ordre et la constance de ses opérations. Il y a dans chaque homme une tendance à l'antropomorphisme, dont le sage ne peut se garantir avec trop de soin (1).

Mais une conséquence qui suit bien naturellement de ces observations, c'est que la vie, c'est que l'ensemble des fonctions qui en constituent l'essence, doit être considérée d'une vue abstraite et générale ; qu'elle doit être étudiée dans un principe bien distinct de la matière ; principe qui contient en lui seul la réalité des phénomènes dont la matière n'offre que le sujet, à peu près, pour employer une comparaison familière à l'école de Platon, à peu près comme la toile est le sujet sur lequel s'expriment, se réalisent les conceptions du peintre ; principe qui emploie des organes, des instruments matériels, pour produire et manifester ses actes, mais qui n'y est pas nécessairement assujéti, et qui peut les suppléer les uns par les autres, au moins pour les fonctions *intérieures*, par rapport auxquelles l'organisation est dessinée d'une manière plus libre, plus vague, plus indécise ; car par rap-

(1) Ce n'est pas ainsi que pensait Hippocrate. « S'il était vrai » que les lois générales pussent éprouver des changements, » il n'y aurait plus pour moi aucune preuve de l'existence » de la Divinité. » *Non ubique ego horum aliquid divinum esse putarem sed humanum.* Tout ce que dit Hippocrate là dessus est magnifique. (*De morbo sacro.*)

port aux fonctions *extérieures*, par le moyen desquelles ce principe entre en relation avec les objets
du dehors, nous verrons, par la suite, que sa liberté
oscille, s'il est permis de parler ainsi, entre deux
limites infiniment plus rapprochées, et que ces
fonctions *extérieures* sont attachées à l'organisation d'une manière plus rigoureuse et bien plus
précise.

Une autre conséquence qui suit tout aussi nécessairement de ces observations, c'est que, non-
seulement il faut reconnaître avec Stahl (un des
plus beaux génies dont la médecine doive s'hono-
rer) qu'on ne peut donner aucune raison de la nécessité de la mort naturelle, c'est-à-dire, de la mort
amenée nécessairement par le progrès de la vie,
mais encore qu'on ne peut donner aucune raison
de la mort accidentelle, ou de la mort par cause
de maladie; car ces grandes et profondes dégradations, que vous pouvez démontrer dans le cadavre,
ont souvent coexisté avec l'état de vie, et dès-lors
la mort que vous leur attribuez dépend moins de
ces dégradations, telles qu'elles se présentent, que
de quelques circonstances accessoires, dont l'anatomie seule ne peut pas bien vous instruire; et par
exemple de la manière lente ou soudaine avec laquelle elles se sont formées; à peu près, (pour
comparer une fonction particulière avec la vie ou

l'ensemble des fonctions) comme Morgagni a
observé que la destruction complète des nerfs brachiaux, opérée par une tumeur qui s'était formée
lentement, et par des progrès presqu'insensibles,
avait laissé subsister la sensibilité dans toute la partie du bras; tandis que la destruction brusque et
soudaine de ces nerfs aurait immanquablement
éteint pour toujours cette sensibilité. Nouvelle
preuve de la nécessité de considérer ces fonctions
dans un principe qui peut s'accoutumer en quelque
sorte au délabrement et même à la destruction de
ses organes, et qui peut les négliger par l'effet de
cette habitude.

Enfin, et c'est la dernière remarque que j'ai à
faire : quand il serait vrai que les maladies frap-
passent le corps qui les éprouve, d'un caractère
manifeste que l'anatomie pût toujours y découvrir,
on saurait tout au plus quels sont les organes sur
lesquels l'effort de ces maladies a éclaté; mais en
serait-on plus instruit sur la nature réelle de ces
maladies, ce qui est cependant la seule connaissance qui intéresse véritablement le médecin? Je ne
parle pas ici des incertitudes avouées par les anatomistes eux-mêmes (Morgagni, *p.* 195, *n.* 21.
Combien de fois ne m'était-il pas arrivé de
trouver dans le cadavre des marques certaines
de l'inflammation, quoique je fusse très-assuré

*que la maladie qui avait précédé était très-dif-
férente des maladies inflammatoires!*) sur les
marques sensibles de l'inflammation; incertitudes
qui, portant sur la maladie la plus commune, indiquent assez quelle est la vérité et la solidité de
leurs moyens, pour distinguer des maladies plus
rares èt moins connues (quoiqu'assurément les idées
ordinaires qu'on a sur l'inflammation proprement
dite, soient bien loin de répondre aux phénomènes
réels de cette maladie.) Mais je dis que les maladies
en général n'étant que des lésions des forces, qui
résident dans les organes, et qui y soutiènent la
vie, sont de même ordre que ces forces; qu'elles
sont comme elles transcendantes et superélémen-
taires; qu'elles ne peuvent, non plus que ces forces,
tomber sous les sens, au moins dans ce qu'elles
ont de réel (1).

_____

(1) SCHROEDER, un de ceux qui ont préparé la révolution
médicale qui s'opère aujourd'hui dans presque toutes les
parties de l'Europe. *Notandum præterea (c. 2, p. 577.)
ejus modi alienatam dari posse in visceribus hypochon-
driacis conditionem, quæ quidem vix, vel parum muta-
tum sistat externum viscerum habitum, colorem, fabri-
cam, at quoque facile præterfugiat sensum investigantis
anatomici*, dit M. Schroeder, homme d'un vrai génie,
qui me paraît celui qui a travaillé le plus efficacement à
la révolution médicale qui s'achève aujourd'hui dans
presque toutes les parties de l'Europe, au moins autant
que les préjugés et l'entêtement peuvent le permettre.

Il n'y a, comme nous le dirons ailleurs, qu'un assez petit nombre de lésions, dont les forces vitales soient vraiment et réellement susceptibles ; c'est-à-dire, qu'il n'y a pour la nature humaine qu'un assez petit nombre de maladies primitives et élémentaires, qui sont essentiellement et radicalement les mêmes, soit qu'elles embrassent toute la masse du corps, soit qu'elles exercent plus spécialement leur action sur quelque organe déterminé ; quoique dans ces différentes circonstances les symptômes qu'elles manifestent soient bient différents ; et c'est ce qui introduit dans la pratique une difficulté considérable, parce que des apparences uniformes cachent et dérobent des maladies essentiellement différentes, et que réciproquement des symptômes différents proviènent d'un seul et même état maladif.

Nous verrons ailleurs que la véritable théorie de médecine doit exposer, avec la plus grande exactitude, le tableau de chacune de ces maladies élémentaires, et qu'elle doit tracer dans le plus grand détail le plan de traitement convenable à chacune. Elle peut aussi traiter de quelques-unes de leurs complications, en prenant pour exemple celles qui se présentent le plus familièrement. Mais elle doit laisser nécessairement à la sagacité, j'ai presque dit à l'instinct du praticien, le soin de

distinguer toutes les complications , que ces maladies premières peuvent réellement offrir , et l'art
de varier les traitements méthodiques et généraux,
de manière qu'ils se trouvent constamment d'accord
avec ces complications, et avec la dominance respective de chacun des éléments qui les forment.

Vous voyez, pour le remarquer en passant, la différence qui se trouve entre le médecin théoricien ,
et le médecin praticien ; en se prêtant ici pour
un moment à l'opposition que le peuple aime à
établir entre eux. Le grand théoricien , celui qui
possède l'ensemble systématique et raisonné des
faits médicaux , peut sans doute être un praticien
malheureux, (Sthal a dit : *potest dari felicissi-
mus in medendo qui sit pessimus medicus ; bo-
nus tamen medicus non est necessario infelix*)
parce qu'il est possible qu'il manque de l'expérience nécessaire pour distinguer ces faits , et surtout pour percer les fausses apparences qui résultent si souvent de leurs complications indéfiniment
variées : mais le praticien , destitué du secours de
la théorie , marchera toujours à l'aventure ; il ne
pourra apprécier ni ses malheurs , ni ses succès ,
parce que tous les faits se présenteront à lui d'une
manière isolée , détachée ; qu'il n'en pourra point
saisir les vrais rapports et les subordonner à des
principes généraux et communs.

I. 5

Une utilité bien évidente de l'anatomie pour la pratique des maladies intérieures, (et c'est précisément celle sur laquelle on a le moins insisté, parce que les rapports les plus simples, les plus faciles à saisir, et qui presque toujours sont les plus intéressants, sont précisément ceux que l'esprit de l'homme néglige le plus) c'est la connaissance que donne l'anatomie des divers degrés de consistance affectés à chaque organe. Car si vous négligez cette considération et que vous traitiez de la même manière, et par les mêmes remèdes, deux organes pris de la même maladie, mais dont l'un soit d'une consistance solide et l'autre d'une grande mollesse ; ces remèdes qui dans l'un opèreront des changements avantageux, porteront sur l'autre des impressions pernicieuses, et qui pourront devenir mortelles. Galien nous cite nombre d'exemples de la pratique malheureuse des anciens méthodistes, qui n'ayant aucun égard à la molle consistance du foie, et traitant les inflammations de cet organe de la même manière que les inflammations des muscles, par exemple, c'est-à-dire appliquant des remèdes aussi fortement émollients et aussi long-temps soutenus, faisaient immanquablement dégénérer ces inflammations en gangrène. Une chose plus étonnante, c'est que dans ce siècle, où les connaissances anatomiques sont si répandues, on puisse reprocher une faute de cette

espèce à un des praticiens les plus fameux. Galien nous apprend encore que les médecins de la
secte de Thessalus ou de Thémison, par la
coutume où ils étaient, dans le commencement
des maladies aigües, de faire des affusions d'huile
tiède sur la région épigastrique, intervertissaient
toutes les maladies qu'ils traitaient de cette manière,
et qu'ils y développaient très-fréquemment des
symptômes de malignité. Et ce grand médecin insiste fortement sur la pratique de joindre des toniques et des astrigents aux remèdes topiques qu'on
applique sur cette région. Ce précepte est en effet
un des préceptes les plus usités dans la pratique
de la médecine, non seulement eu égard à la
molle consistance du foie, et des parties circonvoisines, ce qui est un fait démontrable par
l'anatomie; mais encore en vertu d'une considération bien plus élevée, parce que cette région
épigastrique paraît être le centre principal sur lequel s'appuyent et s'exercent les forces toniques
dans leur développement. Non pas qu'il faille concevoir l'influence de cette partie d'une manière
aussi mécanique et aussi bornée que l'ont fait de
grands médecins de cette école, qui sont dignes
d'ailleurs de nos respects et de nos éloges. Cette
action importante du centre épigastrique paraît
surtout d'une manière évidente dans l'observation
des maladies, ainsi que nous le verrons ailleurs.

En général, et c'est par cette remarque que je finis,
l'étude des phénomènes de l'état maladif est celle
qui nous mène le plus directement à la connaissance des lois de la nature, parce que les mouvements qui, dans l'état de la santé, procèdent avec
une douceur, une tranquillité, une mollesse qui
nous les dérobent, (*sine strepitu tum ad tactum
tum ad sensum*, disait Hippocrate) portent dans
l'état maladif un caractère d'impétuosité et de force
qui ne laisse plus autant d'équivoque sur leurs
véritables circonstances.

LEÇON TROISIÈME.

DE L'ANATOMIE APPLIQUÉE A LA PHYSIOLOGIE.

De l'application de l'anatomie à l'étude des fonctions des animaux. — Fonctions intérieures. — Fonctions extérieures.

J'ai traité des rapports de l'anatomie avec la médecine, et si j'ai tâché de vous faire sentir ses avantages multipliés, je n'ai pas craint, en m'éloignant de la route ordinaire, de vous en faire aussi sentir les abus ; bien persuadé qu'une science ne peut être cultivée avec une utilité réelle, que par les esprits sages qui savent la mettre à sa place, et la contenir dans des bornes légitimes. Je suivrai le même plan dans l'examen qui me reste à faire des rapports de l'anatomie avec les fonctions qu'exercent les animaux ; et mon objet sera également de marquer parmi ces fonctions, et celles qui sont du ressort de l'anatomie, et celles qui en sont nécessairement indépendantes.

L'anatomie s'occupe exclusivement d'organisation, de structure; elle étudie toutes les circons-

tances attachées à l'agrégation , à la collection ordonnée d'une certaine quantité de parties matérielles ; et dès-lors, pour être en état de fixer d'une
manière précise son utilité physiologique , pour
déterminer les fonctions qu'elle peut éclairer , il
faut, dans l'ordre de ces fonctions , distinguer nettement celles qui entretièlent des relations nécessaires avec la structure ; car il n'est pas douteux
qu'en développant pleinement les phénomènes de
cette structure , l'anatomie ne puisse fournir des
connaissances précieuses sur la nature de ces fonctions , et sur la manière dont elles s'exercent.

Pour mettre quelque ordre dans ce que j'ai à dire,
je partagerai en deux grandes classes le système général des fonctions : je les considérerai successivement et comme intérieures, et comme extérieures.
Les fonctions intérieures s'achèvent dans l'intérieur
même du corps de l'animal, et elles se rapportent à
son corps d'une manière exclusive. Par ses fonctions extérieures , l'animal s'élance hors de lui ; il
étend , il agrandit son existence ; il se porte sur
les objets qui l'environnent ; il étudie ces objets ;
il juge de leurs qualités relatives d'après des idées
antérieures à toute instruction , quoi que dise la
philosophie moderne ; et par sa faculté loco-motrice
il s'approche de ces objets, ou il s'en éloigne, selon les rapports de convenance ou de disconvenance,

qu'il a aperçus entre eux et lui. En un mot, par l'exercice de ses fonctions extérieures, l'animal se coordonne sûrement avec le système d'êtres au milieu desquels il est placé, en réglant entre eux et lui les relations de distance convenables à sa nature.

Cette division, que j'établis ici, ne doit pas être prise en rigueur et comme étant d'une vérité absolue. C'est une simple hypothèse à laquelle il ne faut se prêter, qu'autant qu'elle va nous servir à distribuer nos idées avec plus d'ordre. Car tout ordre, même arbitraire, est utile en ce qu'il soumet à notre réflexion une plus grande quantité d'idées, et qu'en conséquence il facilite la comparaison que nous devons en faire.

En effet tous les actes de la nature sont tellement rapprochés ; ils sont liés entre eux d'une manière si intime et si nécessaire ; et la nature passe de l'un à l'autre par un mouvement si uniforme, par des dégradations si bien ménagées, qu'il n'y a point entre eux d'espace pour recevoir les lignes de séparation ou de démarcation qu'il nous plaît de tracer. Toutes nos méthodes qui distribuent, qui classent, qui divisent les productions naturelles ne sont que des abstractions de l'esprit, qui ne considère point les choses telles qu'elles sont réellement, mais qui s'attache exclusivement à certaines qualités , et néglige ou jète de côté toutes les autres.

Ainsi d'après la chaîne qui lie intimement toutes les fonctions de l'animal , nous en trouverons nécessairement quelques-unes , qui ne sont ni intérieures , ni extérieures, mais qui sont mi-parties, qui sont placées entre les unes et les autres , et qui appartiènent également aux unes et aux autres. Mais pour maintenir notre division hypothétique dans ce qu'elle a d'utile, il nous suffira de considérer ici les fonctions, qui portent, d'une manière non équivoque, les marques distinctives de chacune des classes que nous établissons.

En effet, Messieurs, mon objet n'est pas, et ne peut pas être , dans cette leçon, de vous présenter une énumération complète et exacte de toutes les fonctions animales, et d'étudier chacune avec l'attention qu'elle exige ; c'est l'objet du cours que je vais faire, et dont ces premières leçons ne sont en quelque sorte que des prolégomènes. Pour remplir le but que je me propose ici, il me suffit de marquer nettement les caractères qui subordonnent les fonctions à l'anatomie , et ceux qui les placent, les établissent loin de son domaine.

Si nous considérons d'abord la partie corticale

du corps, son enveloppe, et que nous examinions
les organes qui exercent des mouvements extérieurs,
nous apercevrons bien nettement dans leur structure, la raison des effets qu'ils produisent, et nous
verrons les variétés de ces objets constamment décidées sur les variétés de la forme.

Il est bien évident que les mouvements sensibles
et manifestes que produit un membre quelconque,
dépendent, dans l'ensemble de leurs circonstances,
et de la forme de ce membre, et du nombre des
pièces qui entrent dans sa composition, et de la
manière dont ces pièces sont tissues et assemblées.
Si la main, pour donner de ceci un exemple frappant, si la main est capable de mouvements si multipliés, de mouvements exécutés avec tant de justesse et de précision, il est clair qu'elle ne doit
cette prérogative qu'au nombre des pièces osseuses
qui la composent et qu'au mode leur union, de
leur articulation.

Et quoique ce soit une entreprise qui passe véritablement la portée de l'esprit de l'homme, que
de chercher à démontrer que la forme actuelle de la
main est la plus avantageuse des formes possibles ;
quoique nous ne voyions pas évidemment pourquoi
la main, destinée à des mouvements très-variés,
n'est pas composée d'une plus grande quantité de

pièces distinctes et détachées ; et que les travaux
de Galien sur cet objet indiquent plutôt le zèle de
cet excellent homme que la solidité de son jugement ; cependant nous ne pouvons nous refuser à
reconnaître que, de tous les organes donnés aux animaux, la main est celui qui présente la structure
la plus avantageuse, et celui qui est le plus directement en rapport avec l'exercice de la raison, ou
plutôt avec la perfectibilité qui me paraît le caractère distinctif de l'espèce humaine.

Il est évident que la station des animaux, que
leur progression dépend, et pour sa vitesse et pour
sa facilité, de la forme des colonnes sur lesquelles
le corps porte et s'appuie ; du nombre des parties
détachées qui entrent dans la structure de ces colonnes ; de la grandeur relative de ces parties, et
d'autres circonstances, qui sont aussi sensibles et
aussi décidément anatomiques.

Si nous considérons la manière dont les os sont
unis et articulés, nous trouverons des pièces qui
s'engagent les unes dans les autres par des parties
qui se correspondent exactement ; nous trouverons
que ces parties sont encroûtées d'un cartilage extrêmement lisse ; qu'elles sont baignées continuellement d'une liqueur onctueuse la plus propre à
modérer et adoucir les frottements. Nous verrons

que l'articulation est embrassée à l'extérieur par une substance membraneuse d'une nature particulière, assez ferme pour la contenir solidement, assez flexible pour s'étendre et se prêter à son mouvement : c'est-à-dire que nous trouverons réuni, dans chaque articulation, l'ensemble des moyens que nous employons nous-mêmes dans nos machines pour obtenir des effets analogues.

Nous nous convaincrons de plus que dans chaque articulation, la force et la mobilité, deux avantages incompatibles et qui ne pouvaient se trouver ensemble à un haut degré, sont accordées de manière que leur rapport est constamment décidé sur l'usage prévu de cette articulation ; en sorte que la force ou la solidité l'emporte, et que la facilité du mouvement est sacrifiée, dans les pièces qui devaient exécuter des efforts violents et souvent répétés, et qu'au contraire la mobilité est l'avantage prédominant dans les articulations qui, devant par leur situation être peu exposées, pouvaient exécuter sans danger des mouvements étendus et variés en tous sens.

Si nous considérons maintenant la distribution des muscles, nous nous convaincrons que leur volume et leur nombre sont proportionnels à la masse des parties auxquelles ils s'attachent, et à l'importance des mouvements que ces parties doivent exé-

cuter ; et les muscles agents des mouvements , et
les os sujets des mouvements, nous représenteront
exactement toute la théorie du levier. Il est vrai,
comme nous le dirons dans la suite, que la puissance n'est pas disposée ici comme elle l'est dans
nos machines. C'est que les forces, qui nous coûtent
tant, ne coûtent rien à la nature ; et de plus il est
facile de démontrer, d'après la forme arrondie que
les membres doivent avoir (parce que cette figure
est la plus solidement établie, puisque tous les
points également éloignés d'un centre commun se
soutiènent mutuellement et qu'aucun n'est plus
exposé que les autres) il est aisé de démontrer que
le muscle devait passer sur le centre d'appui ou
l'hypomochlion, et que dès-lors son attache devait
être plus voisine de ce centre que le point sur lequel porte la charge, puisqu'autrement ce muscle
aurait dû être porté hors des limites du corps,
comme nous le verrons plus particulièrement dans
la suite ; en sorte qu'il était impossible que dans la
distribution des muscles la nature ménageât l'emploi des forces, comme nous les ménageons nous-
mêmes dans nos leviers.

Cependant il arrive qu'elle épargne ces forces
en imitant nos procédés, autant qu'ils ont pu entrer
dans son plan, comme on le voit par les os sésamoïdes, et par les longues productions dont sont

armées les pièces destinées à de puissants efforts :
mais ce sont des choses que je ne fais qu'énoncer
ici , et qui ne pourront être démontrées que dans
la suite , avec l'étendue qui leur convient.

C'est surtout dans les organes des sens que les
avantages de la forme se décèlent et brillent avec
la dernière évidence. En sorte qu'en développant
pleinement la configuration de l'œil, il n'est pas
une seule circonstance qui ne réponde à quelqu'une
des lois que suit la lumière , et qu'une intelligence
supérieure embrasserait l'optique dans toute son
étendue , en analysant et approfondissant le mécanisme de l'œil ; de même qu'elle parviendrait à
démontrer toutes les lois de l'acoustique, en cher-
chant la raison de tous les détails qu'offre l'organe de l'oreille : et si nous ne voyons pas à beaucoup près aussi clairement l'avantage de forme dans
les organes du goût et de l'odorat, c'est que, par
une singularité vraiment bien remarquable dont
nous aurons occasion de parler dans la suite , c'est
que la physique des objets de ces sens a été très-
peu étudiée et que les odeurs et les saveurs ne sont
pas à beaucoup près aussi connues que la lumière
et le son : quoique nous apercevions cependant
un avantage mécanique sensible , dans la situation
de l'organe de l'odorat; car ce sens se trouvant
pleinement exposé à l'action de l'air inspiré, il n'est,

pas douteux qu'il ne soit vivement frappé par les molécules odorantes, dont ce fluide est chargé, et que dès-lors la sensation ne soit et plus complète et plus profonde.

Vous voyez donc, par le détail fort succinct dans lequel je viens d'entrer, que les organes situés à l'extérieur du corps, et qui s'appliquent aux objets du dehors, exercent des fonctions qui procèdent selon les lois affectées à ces objets ; en sorte que le philosophe étudiant d'une part ces objets extérieurs, et venant à connaître le système des lois qui règlent leurs mouvements, et d'un autre côté en développant à l'aide de l'anatomie la structure des organes relatifs à ces objets, il voit les phénomènes de cette structure constamment décidés d'après les lois de la physique, et peut par ce moyen, et confirmer les connaissances qu'il a déjà acquises, et même en acquérir de nouvelles. C'est ainsi que tout récemment l'illustre M. Euler, observant les moyens dont la nature s'est servie dans l'œil pour prévenir la diffusion, la dispersion de la lumière, a composé des lunettes qui ont beaucoup plus d'effet que toutes celles que l'on connaissait jusqu'alors, et que par la grande et importante découverte des lunettes achromatiques, on peut dire que ce célèbre mathématicien a reculé le domaine de l'homme dans les régions célestes.

Nous avons plus d'une occasion de nous convaincre que toutes les productions de l'art sont
des imitations plus ou moins heureuses, des répéti-
tions plus ou moins exactes de certaines *formes*,
ou de certaines idées qui sont exprimées dans le
système général de l'organisation ; et que, par rapport à l'homme, l'idée de l'organisation de son
corps est l'idée fondamentale et toujours présente,
à laquelle il rapporte tout sans s'en apercevoir,
et qui devient la règle unique et nécessaire de tous
ses jugements naturels.

Et cette union de la physique et de l'anatomie,
dont nous parlions, conduirait bien plus sûrement,
bien plus directement à des découvertes intéressantes, si l'on agrandissait le champ des recherches
anatomiques, et qu'on fît constamment marcher
de front et l'anatomie de l'homme, et l'anatomie
des animaux. (1)

---

(1) Car, comme le disait Aristote, il paraît que pour la
composition des animaux, la nature s'est asservie à un seul
plan, à un plan uniforme et général, dont il est nombre
de détails qui ne sont d'utilité manifeste que dans quelques espèces, et qui dans d'autres ne s'avancent et ne se
produisent que par des formes avortées, que par des
ébauches timides et incomplètes, qui n'ont et ne peuvent
avoir aucun usage.

Si nous passons maintenant aux fonctions qui s'exercent dans l'intérieur de l'animal, ce qui nous frappe à la première vue, et ce qui sera prouvé dans la suite avec évidence, c'est que le corps pénétré de vie, se décomposant sans cesse, et se décomposant pleinement et dans toutes ses parties, il ne se soutient dans le même état que par l'action d'une force diffuse dans toute l'habitude de ses organes, et qui les répare par un mouvement non interrompu; et dès-lors, cette force qui agit sur la totalité des organes pour les recomposer incessamment, n'est pas assujétie à des moyens organiques, à des appareils d'instruments; et l'anatomie qui ne peut s'occuper que d'organisation, ne peut fournir aucune lumière sur la nature de cette force.

Et comme la digestion, dans ses différents degrés, ne présente que des modifications différentes de cette force, il s'ensuit que tous les phénomènes relatifs aux humeurs et aux parties similaires sont nécessairement placés hors de la sphère de l'anatomie; et, indépendamment de la preuve que nous en donnons ici, cette vérité est prouvée par le fait même, puisque tous les êtres qui ont vie digèrent, se nourrissent, croissent de la même manière, quelle que soit la prodigieuse variété de leur structure.

Ce que nous disons de la nutrition doit s'appliquer également à la sensibilité, à l'irritabilité, à la chaleur, même à la respiration ; car, comme nous le dirons dans la suite, toutes ces fonctions s'exercent dans chacune des molécules du corps animé ; or l'anatomie est bornée aux masses agrégatives, et les affections des molécules ne sont pas de son ressort ; elle ne s'occupe pas des parties considérées d'une manière isolée et solitaire, elle est exclusivement bornée à la collection d'un certain nombre de parties, et elle développe les circonstances attachées à l'assemblage ou à la collection de ces parties, disposées dans tel ou tel ordre.

Nous disons, et nous prouverons dans la suite, qu'il existe, dans le corps animal, une force *digestive* ou *altérante* qui se développe pleinement sur la matière placée dans sa sphère d'action, qui la transforme, qui lui imprime un nouveau système de qualités ; et cela, indépendamment de tout mouvement de *loco-motion*, et d'une manière sur laquelle nous ne pouvons absolument former aucune conjecture raisonnable ; parce que, réduits, par nos moyens d'opération, à n'agir que sur les surfaces, tout ce qui se passe dans l'intérieur du corps, tout ce qui dépend de la masse, tout ce qui pénètre la pleine et profonde solidité de la substance, nous est de tout point incompréhensible. Les or-

ganes reculés dans l'intérieur du corps animal,
exercent donc leur action sur des corps qui ont
éprouvé l'énergie de la force digestive, et qui sont
altérés dans leurs qualités; et quand il serait vrai
qu'il y eût une connexion réelle entre les fonctions
qu'ils remplissent et leur configuration mécanique,
encore ne pourrions-nous acquérir, sur cet objet,
aucune espèce de certitude; parce que les corps,
sur lesquels s'applique ici l'organisation, n'ont rien
de commun avec les objets extérieurs, qui, seuls,
peuvent devenir les sujets de nos observations.

Mais, indépendamment de ce raisonnement, qui
peut paraître un peu abstrait et métaphysique, il y a
des considérations plus positives, qui doivent nous
porter à croire que cette connexion supposée n'est
pas réelle : 1° c'est que l'organisation des parties
intérieures n'est pas arrêtée d'une manière aussi
fixe, à beaucoup près, que l'est celle des parties
situées à l'extérieur, et que, dans leur mollesse
extrême, ces parties intérieures peuvent et doivent
même, d'un instant à l'autre, présenter des configurations fort différentes ;

2° C'est que, par rapport à l'organisation intérieure, la nature se livre à des variétés très-multipliées, à des aberrations très-étendues, sans que
l'animal éprouve aucune altération dans l'ensemble

de ses opérations ; tandis que de très-légers changements dans les parties extérieures altèrent profondément l'essence de l'animal, et en font une production monstrueuse : c'est une belle observation dont on est redevable à l'illustre M. Erlach Frédéric. Wolff ;

3° C'est que, quelle que soit la différence de nature dans les animaux, les parties intérieures présentent à peu près la même composition, et qu'il y a ici plus de variétés d'individu à individu, dans la même espèce, que d'une espèce à une espèce différente ; au lieu que les différences sont vivement tranchées et fortement prononcées sur l'écorce du corps, et d'autant plus ensuite que les parties observées sont plus extérieures et plus éloignées de la partie vraiment centrale.

Nous avons dit, Messieurs, que les fonctions des organes extérieurs s'exécutaient d'une manière mécanique, et que nous sentirions d'autant plus l'avantage de leurs formes, que nous multiplierions davantage nos connaissances sur les corps extérieurs, qui sont en rapport de nature avec ces organes, et sur lesquels ces organes s'appliquent.

Mais ce qui passe toute conception mécanique, c'est la première application de l'organe à son ob-

jet; car, pour que cette application se fasse d'une
manière sûre et proportionnelle à toutes les circonstances de l'objet sensible à apercevoir, il faut
qu'elle soit décidée, soutenue, ordonnée par un
principe qui, dès-lors, doit avoir une connaissance
anticipée de cet objet et de l'ensemble de ces circonstances; et, en approfondissant cette grande et
importante question, comme nous tâcherons de
le faire dans le traité des sens extérieurs, nous en
viendrons à reconnaître que l'âme tire d'elle-même
toutes les sensations qu'elle éprouve pendant toute
la durée de son union avec le corps; que toutes
ces sensations sont contenues en elle d'une manière abstraite et renfermée dans l'organisation générale de son corps; et si le développement, qui
s'en fait d'une manière nécessaire, met chacune de
ces sensations constamment d'accord avec l'ensemble des circonstances environnantes, ce ne peut
être que d'après l'harmonie que l'auteur de la nature a préétablie entre toutes les parties de son
ouvrage.

A la vue des rapports qui lient l'animal à tous
les objets de la création, et qui font de son corps
un centre où l'univers se réfléchit, se reproduit en
entier, selon l'expression des anciens sages, nous
sommes conduits bien naturellement à l'intelligence
suprême qui a dû régler et ordonner cette foule

effrayante de rapports. C'était là le principal fruit
que les anciens philosophes attendaient de leurs
travaux anatomiques. « Laissons au peuple le culte
» et ses pratiques, s'écriait Galien dans le sublime
» enthousiasme qui l'animait; qu'il s'enferme dans
» des lieux consacrés par la religion, et qu'il y
» adresse ses vœux à l'Eternel; pour le philosophe,
» c'est dans le cadavre que sa majesté éclate; c'est
» là qu'il s'est élevé le temple le plus auguste. »

Je me croirais heureux, Messieurs, si vous deviez tirer, de mon travail, de nouvelles raisons de
vous convaincre de l'existence du premier Être,
de l'Être qui a créé et ordonné les mondes, qui a
construit les animaux, qui a constamment réglé
leur organisation sur leurs besoins, qui a assuré
à chacun toute la plénitude de biens que pouvait
comporter son mode d'existence, et pour qui
l'homme, qu'il a appelé à la contemplation de
tant de merveilles, ne saurait être un objet indifférent.

~~~~~~~~~~~~~~~~~~~~~~~~~~~~~~~~~~~~~~~

LEÇON QUATRIÈME.

De l'ostéogénie. — Que la formation des os ne peut être conçue, opérée par des causes mécaniques.

DANS mes leçons particulières, je me suis borné, Messieurs, à vous exposer des principes généraux que vous n'avez dû prendre, ainsi que je vous le disais, que comme autant d'hypothèses, de suppositions, de demandes, jusqu'à ce que vous en voyiez la démonstration dans les faits particuliers dont ils sont déduits, et que j'exposerai dans ce cours, à mesure que l'occasion s'en présentera.

Je passe maintenant à l'ostéologie, ou à la considération des os; et je traiterai d'abord de l'ostéogenie, ou de la génération, de la formation des os.

L'ostéologie est le traité de l'anatomie qui nous intéresse le plus véritablement : ce sont, en effet, les os qui composent la charpente du corps animal; ce sont eux qui décident la structure des autres organes, et qui, à raison de leur dureté, de leur

roide inflexibilité, établissent et arrêtent cette structure d'une manière fixe et permanente.

Les os n'ont pas toujours eu, à beaucoup près,
la dureté, la solidité qui les distingue. Dans les
premiers temps de sa formation, le corps animal
ne présente en entier qu'une masse de glaire, de mucosité, masse absolument homogène, parfaitement
similaire, et dans laquelle l'observateur, aidé même
des meilleurs instruments, ne peut saisir encore
aucune distinction des parties. Ce n'est qu'à mesure
qu'il s'éloigne de l'instant de sa formation, à mesure que les actes de la force plastique se répètent
et se multiplient, que les caractères de différence
se prononcent et tranchent d'une manière de plus
en plus évidente, et que toutes les parties, en
même temps que leur organisation se décide et
s'établit, prènent une consistance déterminée, un
ensemble de qualités physiques différent; en un
mot, un *tempérament* particulier, comme disaient
les anciens; lequel tempérament est l'expression
exacte des forces spécifiques qui y résident et s'y
exercent.

Avant d'entrer dans les détails de l'ossification,
je vous exposerai quelques phénomènes qui me
paraissent extrêmement importants, et qui doivent
nous conduire à envisager, sous son vrai point de

vue, la force qui décide et opère cette ossification.

Nous devons observer, d'abord, que le travail
de l'ossification ne se fait pas par un mouvement
égal et par un progrès qui soit suivi d'une manière
uniforme et constante; et cette première observation détruit toutes les hypothèses qui ont rapporté
la formation des os à des causes purement méca-
caniques; et en effet, Messieurs, si vous supposez
une cause mécanique quelconque, et que vous la
mettiez en jeu, cette force déploiera son activité,
nécessairement, rigoureusement; elle la déploiera
d'une manière égale et constante, jusqu'à ce que
sa quantité de mouvements soit pleinement et to-
talement épuisée; et si elle éprouve quelques variations, ces variations se feront suivant des lois
constantes, dont on pourra toujours trouver la
raison dans l'action aussi nécessaire de quelques
autres causes mécaniques avec lesquelles la première coïncide, ou avec lesquelles elle se compose,
comme parlent les mécaniciens. Ici, au contraire,
l'acte qui construit les os, ainsi que tous les actes
de la nature humaine, est bien évidemment assujéti à des alternatives de repos et d'action : tantôt
il est en pleine vigueur, puis se ralentit, s'assoupit
tout-à-fait, pour reprendre une action qu'il interrompt et suspend encore; et ces alternatives de

repos et de mouvement sont réglées et mesurées
par des intervalles de temps sensiblement inégaux.'
Cette circonstance dans l'exercice des forces, qui
partage et distribue leur développement en différentes portions bien distinctes, chacune desquelles
est affectée d'une manière exclusive à certaines périodes de durée, est, selon moi, un des caractères
qui distingue le plus évidemment les principes de
mouvement qui s'exercent dans les animaux, d'a-
vec les principes de mouvement purement et stric-
tement mécaniques. L'ordre déterminé selon lequel
procèdent et se succèdent les actes vitaux, sera
toujours, comme le disait Stahl, l'écueil contre
lequel viendront se briser tous les efforts des mécaniciens; et ce phénomène, peut-être le plus intéressant de tous, est aussi celui que les médecins
de la secte mécanique ont le plus complétement
négligé.

Dans l'espèce humaine, une première époque
bien remarquable dans le travail de l'ossification,
est celle qui tombe entre le troisième et le quatrième mois de l'âge du fœtus, c'est-à-dire vers le
milieu des sept premiers mois, lesquels achèvent
la formation complète du fœtus; car le fœtus de
l'espèce humaine est absolument formé au bout du
septième mois; et si, passé ce temps, il reste
encore deux mois dans le sein de sa mère, c'est

uniquement, comme nous le dirons dans la suite,
afin de prendre la consistance qui lui est nécessaire pour soutenir l'action des corps au milieu
desquels il doit vivre. Si vous consultez les observations des accoucheurs, vous trouverez que le
troisième et le quatrième mois de la grossesse est
le temps le plus critique, le plus dangereux, et
celui qui est marqué par le plus grand nombre
d'avortements. C'est qu'alors, en vertu du grand
travail qui se fait dans les os, le corps prend brusquement un accroissement considérable, ce qui fait
qu'il porte sur la matrice une impression gênante,
douloureuse, laquelle sollicite cet organe à des
mouvements convulsifs, qui amènent et décident
l'avortement ou l'accouchement prématuré.

Une seconde époque bien marquée dans les progrès de l'ossification, c'est le septième mois de la
vie de l'enfant, c'est-à-dire le septième mois, à
compter du moment de la naissance. C'est à cette
époque que se fait la première pousse des dents;
que les sinus, ou certaines cavités qui se trouvent dans les os, commencent à se développer,
et que tout le système osseux annonce, par
des marques non équivoques, l'effort puissant
qui s'exerce dans chacune de ses parties. C'est
aussi à cette époque que se manifestent principalement les maladies qui portent une impres-

sion sur les os, comme le rachitis et ses formes
indéfiniment variées, maladie dont le germe était
resté jusqu'alors comme assoupi, comme en-
gourdi.

A l'occasion de ces époques, dont l'une tombe
au septième mois de la vie de l'enfant, et l'autre
vers le milieu des sept premiers mois de la vie du
fœtus, j'observerai, Messieurs, que, quoique les
idées de l'école de Pythagore sur la prééminence
des nombres fussent des idées vaines et futiles,
parce que ces philosophes transformaient en êtres
réels des notions abstraites de l'esprit par lesquelles
il exprime certains rapports uniquement déterminés par sa manière de voir et de sentir, et qui,
hors de lui, n'ont point d'existence réelle et posi-
tive ; cependant, Messieurs, si nous nous laissons
conduire par l'observation, nous viendrons à reconnaître que tous les actes de la nature marchent
assujétis à la période septenaire et aux grandes
fractions de cette période ; et, en effet, la vie existe
nécessairement dans le temps ; c'est-à-dire que les
actes qui en constituent l'essence, sont nécessairement successifs, et que, dès-lors, ils répondent
à certaines portions de la durée ; or, cette succession doit se faire selon une mesure déterminée,
que nous ne pouvons connaître *a priori*, et dont
l'observation peut seule nous instruire.

Une troisième époque dans le progrès du développement des os, est celle qui répond au temps de la puberté; alors la taille, qui avait été comme stationnaire pendant un intervalle de temps assez long, pousse un jet considérable, et atteint promptement toute la hauteur qu'elle doit avoir; et comme cet accroissement dans toutes les parties se fait dans le temps que le corps pousse au dehors de nouvelles productions, même assez considérables; que, dans certaines espèces, comme dans celles de l'homme et de quelques singes, les femelles commencent à éprouver alors des évacuations très-abondantes, et que, cependant, les animaux ne prènent pas alors plus de nourriture, que leurs aliments ne sont pas plus substantiels, pas plus chargés de molécules organiques, comme on parle dans ce siècle, d'après un homme de génie qui fait tant d'honneur à la France, il suit bien évidemment que cet accroissement uniforme et ressenti dans toutes les parties, de même que cette production de nouveaux organes, ne doivent pas être attribués à l'action nécessaire des sucs nourriciers surabondants. Une chose bien intéressante pour le médecin, par rapport à ce dernier jet d'accroissement, c'est que, lorsqu'il se fait par un effort trop brusque et trop rapide, il introduit dans la constitution une faiblesse radicale qui, souvent, porte ses influences sur le reste de la vie. Il y a nombre de maladies, nombres de consomptions, de phthisies nerveuses, qui dépendent principalement de cette cause, dont on n'a presque pas parlé. (M. Ludwig remarque très-bien que la faiblesse qui résulte d'un accroissement trop prompt, pris à l'époque de la puberté, porte très-spécialement sur les organes de la poitrine (*advers. pract.*, tom. 3, p. 207-208.), surtout si on traite ces accidents par des moyens énervants.

Une autre circonstance dans la manière dont se fait l'ossification, et qui échappe aussi complètement à toute conception mécanique, c'est qu'elle se porte constamment des parties supérieures vers les parties inférieures ; en sorte que si nous observons la formation successive des parties du fœtus, nous verrons que les parties les plus élevées sont toujours les plus avancées, et ces différences dans les progrès de l'organisation sont d'autant plus marquées, que les parties que nous comparons sont prises, à de plus grandes distances les unes des autres, sur la ligne qui mesure la longueur du corps. Et ceci n'est pas particulier à l'acte de l'ossification, c'est une loi générale qui s'applique à toutes les opérations de la nature, lesquelles sont toutes également assujéties à se déployer successivement sur la longueur totale du corps, en commençant par les parties les plus élevées, et se terminant par les parties les plus infimes. C'est en vertu de cette loi que la marche des forces, observée pendant le cours entier de la vie, est partagée en trois grandes périodes, lesquelles établissent la distinction fondamentale des âges, selon qu'il importe aux médecins de les considérer. La première période, ou ce que j'appèlerai volontiers le premier âge médicinal, est marquée par le développement des forces dans la tête; la seconde période est marquée par le développement de ces mêmes forces dans la poitrine; et, enfin, la dernière période, par leur concentration dans la cavité du bas-ventre. C'est par cette raison que les maladies de la tête sont si ordinaires à l'enfance; pourquoi les maladies de la poitrine sont si communes dans le moyen âge de la vie, et pourquoi les vieillards sont si sujets aux maladies du bas-ventre. Et cette révolution de la sensibilité dans le cours total de la vie, dont Stahl a tiré un parti si heureux, ainsi que vous pouvez le voir dans différents endroits de ses ouvrages, et surtout dans sa belle dissertation *de Morborum œtatum fundamentis*, cette révolution s'observe également dans la durée des maladies : car dans les maladies qui n'affectent aucun organe particulier, il est facile de saisir des variétés, dans la tendance des mouvements, analogues à celles qui caractérisent les grandes périodes de la vie entière. Ainsi, dans le commencement des maladies, les efforts se portent

manifestement vers les parties supérieures, et vers
la fin ils affectent sensiblement les parties inférieures; et, à cette époque des maladies, le ventre
s'ouvre et concourt à évacuer une partie des produits de la coction; mais ce sont des idées sur
lesquelles je reviendrai ailleurs, et que je dévelop-
perai avec plus d'étendue et d'avantage.

Je remarquerai seulement ici que les maladies
des enfants très-jeunes ont généralement leur cause
établie dans la tête, quoique ces affections de la
tête intéressent bientôt l'estomac et les intestins,
d'après la grande sympathie qui existe entre ces
deux centres de vitalité, la tête, et l'épigastre. Ces
maladies de l'enfance se produisent fort communément sous la forme d'affection convulsive, d'après
l'état de débilité des forces toniques ou nerveuses.
Aussi n'y a-t-il point de meilleurs moyens curatifs
contre toutes les affections convulsives des enfants,
que ceux qui sont immédiatement appliqués sur
la tête, et qui vont à purger directement cette partie.
Willis, dans son excellent traité des maladies nerveuses, nous dit que tous les enfants d'une famille
étaient morts à l'âge de deux ou trois ans emportés
par des mouvements convulsifs comme épileptiques.
Willis appelé pour le cinquième enfant de cette
famille, qui éprouvait déjà les mêmes accidents,
fit ouvrir un cautère à la nuque, et tira à peu-

près deux onces de sang en appliquant des sangsues aux veines jugulaires. Par ce moyen il sauva cet enfant et tous ceux qui vinrent dans la suite. Un médecin de Paris a dernièrement fait imprimer une lettre dans laquelle il recommande l'application des sangsues derrière les oreilles comme un moyen à peu près sûr contre les affections convulsives, et ce médecin n'a point cité Willis. Ces moyens d'évacuation appliqués sur la tête sont d'autant plus convenables à cet âge qu'ils ne font qu'imiter les procédés de la nature, qui purge constamment les enfants par la tête. Hippocrate avait bien observé que les enfants qui n'avaient point éprouvé ces purgations, qui n'avaient point jeté leur gourme, étaient très sujets aux affections épileptiques.

Il est très-difficile, dans les progrès de l'ossification, de marquer l'instant précis auquel se rapportent les phénomènes que nous avons à exposer, parce qu'outre que les moyens d'observation sont ici extraordinairement rares, l'observation est presque toujours bornée à des sujets avortés, qui se trouvent par conséquent dans des dispositions maladives, et par rapport auxquels les lois de la nature souffrent des aberrations plus ou moins étendues. Aussi, quoique Ker-Kringius, médecin et anatomiste curieux, ait assemblé à grands frais et avec beaucoup de soins une grande quantité de fœtus de différents âges, et que sa collection soit une des plus curieuses qu'on puisse consulter en ce genre; il s'en faut bien cependant que ses observations se trouvent justes : et, par exemple, on a remarqué avec raison qu'en général elles sont toutes rapportées à des époques trop avancées, et que la plupart de ces fœtus doivent réellement avoir plus d'âge qu'il ne leur en suppose. C'est pour éviter une partie de ces difficultés, et parce que l'instant de la fécondation est plus facile à saisir dans l'espèce des oiseaux, que M. de Haller a choisi ces animaux pour en faire le sujet de ses recherches; mais un inconvénient considérable, c'est que les résultats de ses travaux ne sont applicables à l'homme que d'une manière fort incertaine et fort éloignée.

Lorsque l'organisation commence à s'annoncer et que toutes les parties sortent de l'état uniforme de mucosité qui les dérobait, les os longs ou cylindriques se présentent sous la forme d'une gelée épaissie, mais déjà bien nettement circonscrite et limitée : en sorte que la configuration est bien décidée, et que toutes les parties observent entre elles les rapports qu'elles auront dans la suite, lorsque l'os sera absolument formé, et qu'il aura pris sa solidité. Ce fait montre évidemment combien sont peu fondées les opinions des auteurs qui ont fait dépendre l'organisation des os de l'action des muscles. Car quoique les os présentent des marques bien évidentes de l'action musculaire, que la rondeur de la plupart des os longs soit altérée, qu'ils présentent sur leur longueur des faces plus ou moins aplaties par la compression des muscles voisins, et que la portion de leur surface, qui donne attache à des muscles, soit hérissée d'empreintes plus ou moins saillantes, selon que ces muscles sont plus forts et qu'ils sont plus vivement et plus fortement exercés; ce sont là des accidents légers et superficiels, qui n'empêchent pas que la forme de l'os ne se réalise et ne se maintiène dans ce qu'elle a de réel selon qu'elle a été conçue par l'être générateur.

LEÇON CINQUIÈME.

Des mouvements d'expansion et de condensation par lesquels s'opère la formation des os. — Application de cette théorie à la production du cal et du traitement méthodique des fractures.

DANS la leçon précédente je vous ai exposé quelques phénomènes de l'ossification, qui ont dû évidemment vous faire reconnaître que la force qui l'opère est indépendante des lois de la mécanique. Je vous fis observer en effet, Messieurs, que l'ossification se dirigeait, se portait constamment des parties supérieures vers les parties inférieures. Je vous fis observer que ses actes étaient sensiblement alternés de repos et d'action, et que ces alternatives marchaient assujéties à la révolution septenaire. Ce sont là, Messieurs, comme je le disais, des circonstances vraiment essentielles et fondamentales, et dont on ne peut donner aucune raison rigoureuse et mécanique.

Je traiterai dans cette leçon des différentes apparences que présentent les os dans le progrès de leur formation, depuis le moment où ils sont confondus avec les autres organes, et cachés avec eux sous le voile d'une mucosité uniforme, jusqu'au moment où ils sont achevés dans toutes leurs parties et où ils ont pris toute leur consistance.

Ces apparences successives peuvent s'observer, s'étudier, ou dans les os longs et cylindriques, ou dans les os aplatis; je veux dire dans les os qui ont peu d'épaisseur relativement à leur étendue. Je ne parlerai ici que des os longs, parce que ce que j'ai à en dire peut, dans ce qu'il y a de vraiment intéressant, s'appliquer également aux os plats, et que je reviendrai sur les différences, en traitant en particulier des os plats et surtout de ceux qui entrent dans la composition du crâne.

Peu de temps après la formation de l'animal, et lorsque l'organisation commence à se développer, les os longs ou cylindriques se présentent sous la forme d'une gelée plus ou moins épaissie, mais qui dès-lors est nettement limitée et circonscrite, et qui est réellement construite, au moins à l'extérieur, de la même manière que l'os doit l'être dans la suite. A cette époque le périoste ou la membrane qui revêt l'os à l'extérieur n'est que très-faiblement attaché à l'os ou plutôt à la substance gé-

latineuse qui doit se transformer en os ; ensorte
qu'on peut opérer leur séparation sans emporter
aucun lambeau du périoste, ni de la substance gélatineuse qu'il recouvre. Ce fait, comme le dit Haller,
est important à remarquer contre l'hypothèse de
M. Duhamel qui , comme nous le dirons dans la
suite, attribuait l'ossification au périoste d'une manière exclusive , qui regardait cette membrane
comme le seul organe dans lequel les os pussent
se former; ou plutôt qui considérait les os comme
autant d'assemblages de couches ou de lames concentriques et superposées, chacune desquelles s'était
formée successivement dans les plans les plus internes du périoste.

Lorsque les os sont gélatineux, ils sont flexibles
et transparents dans toutes leurs parties. Peu-à-peu
il se forme dans le milieu un plan sombre et opaque ;
ces points se multiplient et se disposent en forme
d'anneau, qui embrasse complètement la partie centrale du corps de l'os. Cet anneau qui est d'abord
fort délié s'étend de côté et d'autre , et se prolonge
vers les extrémités par des lignes ou des filets distincts et détachés , lesquels suivent évidemment
la longueur de l'os. A mesure que cet anneau s'a-
vance, l'opacité de l'os et son élasticité augmentent;
l'état gélatineux disparaît alors, et fait place à un
nouvel état qui présente toutes les qualités du car-

tilage. C'est ce qui fait dire communément qu'au moins par rapport aux os longs, l'état cartilagineux est le degré intermédiaire par lequel la nature doit passer nécessairement pour s'élever à l'état osseux. Il faut remarquer cependant, par rapport à ce cartilage, que, quoiqu'il ressemble au vrai cartilage par l'ensemble de ses qualités manifestes et sensibles, et surtout par sa grande élasticité, cependant il en diffère essentiellement, puisqu'il s'ossifie nécessairement; ce qui n'est pas vrai des autres cartilages : car quoique tous les cartilages puissent s'ossifier, et que cette ossification soit même très-ordinaire dans un âge fort avancé, cependant ce sont là des événements accidentels, et qui doivent être regardés comme autant d'écarts, autant d'aberrations des lois de la nature.

L'orsque l'os est dans un état cartilagineux, toutes ses parties sont d'une couleur blanche. C'est qu'alors les vaisseaux qui s'y distribuent ne sont pas encore assez ouverts pour recevoir des liqueurs colorées, ou plutôt c'est que ces liqueurs n'y coulent pas encore en assez grande quantité pour produire ou manifester sensiblement leur couleur.

Peu-à-peu les vaisseaux se développent vers la partie centrale, et se développent assez pour recevoir le sang. C'est alors seulement que se forme la nature osseuse, qui se manifeste donc d'abord vers le milieu de l'os , et qui se distribue et se partage en filets , lesquels s'étendent comme d'un centre vers l'une et l'autre extrémité de l'os par un progrès du développement des vaisseaux.

Les mêmes phénomènes s'observent également et à la fois vers les deux extrémités de l'os , lesquelles sont bien décidément épiphyses , c'est-à-dire, entièrement distinctes du corps de l'os , dont on peut très-aisément les séparer, quoique avec le meilleur microscope on ne puisse pas saisir la ligne de leur séparation. Ces épiphyses passent donc par les mêmes états successifs que le corps de l'os. Elles sont d'abord entièrement gélatineuses. Il s'y forme ensuite un point opaque et élastique , qui augmente de plus en plus et finit par occuper complètement toute l'étendue de l'épiphyse. Cette épiphyse est alors dans un état qu'on compare au cartilage , et cet état cartilagineux subsiste jusqu'à ce que le sang y pénètre en masse. Ce sont les vaisseaux du corps de l'os qui percent peu-à-peu la lame, qui le séparent de l'épiphyse, et qui vont établir dans cette épiphyse cartilagineuse un centre osseux, qui jète de toutes parts des rayons dont le nombre et le progrès sont, comme dans le corps de l'os , constamment proportionnels à la distribution des vaisseaux.

C'est à l'accroissement soutenu et continué de
ces rayons qui partent d'un triple centre, savoir,
du milieu du corps et de la partie moyenne de chacune des épiphyses, que l'os doit enfin toute sa dureté et sa perfection, lesquelles avancent de plus
en plus, à mesure que ces lignes ou filets osseux
se prolongent, se pressent et se multiplient.

Une conséquence bien importante qui suit rigoureusement des recherches de Haller sur la formation des os, et que vous pouvez voir exposées soit
dans le 8ᵉ volume de sa grande physiologie, soit
dans le recueil de ses expériences publiées en fran-
çais, sous le titre de *Mémoires sur la formation
des os* ; c'est que le travail de l'ossification, considéré dans sa durée totale, présente deux époques
bien distinctes qui se succèdent l'une à l'autre d'une
manière constante. La première de ces périodes est
affectée à un mouvement ou à un effort expansif ;
la seconde, qui la suit, est affectée à un mouvement
de condensation, de resserrement.

Ce premier effort expansif est manifestement
démontré par le développement rapide des vaisseaux ; circonstance préliminaire sous laquelle il
ne se fait point d'ossification. Car comme M. Haller
s'en est assuré constamment, toutes les parties susceptibles de se transformer en os n'éprouvent cette

transformation, ce changement, qu'autant que les vaisseaux qui s'y répandent s'agrandissent et s'ouvrent assez largement pour y porter le sang en masse.

Ces deux mouvements à direction contraire, savoir, le mouvement de raréfaction et le mouvement de condensation qui le suit, sont surtout bien évidents et bien importants à observer dans la production du *calus*; par rapport auquel les belles observations de M. de Haller ont démontré que la nature suit la même marche, observe les mêmes procédés que dans la production des os de formation primitive.

C'est à la considération de ces deux mouvements et des temps qui bornent leur développement respectif, que doit être rapportée et subordonnée l'administration des secours de l'art, dans le traitement méthodique des fractures, ainsi que vous allez le voir par l'exposition que je vais faire des points capitaux de ce traitement.

Dans les premiers temps de la fracture, il existe un état d'orgasme ou de turgescence bien évident. Cette turgescence, cette raréfaction, n'est pas seulement ressentie dans le périoste, comme l'a avancé M. Duhamel, d'après sa fausse hypothèse; elle existe encore d'une manière plus ou moins sensible dans toutes les parties qui avoisinent la fracture.

Il se forme en même temps un appareil de mouvements d'oscillation, qui dirige et porte les humeurs vers les parties voisines de la fracture, lesquelles, à raison de leur vive action, deviènent le
centre de la nouvelle fluxion, qui s'établit (1) : car,
comme nous le verrons dans la suite plus particulièrement, indépendamment du mouvement progressif que les humeurs éprouvent dans les gros vaisseaux, et qui se fait d'une manière toujours à-peu-
près égale, ces humeurs peuvent prendre et prènent
effectivement dans le nombre presqu'infini des vaisseaux capillaires et dans tout le tissu parenchymateux du corps, des directions différentes selon les
divers besoins de la nature. Et cette facilité qu'ont
les humeurs à prendre ainsi des mouvements à directions infiniment variées, selon la distribution
différente des forces toniques ou des forces d'oscillation, est la circonstance qui nous touche le plus
prochainement, et que nous devons étudier avec
le plus de soin. Car comme la circulation qui se
fait dans les gros vaisseaux est assujétie à une

_____

(1) Cette fluxion s'accompagne ordinairement d'un
mouvement de fièvre, qui n'est pas dangereuse quand elle
paraît assez tôt pour qu'on puisse l'attribuer à cette cause.
(MARTIAN, *Ep. lib.* 7, *s.* 2, *p.* 257.) *Si vero quid horum* (febris) *apparuerit, securissimum est ut in principio
fiat et medio tempore permaneat.*

marche à-peu-près égale, et qui n'est que peu ou
point susceptibles de variations ; ce phénomène
est plutôt zoologique ou physique que vraiment
médicinal, comme le disait Rivière, un des praticiens les plus heureux de cette école ; puisque le
médecin ne doit s'occuper que des phénomènes
susceptibles d'être changés et modifiés par les
moyens qui sont en son pouvoir.

C'est donc à soutenir l'orgasme qui existe dans les
parties les plus voisines de la fracture, et à contenir
dans de justes bornes la fluxion que cet orgasme
excite, que doit s'appliquer exclusivement le médecin dans les premiers temps de ce traitement.

Pour remplir cette vue, l'appareil ne doit être
serré que très-légèrement : car il est évident qu'une
trop forte compression arrêterait l'effort expansif,
par lequel la nature prélude à la formation des os,
et ferait avorter, pour ainsi parler, tous les actes
ultérieurs, au développement desquels l'ossification complète est attachée.

Ce précepte de ne pas trop serrer l'appareil dans
le commencement de la fracture a été fortement
recommandé par Hippocrate : et dernièrement
M. Deshais, chirurgien, s'est convaincu, au rapport
de M. Duhamel, sur des pigeonneaux dont il avait
brisé les os à demi, qu'une forte compression ap-

pliquée dès le commencement et soutenue pendant
long-temps s'était complètement opposée à la formation du cal, en sorte qu'au bout de huit jours
de cette compression, il n'y avait point encore de
tumeur formée, point de disposition à la réunion,
et que tout était dans le même état que si la fracture venait d'être faite tout récemment.

Si par l'état d'abattement où se trouve la nature,
la turgescence n'a pas lieu, et que la fluxion ne soit
point établie, ou qu'elle ne le soit que faiblement,
il faut alors solliciter cette turgescence et agrandir
le champ des mouvements de fluxion. Pour cela, il
faut appliquer sur la partie des topiques irritants,
dont le degré d'activité soit proportionnel à l'état
de faiblesse ou d'inertie où se trouve la nature. Un
remède qu'on peut employer dans cette vue avec
avantage, c'est l'affusion d'eau tiède fréquemment
répétée; car la chaleur, comme nous le dirons dans
la suite, est un des plus puissants moyens d'excitation des forces vitales; mais il faut seulement en
soutenir l'usage jusqu'à ce que la tuméfaction soit
bien établie, parce que, d'après un principe que
j'exposerai ailleurs, s'il était porté au-de-là, il dis-
siperait la tuméfaction et ramènerait l'état de faiblesse qu'on doit combattre.

Si au contraire l'action est trop vive dans les par-

ties voisines de la fracture ; si la force expansive
se développe avec trop d'énergie , et que les mouvements de fluxion embrassent un trop grand espace , alors on pourra un peu augmenter la compression des ligatures ; on pourra appliquer des remèdes astringents , dont le degré d'astriction soit
proportionnel à la violence de l'affection que l'on
veut modérer (1) ; enfin on pourra avec succès employer des émétiques et des purgatifs ; non pas
comme moyens d'évacuation (car je suppose ici la
fracture dans un état de simplicité absolue , je la
suppose complètement dépouillée de toute compli-

---

(1) C'est un des cas où l'on peut employer utilement
la méthode des bandages , si fortement recommandée par
M. Theden , et dont il a tiré un si grand parti dans
nombre de maladies chirurgicales. (*Comm. lipsiens.*,
t. 18, *p.* 604, *etc.*)

On peut donc dans ce cas employer l'eau froide en fo-
mentation avec beaucoup d'avantage. (*Journ. med. ang.*,
t. 6, *part.* 2, *p.* 110, 111.) « D'après ce que j'ai eu occa-
» sion d'observer dans une pratique journalière, je puis
» assurer que la vertu calmante de l'eau froide m'a tou-
» jours paru suffisante pour réduire les parties à cet état
» d'inflammation, absolument nécessaire, pour consolider
» la réunion des os fracturés, et je crois que le froid
» employé judicieusement dans plusieurs cas d'irritabi-
» lité locale, ou de l'accumulation de la chaleur animale
» sur une partie, produit souvent les effets les plus sa-
» lutaires. »

cation étrangère, et par conséquent de toute sur-
charge des premières voies, en un mot je considère
ici la fracture comme une simple solution de continuité dans l'os, et comme étant un accident de
même nature qu'une plaie simple dans les chairs);
alors les purgatifs et les émétiques ne conviènent
que comme moyens révulsifs, c'est-à-dire que
comme moyens capables de transporter sur les organes intérieurs une partie de l'effort qui s'exerce
vicieusement dans le voisinage de la fracture en
excitant sur l'estomac et les intestins de nouveaux
centres d'action, de nouveaux points d'irritation (1);

---

(1) M. Dehaen, en rapportant la pratique d'Hippocrate,
qui, dans les violentes affections convulsives extérieures,
donnait des remèdes fort irritants, comme le poivre, l'hel-
lébore, remarque très-bien que c'était apparemment dans
l'intention de décider des spasmes internes et d'affaiblir
ainsi, par voie de révulsion, ceux qui s'exercent à l'extérieur : *Ac veluti nos acribus spasmum uno in loco ex-
citamus quo illum sopiamus in alio.* (DEHAEN, *t. 3, p.*
107.)

Au reste, il faut remarquer, par rapport à cette pratique
d'Hippocrate, qu'il donnait en même-temps des remèdes
tempérants et adoucissants comme les huiles douces, les
bouillons gras, les décoctions mucilagineuses; en effet,
nous verrons ailleurs que la méthode de traitement la
plus généralement applicable aux affections nerveuses
consiste dans l'usage combiné ou successif des moyens

et sous ce point de vue il faudrait donner la préférence aux émétiques dans les fractures qui intéressent les extrémités inférieures , et préférer les purgatifs dans les fractures des extrémités supérieures,
d'après le dogme fondé sur la théorie des fluxions,
dont nous parlerons ailleurs , lequel prescrit de
porter les moyens de révulsion très-loin de la partie affectée.

Lorsque par ces moyens et par d'autres analogues,
l'appareil de fluxion a été soutenu convenablement
et pendant assez long-temps sur les parties voisines
de la fracture , le stade du mouvement expansif
cesse , et c'est le stade du mouvement de condensation qui lui succède. Pour décider et compléter
l'effet de cette force de condensation , c'est le temps
alors de serrer fortement les ligatures, comme le
recommandait Hippocrate (1). On peut aussi employer alors des remèdes plus ou moins fortement
astringents. Par cette application astringente on im-
primerait sans doute plus de solidité à la substance

excitants et des moyens tempérants. Vous pouvez consulter le superbe ouvrage de M. de Barthez.

(1) *Postquam vero ad diem qui 7, ad deligationem sic
devenerit.... cooptare oportet.... paulo magis compri-
mendo quam prius.* (GAL. , *Comm.* 1, *ad. Hip. lib. de
fracturis.*)

du calus , et on préviendrait sa consistance spongieuse qui est si ordinaire selon tous les observateurs. Or cette consistance spongieuse prouve bien la réalité de cette force expansive dont nous parlions tout à l'heure , et dont l'effet n'a été qu'incomplètement combattu par le mouvement de condensation qui s'est exercé d'une manière trop faible.

Il y a des circonstances dans lesquelles le calus ne se forme point. L'état de grossesse est une de ces circonstances , et selon les observations de Fabrice Hildan et de beaucoup d'autres , les fractures ne se guérissent pas ou ne se guérissent que très-lentement et très-difficilement. Il ne faudrait pas , comme l'a fait Haller, attribuer ce phénomène à la petite quantité de terre dont le sang se trouve alors chargé : car, outre que c'est là une assertion purement gratuite , il resterait toujours à expliquer pourquoi cette terre passe en entier dans le fœtus , et pourquoi il n'en reste pas assez dans le corps de la mère pour travailler la très-petite quantité de substance osseuse qui est nécessaire pour souder une fracture simple. La seule raison de ce phénomène, c'est que la nature néglige alors son propre corps pour s'occuper exclusivement de la nutrition du fœtus (1) ; c'est que tous les mouvements sont alors

_____

(1) *Tota natura , cùm circa formationem fœtûs occu-*

dirigés sur la matrice d'une manière soutenue , et que la fluxion que nous avons dit être nécessaire pour la production du cal ne peut se former et se maintenir.

C'est d'après le même principe qu'il faut expliquer pourquoi les femmes, dans l'état de grossesse, sont peu sujètes à prendre des maladies épidémiques ; c'est que la nature, livrée toute entière à un objet de sensation qui épuise et absorbe toutes ses facultés, est peu susceptible de se prêter à l'impression des causes extérieures de lésion. C'est encore par le même principe que, dans l'état de grossesse, les maladies sont si dangereuses et si exposées à prendre un caractère, de malignité : c'est qu'alors la nature se refuse à ordonner, soutenir, diriger d'une manière convenable les actes ou les mouvements qui sont nécessaires pour conduire une maladie à une solution heureuse. C'est par la même raison que les maniaques échappent aussi aux maladies épidémiques, et qu'ils sont beaucoup moins sensibles au froid, à la privation du sommeil, des aliments, etc.

---

pata sit, proculsi generationem destinatam ad uterum....
.... et ossa fracta negligit. (*Fabr. Hild.*, cent. 5, obs. 87.)

L₄ 11

Je vous ai montré, par un exemple bien frappant, combien la pratique est vivement éclairée par la théorie, lorsque cette théorie n'est, comme elle ne doit l'être, que l'expression exacte et rigoureuse des faits, ou plutôt ne présente que l'ensemble ou le tableau des faits observés, disposés dans l'ordre de leur subordination, de leur dépendance naturelle.

~~~~~~

LEÇON SIXIÈME.

De l'accroissement des os. Effets de la garance sur leur substance. — Décomposition du corps. — Hypothèse de Duhamel.

Dans ce que je vous ai dit sur l'ostéogénie ou la formation des os, je ne vous ai parlé que des mouvements qui amènent cette formation, tels que l'observation les démontre évidemment. J'ai réduit ces mouvements à deux principaux : le premier, par lequel débute tout travail d'ossification, épanouit, dilate, raréfie dans toutes ses parties la substance qui doit s'ossifier ; le second, qui lui succède, et qui opère en sens contraire, resserre et condense cette substance d'une manière uniforme. Je n'ai donc point parlé encore de la matière qui entre dans la composition des os : c'est que cette matière ne nous intéresse que d'une manière plus éloignée ; c'est qu'elle n'est que le sujet passif sur lequel se déploie le mouvement, et qu'elle obéit sans résistance à toutes ses modifications ; aussi, dans l'application que je vous fis des principes d'ostéogénie, à la production du cal, et au traitement méthodique des fractures simples, vîtes-vous que

les indications de ce traitement étaient exclusivement surbordonnées au double mouvement de raréfaction et de condensation dont j'ai parlé, et
que les indications relatives à la matière étaient
absolument nulles; et, en effet, l'art ne peut par
lui-même fournir immédiatement, directement,
cette matière; il se trouve réduit à la nécessité
générale de nourrir, et les sucs les plus éminemment nourriciers ne peuvent s'assimiler complète-
tement à la substance des organes, qu'après avoir
éprouvé préalablement l'action successive de tous
les agents de la digestion.

Je traiterai, dans cette leçon, de l'accroissement
des os; et, avant tout, je dois vous faire part d'une
expérience dont on s'est servi avec beaucoup d'a-
vantage pour suivre et noter distinctement les progrès de cet accroissement.

Cette expérience consiste à mêler de la racine
de garance pulvérisée avec la nourriture qu'on fait
prendre aux animaux. On observe, dans les animaux traités de cette manière, que les os, qui ont
naturellement une couleur blanche, ou à peu près,
prènent une couleur rouge, dont la teinte pénètre
intimement et uniformément toute leur substance,
lorsque l'usage de cette racine a été suffisamment
continué. Il y avait long-temps que l'on savait que

la garance avait la propriété de colorer l'urine, et
qu'on avait observé que les animaux qui en avaient
mangé rendaient une urine d'un rouge très-foncé;
mais ce n'est que dans ce siècle que l'on a découvert son action sur les os; et cette découverte,
comme tant d'autres, a été due au hasard. Un chirurgien de Londres, M. Belchier, ayant observé
que les os d'un cochon qu'on lui servait étaient
fortement colorés en rouge, apprit que cet animal
avait été nourri chez un teinturier, et qu'il avait
mangé de la garance. (Vous savez que la garance
est une plante dont se servent les teinturiers pour
composer leurs couleurs.) Il soupçonna dès-lors
que cet effet pouvait dépendre de cette plante; en
conséquence, il fit des expériences dont les résultats le confirmèrent dans cette idée; il en fit part
à la société royale de Londres. M. Sloane, alors
président, en instruisit différentes compagnies savantes de l'Europe : Duhamel, en France, tra-
vailla beaucoup sur cet objet; Bazani, en Italie;
MM. Boehmer, Ludwig, Delius, en Allemagne;
et toutes ces expériences, constamment suivies du
même effet, démontrèrent incontestablement, dans
la garance, la propriété de teindre en rouge les os
des animaux qui en font usage.

Une conséquence bien importante, qui suit de
l'expérience que je viens de vous exposer, c'est

que les os se décomposent et se décomposent en totalité ; car si l'usage de la garance a été suffisamment continué, la couleur rouge que présentent les os occupe uniformément toute leur substance ; et si l'on met ensuite une assez longue interruption dans son usage, cette couleur rouge disparaît entièrement, et les os reviènent à la couleur blanche qui leur est naturelle. Dès-lors les os du même animal, qui, dans différents temps de sa durée, se produisent avec des qualités si différentes, ne sont point essentiellement et *virtuellement* les mêmes, comme on dit dans l'école. Les os se décomposent, et se décomposent en totalité, c'est un fait acquis par des expériences décisives, et dont il n'est plus permis de douter (1).

Or, cette décomposition qui a lieu dans les os, doit, à plus forte raison, s'exercer dans les autres organes, puisque leurs parties sont établies et arrêtées d'une manière moins fixe ; qu'elles doivent

---

(1) M. Vanswieten, après avoir rapporté les expériences de Duhamel, dit : « *Inde videtur patere evidenter deleri* » *et renovari ossium substantiam quæ ab omni attritu ex-* » *terno tuto deffenditur. Si ergo hoc in duras adeo corpo-* » *ris partes, ossa nempe, fiat, idem in aliis partibus* » *quarum moleculæ constituent s minus cum se invicem* » *cohærent ; fiet.* » (2, 5, p. 210. *De calculo aph.* 1414.)

dès-lors se détacher plus facilement, et céder plus aisément à l'action expansive de la chaleur; car, comme nous le dirons ailleurs, la chaleur et l'air, qui agissent sur le corps vivant sans interruption, sont les deux grands moyens qui opèrent la décomposition de ses organes, et il paraît, en effet, comme l'a soupçonné Vanhelmont, que l'air est le principal agent dont se sert la nature pour volatiliser les corps concrets, pour les sublimer, pour les faire passer à l'état vaporeux ou gazeux, selon une expression de cet homme célèbre, qui a fait fortune dans ce siècle.

Ce fait de la décomposition absolue du corps vivant, me paraît un des plus importants de l'économie animale, et celui que nous devons avoir sans cesse présent pour envisager les phénomènes sous leur vrai point de vue, et pour apprécier la valeur des hypothèses si multipliées qu'on a imaginées pour les expliquer; et, en effet, Messieurs, si la machine vivante se détruit sans cesse; si toutes ses parties sont dans un mouvement de flux perpétuel; si le corps animal, considéré dans deux époques différentes de sa durée, ne contient pas, dans la seconde, une seule des molécules qu'il contenait dans la première; vous voyez bien évidemment le peu de cas que nous devons faire des hypothèses modernes qui rapportent tout à la né-

cessité de la matière ; car la matière nous échappe
par un mouvement que rien ne peut ralentir, elle
présente un sujet essentiellement mobile et chan-
geant, et le *moi* de l'animal subsiste, et toutes ses
qualités se soutiènent d'une manière fixe et permanente, pendant un intervalle de temps assez
long.

Et pour dire quelque chose de plus particulier,
je demande ce que l'on doit penser des hypothèses
si variées sur la nutrition, et qui partagent encore
aujourd'hui toutes les compagnies savantes de l'Europe; hypothèses qui attribuent la nutrition d'une
manière exclusive, soit aux vaisseaux, soit aux
nerfs. La nutrition, prise dans toute son étendue,
répare assidûment les pertes qu'éprouvent les organes; elle les représente avec l'ensemble des
mêmes qualités, malgré la continuité d'action qui
tend à les détruire; c'est à proprement parler une
reproduction continuée. Or, les vaisseaux et les
nerfs se reproduisent comme toutes les autres parties; et, dès-lors, attribuer la nutrition, d'une
manière exclusive, soit aux nerfs, soit aux vaisseaux, c'est se mettre dans la nécessité d'admettre
des vaisseaux pour nourrir des vaisseaux; d'admettre
des nerfs pour nourrir des nerfs ; c'est s'engager évidemment dans une progression infinie, qui n'a
point d'existence réelle dans la nature.

Il n'est question, Messieurs, que d'apprendre
exactement toutes les circonstances des phénomènes, et qu'à étendre, à toutes ces circonstances,
les hypothèses proposées pour les expliquer, pour
en sentir l'inanité. Je démontrerais, si c'était ici
le lieu, que, parmi les hypothèses les plus accré-
ditées, il n'y en a pas une qui soit capable de
soutenir cette épreuve. Il faut donc négliger les
hypothèses, il faut étudier les faits dans toute leur
simplicité, dans toute leur pureté; il faut savoir
les dépouiller de toute interprétation ; car toute
interprétation qui n'est pas déduite des faits mêmes
ou des faits analogues, est arbitraire et vaine, et
toutes les théories qui ne sont pas des faits observés, rangés selon l'ordre de leur subordination
naturelle, ne seront que des monuments élevés
à l'erreur; monuments d'autant plus funestes qu'ils
auront été consacrés par des hommes de plus grand
génie.

J'ai dit, Messieurs, que tous les organes du
corps vivant se décomposaient, et je l'ai prouvé
par l'impression profonde que la racine de garance
porte sur les os, partie du corps la plus solide,
et dans laquelle on aurait été si peu porté à admettre cette décomposition. En suivant cette expérience, il serait possible de s'assurer de l'intervalle
de temps qui est nécessaire pour achever pleine-

ment cette décomposition, et pour renouveler le corps en entier. On n'a point encore acquis une assez grande quantité de faits, pour déterminer la période de cette décomposition. On sait seulement qu'elle est plus rapide dans le premier âge, et qu'elle se ralentit à mesure que l'âge avance. On dit assez communément que le corps change et se renouvèle de sept ans en sept ans : ce sont les restes des dogmes de l'école de Pythagore; et, en général, les opinions populaires, consacrées par une longue suite de siècles, sont toujours respectables aux yeux du sage; elles tiènent presque toutes à d'anciens systèmes de philosophie, et souvent elles cachent un fonds de vérité précieux qu'il est question d'y découvrir. Je vous ai déjà fait remarquer, Messieurs, que les idées des Pythagoriciens étaient vaines, parce que ces philosophes transformaient en êtres réels des idées numériques, qui sont de simples abstractions de l'esprit; mais je vous fis en même temps observer que tous les actes de la nature humaine, soit dans l'état de santé, soit dans celui de maladie, paraissaient sensiblement assujétis à la révolution septenaire.

Une seconde conséquence qui suit de l'expérience dont je vous ai parlé, c'est que chaque organe vivant est pénétré de forces spécifiques, qui le rendent susceptible de se prêter à l'action de

certains corps, qui ne font aucune impression sur
tous les autres; car la garance ne colore absolument
que les parties osseuses, et ni le périoste, ni les
ligaments, ni les tendons, ni les cartilages, c'est-
à-dire les parties les plus analogues aux os, ne
reçoivent absolument rien de sa couleur. Je dis,
Messieurs, que ce fait dépend exclusivement des
forces spécifiques qui s'exercent dans l'os, et qui
établissent une affinité entre sa substance et celle
de la garance; et ce simple énoncé me paraît plus
lumineux et plus philosophique que la prétention
de le déduire de causes mécaniques; que de dire,
par exemple, comme le dit formellement M. de
Haller, que ce fait dépend de rapports de masse
et de figure entre les vaisseaux des os et les molécules constitutives de la garance; car, outre que
c'est là une assertion avancée gratuitement, et
qu'on peut nier de même, qui ne voit que l'ouverture de vaisseaux ne peut être arrêtée d'une
manière fixe? qui ne voit que les vaisseaux, dans
leur mollesse extrême, peuvent et doivent même
d'un instant à l'autre prendre des configurations
différentes, ce qui rendrait la teinte des os, par
la garance, un phénomène aussi incertain et aussi
variable qu'il est fixe et assuré?

Je passe maintenant à l'accroissement des os.
M. Duhamel, ayant mêlé de la garance avec la

nourriture d'animaux jeunes,et qui étaient encore
dans l'acte de leur accroissement, il a distingué facilement à leur couleur rouge les couches osseuses
qui s'étaient formées pendant le temps de l'usage
de la garance. Il a vu que ces couches se formaient
constamment sur la superficie des os, entre cette
superficie et le périoste; que ces nouvelles couches
étaient extrêmement fines et qu'elles enveloppaient
l'os en totalité, en sorte que M. Duhamel a bien
prouvé par ces expériences que l'os croît en grosseur par l'addition de couches qui se forment successivement, et qui sont concentriques, ou roulées
les unes sur les autres. Mais il a été au de-là du
vrai, quand il a prétendu que ces couches se formaient dans la substance même du périoste, ou
plutôt qu'elles n'étaient que les plans les plus internes de cette membrane endurcie. Ce n'est pas ce
que dit l'expérience, qui démontre que les os rougis-
sent sans que la couleur du périoste soit altérée.

Ce qui est encore plus concluant contre l'hypothèse de M. Duhamel, c'est qu'il se forme bien évidemment des productions osseuses organiques indépendamment de l'influence du périoste. Parmi
plusieurs expériences de ce fait que je pourrais vous
citer, je vous renvoie principalement, Messieurs, aux
belles expériences de M. Tenon, publiées dans les
Mémoires de l'académie des sciences pour l'année

1758. Vous y verrez que des portions de crâne fort étendues, qu'il avait emportées à dessein, ont été réparées par une substance visqueuse qui suintait de l'intérieur de l'os, et qui après avoir passé successivement par les états de gelée et de cartilage, s'est complétement ossifiée sans le secours du périoste. Vous pouvez consulter aussi les expériences de M. Detlef, disciple de M. de Haller, qui par un travail suivi avec beaucoup d'exactitude s'est assuré que la production du cal était indépendante du périoste.

Il faut convenir que ces productions osseuses ne présentent pas ordinairement une organisation aussi achevée et aussi complétement finie que les os de formation primitive; et dès-lors il faut reconnaître que le périoste concourt à distribuer les sucs nourriciers de l'os dans un ordre convenable. Mais cela, Messieurs, n'est pas particulier au périoste, c'est encore vrai de toutes les membranes qui enveloppent un organe quelconque; car ces membranes sont également nécessaires pour établir et placer avec ordre les sucs qui doivent nourrir les parties qu'elles recouvrent, et toutes ces parties poussent des végétations plus ou moins irrégulières lorsque leurs membranes sont déchirées, ou seulement affaiblies dans leur tissu : en sorte que l'intégrité des membranes est une circonstance essentielle, pour que

les organes que ces membranes recouvrent, continuent de se nourrir sans altérer et dépraver leur
forme. Ce n'est pas que nous puissions donner aucune raison de cet effet ; car la nutrition se passe,
s'achève dans l'intérieur des organes, et s'exerce dans
chacune de leurs plus petites parties ; or la membrane ne pénètre pas dans ces dernières parties, ou
du moins on conçoit toujours qu'elle en est dis-
tincte et détachée, puisqu'enfin les parties matérielles ne peuvent se pénétrer. La digestion dépend
donc d'une force diffuse dans toute l'habitude des
organes vivants, et qui la recompose pleinement.
Et si l'exercice régulier de cette force intérieure et
pénétrante dépend des membranes superficielles et
extérieures, c'est d'après une loi primitive de la
nature, dont il serait ridicule et vain de vouloir
pénétrer la cause.

Nous avons dit que les os augmentaient en grosseur par l'addition successive de nouvelles couches,
qui se forment entre l'os et le périoste. Les os augmentent encore en épaisseur, par l'expansion des
lames déjà formées qui s'écartent également, et dans
toutes leurs parties, de l'axe de l'os ; et pour se convaincre de la réalité de cette expansion, il n'est
question que de considérer le canal médullaire (c'est-
à-dire le canal qui est creusé dans l'intérieur des
os longs qui sont les seuls que nous considérons),

dans différents temps. Car comme le diamètre de
ce canal augmente bien manifestement et que les parois de l'os continuent toujours à prendre plus d'é-
paisseur par l'addition des nouvelles couches qui
s'y appliquent, il est évident que l'augmentation de
diamètre du canal médullaire ne peut dépendre
que de l'expansion en tous sens de l'os déjà formé.
M. Duhamel a cru devoir prouver ce fait par expérience. Pour cela il a enveloppé l'os d'un jeune
pigeonneau, d'un fil assez fort pour résister à l'effort
expansif des lames osseuses déjà formées, et effectivement il a observé au bout d'un certain temps
que ces lames étaient coupées à l'endroit où elles
étaient serrées par le fil ; mais en vérité c'est là
abuser bien évidemment de l'art expérimental. Car
ce fait de l'extension en tous sens des lames osseuses
n'est-il pas suffisamment démontré par l'élargisse-
du canal médullaire, et peut-il avoir besoin de
preuves ultérieures ? Nous devons observer, Messieurs, que cet accroissement des lames osseuses
est un effet bien évident de l'action continuée de la
force expansive, dont nous avons parlé en traitant
de la formation des os.

Les os augmentent donc en épaisseur et par l'expansion des lames déjà formées, et par la formation
de nouvelles lames qui s'appliquent sur les anciennes.
Si nous recherchons maintenant la manière dont ils
augmentent dans le sens de leur longueur, nous

trouverons que toutes les parties s'écartent de la partie du milieu, par un progrès d'autant plus considérable, et d'autant plus long-temps soutenu, qu'elles sont relativement plus écartées de cette partie du milieu; c'est-à-dire que l'extension des os en longueur se fait par une force qui s'appuie sur les parties du milieu comme sur un centre, et que cette partie centrale de l'os doit être comparée à ce qu'on appèle le collet dans une plante; car c'est aussi sur ce point que s'appuient et les racines et les tiges dans leur développement respectif. Cet accroissement de l'os a été prouvé incontestablement par des expériences de M. Duhamel. Cet académicien ayant divisé un os long en différents espaces de même grandeur, il a vu dans les animaux fort jeunes que tous ces espaces augmentaient également, et que dans un âge plus avancé les espaces voisins de la partie du milieu restaient au même terme de grandeur, et qu'il n'y avait plus que les divisions plus éloignées qui continuassent à croître, et d'autant plus qu'elles étaient plus proches des extrémités. Nous verrons dans la leçon prochaine, en parlant des substances des os, l'application malheureuse qu'il a faite de ces expériences pour expliquer mécaniquement la formation de la substance spongieuse ou réticulaire.

~~~~~~

LEÇON SEPTIÈME.

De la substance compacte des os longs et cylin-
driques. — Hypothèses sur la dureté de cette
substance, réfutées. Avantages de la dispo-
sition de cette substance.

J e traiterai dans cette leçon, Messieurs, des substances qui entrent dans la structure des os. Je ne
parle que des substances en masse, que des parties
tissues et organiques. Je ne parlerai point encore
des molécules élémentaires; de même que les procédés qui peuvent les présenter dans leur état de
simplicité, elles seront le sujet de quelques-unes
des leçons suivantes.

Si l'on considère l'organisation d'un os, et principalement d'un os long et cylindrique; car c'est
surtout des os de cette espèce que j'ai à parler, me
réservant d'indiquer les différences que présentent
les os plats, en traitant en particulier de ces os; si
on examine donc l'organisation d'un os long et cylindrique, dont les caractères de différence tranchent d'une manière bien évidente, on aperçoit
une substance d'un tissu très-rapproché et très-

serré, c'est ce qu'on appèle vulgairement la substance compacte; on aperçoit une substance d'un
tissu plus rare, plus épanoui, plus dilaté, c'est ce
qu'on appèle la substance spongieuse ou réticulaire:
Nous devons remarquer, Messieurs, par rapport à
ces différentes substances, que la substance compacte porte bien évidemment l'empreinte de l'action dominante de la force de condensation dont
nous avons parlé, et que la substance spongieuse ou
réticulaire porte plus évidemment le caractère de
la force expansive ou de raréfaction. Car, comme je
l'ai dit, et comme je ne saurais trop le répéter, l'os
considéré dans les différents état successifs qu'il
présente, depuis son état muqueux ou gélatineux,
jusqu'à ce qu'il ait pris toute sa consistance et toute
sa perfection, est bien évidemment le sujet de deux
mouvements à directions contraires, l'un qui le
dilate dans toutes ses parties, et qui est le premier
effort sensible de tout travail d'ossification ; l'autre
qui le resserre et qui le frappe d'une condensation
uniforme. C'est principalement sur les belles et
exactes observations de l'illustre M. Haller que j'ai
établi l'existence de ces deux mouvements alterna-
tifs, et vous avez vu par l'application que j'en ai
faite au traitement des fractures simples, combien
il importe au médecin de les considérer.

Je ne dois point, Messieurs, vous faire ici la des-

cription de ces substances, et vous marquer leur
arrangement, leur distribution respective; c'est sur
quoi je ne saurais rien vous dire que vous ne sa-
chiez déjà, d'après les démonstrations qui vous
en ont été faites dès le commencement de ce cours;
je dois donc me borner à faire quelques observations physiologiques.

Vous avez vu, Messieurs, que la substance compacte était surtout fort abondante et très-solide
vers la partie moyenne des os longs, et qu'elle
allait en diminuant à mesure qu'elle s'éloigne de
cette partie moyenne, au point de se trouver réduite à une lame assez mince, quand elle est par-
venue sur les extrémités; et, en effet, Messieurs,
la partie moyenne de l'os est le centre sur lequel
s'appuient toutes les autres dans l'effort de leur
extension et de leur développement en longueur.
Cette partie moyenne est, pour l'os, ce que le
collet est pour la plante; car c'est aussi sur ce
collet, comme nous l'avons dit, que s'appuient
les racines et la tige dans leur développement respectif. Il paraît, dès-lors, que cette partie moyenne
ou centrale de l'os doit être d'un tissu plus ferme
et plus solide que toutes les autres, puisqu'il n'en
est point qui ait été exposée à une pression
aussi vive et aussi long-temps soutenue, quoique
ce soient là des raisons sur lesquelles il ne faille

pas trop insister, ainsi que nous le dirons dans la
suite.

On regarde communément cette substance compacte comme un assemblage de lames concentriques
et superposées, et très-fortement liées l'une à
l'autre; et l'on regarde chacune de ces lames comme
des faisceaux de filets placés de champ et par ordre
les uns auprès des autres. Il est vrai que, comme
nous le disions précédemment, l'os croît en épaisseur par l'addition de nouvelles couches qui s'appliquent les unes sur les autres. C'est un fait qui
est bien établi par les curieuses expériences de
M. Duhamel; mais cela ne prouve point, à la rigueur, que la substance compacte soit composée
de lames distinctes dans toute son épaisseur, car
les expériences de M. Duhamel ne sont relatives
qu'à l'accroissement que prènent les os, et il est
très-probable qu'il est un temps où l'acte de l'ossification se manifeste à la fois dans une profondeur
assez considérable; car, encore un coup, cet acte
dépend d'une force intérieure et pénétrante, qui se
développe sur la totalité de la substance, qui opère
à la fois et par un seul mouvement sur ses trois dimensions, qui agit en haut et en bas, à droite et à
gauche, en avant et en arrière. Et c'est parce que cette
force échappe complètement à toutes nos manières
de concevoir; c'est parce que nous ne pouvons

agir que sur les superficies, que nous avons voulu tout réduire à des forces superficielles, et que nous avons cru que l'ossification ne pouvait se faire que successivement et par petites parties à la fois, et que dès-lors les os n'étaient plus qu'un assemblage de petites lames extrêmement fines. C'est surtout pour noter cette manière de voir qui revient sans cesse, que je remarque ici que les os ne sont pas essentiellement composés de lames minces et superposées, ou du moins que cette structure est hypothétique, et qu'elle n'est point suffisamment démontrée. Car d'ailleurs c'est une question qui en soi a peu d'importance, et qui ne mériterait pas de nous arrêter, si elle ne nous avait donné lieu de remarquer un vice radical dans la manière ordinaire de philosopher.

On cite communément en preuve de cette structure de la substance compacte par lames superposées l'exfoliation des os, c'est-à-dire la décomposition de l'os en petites lames très-fines, qui se détachent et tombent les unes après les autres, lorsque l'os est dépouillé, et qu'il est exposé en plein au contact de l'air, surtout par des causes internes. Car nous dirons ailleurs que cet accident ou l'exfoliation n'arrive pas nécessairement lorsque l'os est découvert par des causes extérieures. C'est un objet très-intéressant pour la pratique et sur lequel vous

pouvez consulter avec profit une dissertation de
M. Monro, publiée dans les actes d'Edimbourg, t. 5,
et un excellent mémoire de M. Tenon, qui est
comme un supplément de celui de Monro, et que
vous trouverez dans les *Mémoires de l'Académie*
des sciences, pour l'année 1758.

Mais cette exfoliation des os ne prouve point,
comme on le prétend communément, que l'os soit
composé de lames distinctes et superposées. Cette
chute successive de lames est déterminée par la
manière dont agit la cause de lésion qui, s'appliquant successivement à différents plans osseux,
détruit ces plans à mesure qu'elle les touche, et
établit entr'eux une distinction qui n'existe point
dans l'état naturel.

Et ce qui démontre bien que cette exfoliation
des os ne prouve point qu'ils soient composés de
lames séparées et appliquées les unes sur les autres,
c'est qu'on peut observer la même décomposition
successive dans des parties qui sont bien évidemment, et de l'aveu de tous les anatomistes, composées de fibres tissues en tous sens, et non pas seulement placées les unes sur les autres. En effet,
M. de Lassone a vu qu'un lambeau de peau humaine,
conservé long-temps dans un caveau d'église, ne
paraissait composé que de plaques en forme de

lames d'une extrême finesse. Ainsi le phénomène
de l'exfoliation par l'impression de l'air ne prouve
pas, comme on l'assure communément, que la substance compacte des os soit composée de lames distinctes et superposées. Mais encore un coup, c'est
là une question peu importante et semblable à
tant d'autres dont on s'occupe si longuement, si
universellement, sans aucun profit pour la science,
et qui lui font, au contraire, un tort irréparable en
éloignant et dégoûtant de son étude d'excellents
esprits qui ne sauraient se nourrir de recherches
aussi maigres et aussi stériles. Et si je me suis arrêté
sur cette question, ç'a été seulement pour avoir occasion de vous ramener à la considération des forces
pénétrantes qui jouent un si grand rôle dans l'économie animale, des forces qui agissent dans l'intérieur des masses, et qui développent pleinement
leur activité sur la totalité de la substance.

Non seulement on croit que la substance compacte est composée de lames distinctes placées les
unes sur les autres, on croit encore que ces lames
sont attachées par des productions qui les percent,
qui les traversent, et qui les lient entr'elles, comme
les clous lient et fixent des planches superposées.
Cette singulière idée, qui a fait tant de bruit, et
dont on a tant parlé, prouve bien à quelles imagi-
nations l'étude de la médecine a été livrée, et com-

bien, depuis que s'est établie la folle prétention de
tout rapporter à des lois simples et mécaniques,
combien on s'est occupé de questions misérables et
futiles. C'est à Gagliardi, médecin de Rome, que
l'on doit cette belle hypothèse. Cet auteur, car
d'après l'autorité qu'il s'est acquise, nous sommes
dans la malheureuse nécessité de nous occuper de
ses idées, et c'est ainsi que d'après l'état où se trouve
la science, nous devons employer plus de temps à
rejeter des erreurs qu'à étudier la vérité; Gagliardi
admettait donc des clous de quatre espèces; les uns
étaient terminés par des extrémités pointues, et ils
traversaient les lames osseuses dans une direction
perpendiculaire; ceux de la seconde espèce se terminaient par une tête mousse et arrondie, et ils
traversaient également les lames dans une direction
perpendiculaire; les troisièmes avaient à peu près
la même figure et perçaient les lames obliquement;
enfin les quatrièmes étaient en forme de crochet, et,
après avoir pénétré les lames jusqu'à une certaine
profondeur, ils s'infléchissaient sous un angle plus
ou moins aigu. Vous pouvez voir, Messieurs, si vous
en avez la curiosité, la description de ces clous avec
des figures dans le second volume du *Theatrum
anatomicum* de Manget. C'était donc à ces clous
que M. Gagliardi attribuait la solidité de la substance compacte; il assurait que les clous à crochet,
et les clous à tête mousse et arrondie étaient ceux

qui établissaient la plus grande solidité. Il disait, à cette occasion, avoir vu un crâne extrêmement dur, dans lequel ces clous à crochet étaient très-multipliés, et il ne doutait point que les anciens Perses, dont les os du crâne étaient si durs, au rapport d'Hérodote, ne dussent cet avantage à la grande quantité de clous à crochet qui entraient dans leur structure.

Gagliardi aurait pu établir un bien plus grand nombre de ces productions obliques, qu'il regardait comme des clous. Ce ne sont, en effet, que des filets osseux, dont la direction est dérangée diversement par le moyen des vaisseaux qui, pénétrant la substance osseuse par des ramifications très-multipliées, et la pénétrant en tous sens, donnent à ces filets des directions indéfiniment variées. Mais, de plus, quand ces espèces de filets ou de clous auraient une existence réelle, comment leur attribuer la solidité des os? car ces clous sont eux-mêmes d'une substance osseuse; et s'ils sont solides, il faut donc y admettre, dans l'idée de Gagliardi, des clous d'un autre ordre, pour en établir la solidité. Car selon l'hypothèse, la solidité osseuse est attachée d'une manière exclusive à l'arrangement des clous; et comme nous faisions remarquer hier contre les hypothèses les plus reçues sur la nutrition, qu'il fallait admettre des vaisseaux de vaisseaux et

des nerfs de nerfs à l'infini, il faut aussi, dans l'hypothèse de Gagliardi, admettre dans les clous,
principes de la solidité osseuse, une série infinie
de clous de différents ordres, ce qui est une con-
tradiction manifeste, dans les termes, comme dans
les choses.

On a cru pouvoir rapporter la formation de la
substance compacte à l'action et aux battements des
vaisseaux sanguins. Pour cela, on a fait remarquer
que cette substance compacte était surtout fort abondante vers les parties du milieu des os longs, et
que cette partie était la plus solide. De plus, on
a remarqué que c'était par cette partie du milieu que pénétraient les artères médullaires, je veux
dire les artères qui traversent toute la substance
des os, et qui vont se distribuer dans le grand
canal, dont ils sont excavés intérieurement. Cette
plus grande solidité de la partie du milieu a donc
été rapportée au rapprochement des lames osseuses
appliquées et serrées les unes contre les autres par
les artères qui battent dans le voisinage. Je vous
ai déjà fait observer, Messieurs, qu'il n'était pas
prouvé que la substance compacte fût composée
de lames distinctes et superposées, et je vous ai
fait voir que la plupart des faits qu'on cite en
preuve ne sont pas constants. Je remarquerai, en
premier lieu, que cette hypothèse sur la formation

de la substance compacte porte sur une erreur de
fait. Car il n'est pas vrai que les artères médullaires
entrent dans les os longs par leurs parties moyennes.
Le plus communément, ces artères sont plusieurs
en nombre et elles percent l'os par des points différents et à distance les unes des autres. Il faudrait
donc qu'il y eût alors plusieurs amas de substance
compacte distribuée sur la longueur de l'os. Enfin,
et c'est là la raison la plus forte : comment a-t-on
pu attribuer la formation de la substance osseuse à
l'action nécessaire des vaisseaux? Comment ne voit-
on pas qu'ici l'action est réciproque, et que si les
vaisseaux en battant et pressant des membranes (car
dans l'esprit de l'hypothèse, les lames osseuses sont
d'abord des membranes) peuvent les transformer en
os, ces membranes, par leur réaction qui est égale
à l'action, doivent également opérer l'ossification
des vaisseaux.

Après nous être convaincus de la frivolité de ces
hypothèses, si nous recherchons les avantages qui
résultent de la disposition de la substance compacte,
telle qu'on vous l'a fait observer, nous verrons que
cette substance est inégalement distribuée, et qu'elle
se trouve en plus grande quantité vers la partie du
milieu que partout ailleurs; c'est-à-dire que la solidité est partagée inégalement à différentes parties
de l'os, et que c'est la partie du milieu qui a reçu

la plus grande : et c'est aussi cette partie du milieu
qui est bien évidemment la plus exposée, et qui
dès-lors devait avoir le plus de solidité. Voilà une
utilité bien manifeste dans la disposition de cette
substance, qui suppose dès-lors que cette distribution a été faite selon des desseins arrêtés et prévus,
et qu'elle n'a pas été livrée à la contrainte aveugle
des lois du mouvement.

Un autre avantage bien considérable qui résulte
de la grande condensation de la partie moyenne de
l'os, c'est que l'excavation intérieure qui lui répond
devient par là plus considérable, et qu'elle peut loger
dès-lors une plus grande quantité de substance
médullaire ; et nous verrons dans la suite quelles
sont, par rapport à la conservation de l'os et à la
facilité du mouvement, les utilités de cette substance médullaire.

Enfin cette excavation plus considérable concourt
manifestement à augmenter la solidité de l'os selon
un théorème démontré par le grand Galilée, savoir
que deux colonnes creusées, de même substance,
de même pesanteur et de même longueur, ont des
forces qui sont entr'elles comme le diamètre de
leurs excavations intérieures.

LEÇON HUITIÈME.

De la substance spongieuse des os longs. — Hypothèses sur la disposition de cette substance, réfutées. — Avantages de cette disposition. — Avantages du gonflement des extrémités des os longs. — De la substance réticulaire.

Dans la leçon précédente, je vous ai parlé de la substance compacte qui entre dans la composition des os. Je vous exposai d'abord les hypothèses auxquelles on a attribué sa formation ; et à l'occasion d'une de ces hypothèses d'une absurdité vraiment frappante, nous remarquâmes combien la prétention de ramener tout à des lois simples et mécaniques avait porté d'idées vaines dans la médecine, et combien elle avait écarté cette science de son véritable objet. Je passai ensuite aux avantages qui résultent bien évidemment de la disposition de cette substance compacte. Je vous fis observer qu'elle était fort pressée et accumulée en masse vers la partie centrale de l'os, et qu'elle devait donner dès-lors à cette partie une grande solidité ; or cette partie centrale des os longs étant la plus exposée, et celle

qui devait soutenir les plus grands et les plus violents efforts, devait aussi être la plus solide. Je vous
fis observer aussi que le resserrement et la densité
de la substance de l'os agrandissait le canal qui le
perce intérieurement, et que cette grande excavation contribuait d'abord à donner à l'os un plus
grand degré de solidité, parce que selon un théo-
rême de Galilée, que je vous rappelai, des colonnes
creusées intérieurement ont des forces qui, toutes
choses égales d'ailleurs, sont proportionnelles au
diamètre de leur excavation intérieure : et ensuite
cette grande excavation de l'os pouvait contenir une
grande quantité de substance médullaire. Or nous
verrons que cette substance médullaire remplit des
usages fort importants, et relativement à la conservation des os, et relativement à l'exercice libre et
facile de leurs mouvements.

Je passe maintenant, Messieurs, à la considération de la substace spongieuse ou cellulaire, et,
par rapport à cette substance, je suivrai le même
plan que par rapport à la substance compacte ; c'est-
à-dire, que je vous exposerai d'abord les hypothèses
auxquelles on en a attribué la formation ; je tâcherai
ensuite de vous faire sentir les défauts de ces hypothèses ; enfin je vous ferai remarquer les avantages
qui sont attachés à sa distribution. Ces avantages,
qui nous convaincront de l'insuffisance des causes

rigoureuses et mécaniques, nous feront sentir de plus la nécessité d'admettre un être intelligent et ordonnateur, qui rapporte constamment la structure de chaque organe aux usages qu'il doit avoir ; quoique à raison de notre faiblesse nous ne puissions voir distinctement que la plus petite partie de ces rapports ; car chaque acte de la nature est infini comme son auteur.

Nous devons observer d'abord, par rapport à la substance spongieuse, qu'elle porte bien manifestement l'empreinte de cette force expansive ou de raréfaction, dont nous avons tant parlé, et par laquelle nous avons dit que la nature préludait constamment à tout travail d'ossification.

Je confondrai ici la substance spongieuse et réticulaire avec la substance cellulaire ; quoiqu'il soit de l'exactitude anatomique de les distinguer, en ce que dans la substance cellulaire les filets sont plus larges, et que ces filets participent davantage de la substance compacte ; au lieu que dans la substance spongieuse les filets sont plus épanouis, plus fins et plus déliés. Mais par rapport à ce que je dois dire, ces deux substances que l'anatomie distingue, peuvent être rangées sous une seule et même dénomination.

La substance spongieuse se trouve assemblée en

grande quantité vers chaque extrémité des os longs, et de plus elle forme un plan assez léger qui embrasse en totalité les parois internes du canal médullaire.

Je vais considérer d'abord la substance spongieuse des extrémités.

M. Duhamel a prouvé par des expériences, dont nous avons rendu compte, que l'os croît en longueur en s'écartant de la partie moyenne qui est le centre sur lequel s'exerce cet effort d'extension ou de prolongement. Dans les premiers temps, lorsque l'os est flexible dans toute son étendue, cet accroissement est uniforme, et toutes les parties s'écartent également de la partie moyenne. Peu à peu cette partie moyenne s'endurcit. L'endurcissement fait des progrès en s'avançant de part et d'autre vers les extrémités; alors la portion endurcie reste au même terme de grandeur, et il n'y a plus que les extrémités encore molles et flexibles qui continuent à croître toujours en s'écartant de la partie moyenne.

De plus, nous avons vu encore par les expériences de M. Duhamel, que l'os croît en épaisseur par l'addition de nouvelles lames qui se forment successivement au-dessous du périoste.

C'est de ces deux faits incontestables que M. Du-

hamel est parti pour expliquer comment se forme
la substance spongieuse qui occupe les extrémités
des os longs. Il conçoit d'abord que dans la formation successive des lames concentriques qui s'enveloppent, toutes ne parviènent pas au même degré d'endurcissement ; que les plus internes ou les
premières formées s'endurcissent les premières ;
qu'elles sont déjà endurcies en totalité lorsque les
plus externes sont encore molles et flexibles. Dès-
lors, ces lames qui composent l'épaisseur de l'os
doivent croître inégalement, et les lames les plus
internes doivent avoir atteint le terme de leur accroissement lorsque les lames externes continuent
à croître, et d'autant plus qu'elles sont plus externes
ou de formation plus récente. Mais enfin toutes les
lames s'endurcissent, quoique leur endurcissement
se fasse dans des temps inégaux ; et alors, quand
elles sont complètement endurcies, elles ne sont
plus capables de s'étendre.

M. Duhamel conçoit alors que ces lames, quand
elles sont endurcies, au lieu d'observer leur parallélisme comme elles ont fait jusques-là, et de se
porter directement vers les extrémités, se fléchissent
et se portent vers l'axe de l'os ; et les filets alors,
par différents points de toute la surface comprise
entre la lame la plus interne ou la première endurcie,
et la lame la plus externe ou la dernière endurcie,

ces filets, en se coupant en toutes sortes de sens, parviènent enfin à former la substance spongieuse, telle qu'elle se trouve aux extrémités des os longs.

Je ne conçois pas comment un homme comme M. Duhamel a pu proposer ce mécanisme sur la formation de la substance spongieuse des extrémités des os longs.

Je ne rappèle point ici, Messieurs, ce que je vous dis précédemment, que la structure de la substance compacte par lames superposées et distinctes était absolument hypothétique, et que cette manière d'envisager la structure des os tenait à ce que nous voulions tout rapporter aux surfaces, et que nous ne pouvions que très-difficilement nous résoudre à voir sous leur vrai point de vue les effets des forces intérieures et pénétrantes, et qui travaillent à la fois la matière dans ses trois dimensions.

En se prêtant aux idées de M. Duhamel, on n'est pas plus avancé. Il est sans doute vraisemblable que les lames les plus internes s'endurcissent les premières, et qu'elles doivent les premières perdre la facilité de s'étendre en longueur, tandis que les plans externes croîtront encore et continueront de croître selon l'ordre de leur formation respective. Mais qu'en arrivera-t-il? c'est que chaque extrémité pré-

sentera une cavité conique, dont le petit cercle de
révolution sera marqué par le plan le plus interne,
et le grand cercle de révolution sera marqué par le
plan le plus externe. Mais comment cette cavité
pourra-t-elle se remplir d'une substance spongieuse,
puisque les lames ont cessé de croître? M. Duhamel veut qu'elles croissent encore en se portant
vers l'axe de l'os. Mais qui les oblige à changer ainsi
leur direction, à quitter ainsi le parallélisme qu'elles
ont gardé jusques-là? Faut-il plus de force de la
part de ces lames pour croître dans le sens de la
longueur de l'os, que pour croître dans le sens de
son épaisseur?

M. de Haller a proposé une autre hypothèse
qui est plus vraisemblable. Il attribue la formation
de la substance spongieuse à la distribution des
vaisseaux. Il a remarqué en effet que la distribution
des vaisseaux de l'os, parvenus à la lame cartilagineuse, qui sépare l'épiphyse du corps de l'os,
change de direction et qu'ils se réfléchissent vers l'axe
de l'os. Mais M. de Haller a eu tort d'attribuer cette
inflexion des vaisseaux à la résistance qu'ils éprouvent de la part de la lame cartilagineuse. Car cette
lame cartilagineuse n'est pas plus difficile à pénétrer
que le corps même de l'os, dans lequel ces vaisseaux se distribuent librement et sans obstacles.
Cette inflexion des vaisseaux qui se dirigent vers

l'axe de l'os est donc un fait qui tient à l'ordre pri-
mitif de leur distribution ; et dès-lors attribuer l'arrangement des filets osseux à cette distribution des
vaisseaux, c'est proposer une cause peu satisfaisante. Car il est plus simple et plus naturel d'admettre aussi un ordre préétabli dans l'arrangement
des filets osseux, tout comme dans la distribution
des vaisseaux, et de reconnaître que ce sont deux
effets qui coexistent, deux effets qui marchent ensemble, et qui n'ont de commun que de dépendre
d'une seule et même cause, qui a réglé pour le
même temps leur développement respectif.

Je passe maintenant au plan de substance réticulaire qui embrasse les parois intérieures du canal
médullaire.

Nous avons dit, Messieurs, que les différents
plans qui composent l'épaisseur de l'os se formaient
en différents temps, et que les plans les plus internes étaient les premiers formés. Nous avons dit
aussi que l'os croissait en grosseur par l'expansion
des couches déjà formées.

On a donc imaginé que lorsque le plan le plus
interne était absolument endurci, et qu'il ne pouvait plus s'étendre, les lames externes et de formation postérieure continuaient à croître en tous sens.

On a imaginé de plus des filets collatéraux qui passent respectivement de ces plans superposés et qui
les lient. D'après cela, les plans externes qui s'épa-
nouissent exercent donc un tiraillement sur les
filets de la première lame par le moyen des filaments
qui leur sont communs; et ce tiraillement continuel, en dérangeant peu à peu la direction des filets
de cette première lame, doit enfin les présenter sous
forme d'une substance réticulaire, ou plutôt cellulaire, comme parlent les anatomistes.

Il est étonnant qu'on ait commis ici un paralo-
gisme aussi frappant. En effet, on suppose que les
plans les plus internes s'ossifient les premiers, et
que les plans externes, qui s'ossifient ensuite, ne
conservent plus long-temps la propriété de s'étendre
en tous sens, que parce qu'ils sont plus mous que
les plans primitivement ossifiés. On suppose de
plus que ces plans superposés, savoir ceux qui s'ossifient d'abord, et ceux dont l'ossification est sub-
séquente, sont liés par des filaments collatéraux
qui passent des uns aux autres. Cela posé, d'après
l'accroissement inégal que l'on suppose dans les
plans internes et externes, ou les filets qui les lient
seront rompus, et alors il se formera deux os entièrement détachés l'un de l'autre; ou si ces filaments supportent les tiraillements qu'ils éprouvent,
ils seront nécessairement déterminés vers les plans

internes qui sont les plus solides, et ils entraîne-
ront avec eux les plans extérieurs. Ce sera donc la
direction de ces plans extérieurs qui sera dérangée,
et d'autant plus que ces plans seront plus externes
et de formation plus récente, ce sera donc dans
l'épaisseur de l'os que se formera la substance spongieuse ou cellulaire, et non pas à sa circonférence
intérieure.

Si nous recherchons maintenant quelles sont les
utilités de ces substances, dont on a si malheureusement expliqué la formation, ainsi que nous venons de le voir, nous apercevrons, par rapport à la
substance cellulaire, qui est appliquée sur les parois du canal médullaire, qu'elle fournit des points
d'attache très-multipliés à la membrane et au tissu
qui contient la moëlle, et que dès-lors elle concourt
avec beaucoup d'avantage à soutenir cette moëlle,
à prévenir son affaissement et à rendre ses mouvements plus égaux et plus libres. Et si on voulait
absolument des causes mécaniques, vous voyez qu'il
serait plus raisonnable d'attribuer la formation de
cette couche cellulaire à l'action du tissu de la
moëlle qu'au tiraillement des plans osseux situés
extérieurement, puisque ces plans, comme nous
l'avons dit, doivent jouir d'une moindre solidité
relative étant de formation plus récente : quoiqu'assurément au sujet de cette nouvelle cause méca-

nique, il ne serait pas facile de concevoir comment
un tissu aussi faible et aussi délicat que celui qui
contient la moëlle peut produire un semblable effet.

Si nous passons maintenant à la substance spongieuse, qui se trouve assemblée vers chacune des
extrémités des os longs, nous verrons, que les os
longs devaient se terminer par des extrémités mous-
ses et qui eussent un très-gros volume.

D'abord c'est qu'à raison du gonflement des extrémités des os longs, ces os s'articulent par de
larges surfaces, et par ce moyen leur articulation
est établie avec la solidité qu'elle devait avoir. Car
si les os se répondaient par des petites superficies,
et que les points de contact fussent peu multipliés;
si les os se terminaient par des extrémités pointues,
ou même si le diamètre de ces extrémités n'avait pas
plus de grandeur que le diamètre de la partie du milieu, il est clair que leur mode d'union serait extrêmement faible, il est clair qu'ils ne pourraient exécuter les mouvements auxquels ils sont destinés que
d'une manière incertaine et mal assurée; et que leur
dérangement ou leur luxation serait aussi commune
qu'elle est rare. Or ces larges surfaces qui sont si
nécessaires pour établir les articulations d'une manière convenable ne pouvaient exister, sans que la
pesanteur de l'os fût augmentée, à moins que l'os

ne souffrît une expansion considérable dans sa substance; et il est bien aisé de voir que la formation de la substance spongieuse est l'effet nécessaire de cette expansion.

Une autre utilité bien considérable qui résulte du gonflement des os longs à leurs extrémités, c'est que les muscles sont écartés du centre de mouvement ou de l'hypomochlion; car nous verrons dans la suite que ce centre de mouvement est dans la partie moyenne de chaque articulation. Les muscles ainsi écartés du centre de mouvement s'attachent donc aux os sous une direction moins oblique, et dès-lors ils agissent sur ces os avec plus d'effet; car nous verrons dans la suite que la théorie du mouvement des animaux peut se rapporter à la théorie du levier; et on sait qu'une puissance appliquée à un bras de levier, agit avec d'autant plus d'avantage, que sa direction approche plus de la perpendiculaire, par rapport à la direction du levier. Le gonflement des os à leurs extrémités concourt donc à appliquer plus avantageusement la puissance motrice, et augmente ainsi bien évidemment son action.

Enfin un troisième usage de la substance spongieuse, c'est qu'elle contient une très-grande quantité de moëlle, et qu'elle empêche cette portion considérable de moëlle, de graviter d'une manière pernicieuse sur la moëlle en masse, qui est contenue vers le milieu de l'os ; et il n'est pas douteux que la moëlle ainsi soutenue par la substance spongieuse, ne soit puissamment déterminée à se porter vers les cavités articulaires. Et en effet, nous dirons dans la suite que la moëlle passe dans la cavité articulaire, et qu'en se mêlant avec le liquide particulier qui s'y sépare habituellement, elle compose avec lui une liqueur onctueuse pénétrante, la plus propre à faciliter les mouvements, en adoucissant et tempérant les frottements.

LEÇON NEUVIÈME.

*Des différentes matières qui entrent dans la
mixtion des os. — Expériences pour obtenir
ces matières dans leur état de simplicité chimique. — Considération sur les principes de
la philosohie corpusculaire. — Mode raisonnable d'admission de ces principes hypothé-
tiques.*

J<small>E</small> vous ai parlé des mouvements sensibles qui amènent les os à leur état complet de perfection. J'ai
parlé des substances compacte et réticulaire qui
entrent dans leur composition. Je vous ai fait remarquer les avantages très-multipliés qui résultent
de la disposition respective de ces deux substances,
en sorte que nous avons vu des preuves frappantes
de l'intelligence, qui, dans le système animal,
règle et dispose constamment, d'après des fins prévues, les phénomènes d'organisation et de structure.

Je parlerai maintenant des différentes matières
qui semblent entrer dans la mixtion des os, et je
vous ferai part des expériences qui ont été faites
pour obtenir ces matières dans leur état de pureté

et de simplicité chimiques. Nous devons remarquer
d'abord, Messieurs, que ces expériences, quelque
multipliées, quelque variées qu'elles puissent être,
ne peuvent pas nous conduire à la connaissance
réelle et absolue de la nature des os ; parce que non-
seulement les différentes matières que nous fournissent ces expériences perdent par le fait de leur
division, par le fait de leur existence individuelle
et solitaire, perdent, dis-je, et se dépouillent nécessairement des qualités qui, selon les idées chimiques, sont attachées d'une manière exclusive au
mode de leur union, de leur combinaison. Mais
encore, et ceci est bien plus considérable, c'est
que les prétentions chimiques, quelque répandues
qu'elles soient dans ce siècle, ne peuvent pleinement satisfaire l'esprit sur la composition des corps.
Les chimistes en effet supposent, comme le faisaient
anciennement Leucippe et Epicure, que la matière
est divisée en une infinité de corpuscules d'une
étendue déterminée et d'une impénétrabilité absolue. Ils supposent que ces molécules se meuvent
dans le vide, agitées par la double force de chaleur
ou de répulsion, et de froid ou de pesanteur ; que
ces corpuscules s'assemblent et s'unissent entr'eux,
et forment ainsi tous les corps avec l'ensemble des
qualités qui les spécificent et les distinguent les uns
des autres. Je ne rappèlerai point ici ce que disaient
les anciens philosophes théistes, que la supposition

du vide rompt et coupe nécessairement la chaîne qui lie d'une manière non interrompue toutes les productions de la nature, et que dès-lors cette supposition va directement à détruire un ordre de choses qui ne se conserve et ne se maintient que par l'action continuelle et réciproque de toutes ses parties : mais je dis, et il est facile de voir que les corpuscules des anatomistes anciens et des chimistes modernes étant d'une étendue déterminée et d'une impénétrabilité absolue, ces corpuscules, quelque unis et rapprochés qu'ils puissent être, sont réellement et essentiellement aussi distincts et étrangers les uns aux autres que s'ils étaient séparés par de grandes distances ; que dès-lors ils existeront toujours d'une manière isolée et indépendante ; qu'ils ne pourront point se prêter à des affections communes, et que dès-lors ils ne peuvent pas devenir la cause des qualités que nous apercevons dans chaque corps. Car ces qualités sont éminemment attachées à tout le corps ; elles sont étendues et diffuses dans toute sa substance, et non pas circonscrites, limitées à tel ou tel point particulier. Et en approfondissant cette question, nous reconnaîtrons la nécessité d'admettre dans chaque corps de la nature un être particulier qui soit le *substratum* de ses propriétés, et qui, à raison de sa simplicité, puisse en devenir le nœud ou le point d'union.

Ce n'est pas que les idées que je combats ici ne soient très-intéressantes pour la chimie, en ce qu'elles donnent le moyen de lier et d'ordonner entr'eux un très-grand nombre de faits de cette science. Ainsi ces idées doivent être retenues par le chimiste, comme des moyens d'acquérir et de présenter sa science d'une manière plus facile et plus abrégée. Car tout ordre, même arbitraire, est utile en ce qu'il soumet à la fois à notre réflexion une plus grand quantité d'idées et qu'il facilite la comparaison que nous en devons faire. Et comme on l'a dit, il y a des hypothèses qu'on peut admettre dans les sciences, lorsque sans être vraies absolument elles le sont relativement à la science dans laquelle on les admet. Mais il faut que les philosophes, surtout il faut que le médecin s'élèvent à des aperçus plus généraux; il faut qu'ils voyent que les corpuscules chimiques qui, à raison de leur étendue et de leur impénétrabilité, ne peuvent avoir entr'eux aucun moyen de communication, que leurs qualités particulières resteront toujours telles, et qu'elles ne pourront point se fondre et se réunir en des qualités communes; et que dès-lors il faut admettre un être ou un principe qui établisse ce moyen d'accord ou de communication, et qui devière le *substratum* de l'ensemble des qualités qui constitue chaque corps. Cet être ou principe, vous l'appèlerez du nom d'*esprit*, d'*idées*, de *forme*, de *monade*; car peu importe les noms, comme le disait si souvent Galien, pourvu que nous soyons d'accord sur les choses. Or la chose sur laquelle il nous importe ici d'être d'accord, surtout par rapport à l'étude des êtres vivants, c'est que chaque partie est pénétrée de forces spécifiques , de forces hypérélémentaires, et qui ne peuvent absolument tomber sous les sens, et que toutes les qualités que présentent ces parties, soit dans l'état de santé, soit dans l'état de maladie, ne sont que des expressions exactes de la disposition où se trouvent les forces qui y résident.

Si on expose les os dans la machine de Papin, la chaleur continue, et surtout la force expansive de l'eau réduite en vapeurs, convertit ces os en une substance gélatineuse assez épaisse pour donner un fort degré de consistance à une quantité d'eau même assez considérable. Cette substance a absolument les mêmes propriétés que la gelée ordinaire ; elle donne les mêmes produits ; elle se décompose de la même manière, et fournit par sa décomposition une aussi grande quantité de molécules organiques , ou plutôt de corpuscules animés ; elle est aussi éminemment nourricière ; et vous savez que cette manière de traiter les os par le digesteur de Papin a été proposée comme un moyen économique qu'on pourrait employer avec succès en bien des occasions.

Les os, dans le principe, ne sont, comme nous l'avons dit, qu'une substance gélatineuse d'autant plus limpide et d'autant moins consistante, que l'animal est plus voisin de l'instant de sa formation : et ces expériences, faites avec la machine de Papin, démontrent donc que cette substance existe toujours dans l'animal, mais changée, modifiée d'une façon particulière par les actes répétés de la force plastique ; nous verrons ailleurs que toutes les parties du corps animal peuvent se réduire ultérieurement en une substance gélatineuse : mais cette substance gélatineuse, qui paraît donc le fonds général et commun de tout ce qui a vie, porte dans chaque partie des qualités différentes, et qui se multiplient d'autant plus que les moyens d'observation sont plus multipliés et plus recherchés. Ainsi chaque partie du corps animal a une consistance déterminée, chacune a une odeur et une saveur qui n'appartient qu'à elle, et qui la font aisément distinguer de toutes les autres.

Les os dépouillés de cette substance gélatineuse par l'action du feu, c'est-à-dire, les os brûlés et calcinés perdent leur solidité et deviènent friables, et d'autant plus que l'action du feu a été plus vive et plus long-temps continuée, et que la destruction de leur substance gélatineuse a été plus complète. Dans cet état de calcination, les os retiènent encore

leur figure, mais ils sont friables; c'est-à-dire qu'ils
tombent en poudre par les impressions les plus
légères. Il semble donc que l'on peut conclure que
l'état de solidité, qui est naturel aux os, dépend de
leur substance gélatineuse; et cette conséquence
paraît d'autant mieux fondée, que les os rendus
ainsi cassants par l'effet de la calcination, reprènent
la dureté et la solidité qui leur sont naturelles lorsqu'on leur redonne cette substance gélatineuse; et
M. Schaw a expérimenté que des os calcinés se
rétablissaient dans leur premier état, lorsqu'on les
plongeait dans des substances gélatineuses extraites
par le digesteur de Papin.

Cependant nous devons bien remarquer que cette
propriété de rétablir les os calcinés, et de leur
redonner la solidité qu'ils ont perdue par l'action du
feu, n'appartient pas exclusivement à la substance
gélatineuse. Les expériences de Boerrhave et de Buta
ont démontré la même propriété dans l'huile et
dans l'eau : en sorte que l'os se rétablit également
dans ses qualités, et reprend sa solidité première
lorsqu'il est plongé dans l'eau, suivant l'expérience
de Boerrhave, et dans l'huile, selon l'expérience de
Buta. Dès-lors, il paraît que l'on pourrait dire avec
Macbridge, chirurgien de Dublin, que ce n'est ni
la substance gélatineuse, ni l'eau, ni l'huile, qui
par elles-mêmes produisent cet effet, et qu'il dépend

exclusivement de l'air ou de quelqu'autre fluide élastique et subtil, que ces différents corps fournissent à l'os calciné, qui y est plongé. Car quoique M. de Haen objecte que l'os calciné ne se réintègre pas par le courant de l'air de l'atmosphère, il n'est pas difficile de répondre à M. de Haen que l'état de liberté et de volatilité où se trouve l'air dans l'atmosphère, n'est pas aussi propre à la combinaison, que l'état à moitié fixe où il se trouve, soit dans les substances gélatineuses, soit dans l'huile, soit dans l'eau : en sorte qu'il passe aisément de ces différents corps dans l'os calciné, et se combinant avec ses éléments, qui ont alors très-peu de cohésion, il les fixe de nouveau, et donne à leur assemblage une solidité que ni l'eau, ni l'huile, ni la gelée n'auraient pu seules leur donner. Je n'insiste ici, Messieurs, sur ces différentes expériences, que pour vous faire sentir combien la raison de leurs résultats est peu connue, et pour vous mettre en garde contre leurs applications.

Nous venons de citer des expériences qui démontrent dans l'os parfait une substance gélatineuse, ou qui, pour parler plus correctement, réduisent ces os à l'état de gelée. Maintenant, Messieurs, si on met tremper dans une liqueur acide, par exemple, dans du fort vinaigre, ou mieux encore, dans de l'acide nitreux, affaibli avec une quantité d'eau

suffisante, (c'était ce mélange que préférait M. Hérissant, parce que c'est celui dont il est plus facile
d'évaluer la force; ce mélange se fait ordinairement
dans la proportion d'un tiers d'acide nitreux sur
deux tiers d'eau) cet os se dépouille peu à peu de
sa dureté, et il devient mou et flexible dans toutes
ses parties, c'est-à-dire que par ce procédé l'os revient à un état cartilagineux absolument analogue
à celui par lequel il a passé avant de devenir os
parfait. Il tombe alors au fond de la liqueur qui
opère ce ramollissement une matière en forme de
cristaux, qui n'est autre chose, comme parlent les
chimistes, que le produit de la combinaison des
molécules acides avec les molécules terreuses, principe de la solidité des os; il faut bien remarquer,
contre toutes les applications qu'on a faites de cette
expérience à la théorie des maladies des os, que les
acides ne sont pas les seuls corps de la nature qui
puissent opérer le ramollissement des os. Neumau a
vu qu'ils se ramollissaient également dans des menstrues alkalines. Navier les a vus ramollis dans de la
moutarde. Leclerc a vu des os de cochon qui
avaient trempé long-temps dans de l'huile, devenus
mous comme des pièces de chamois.

La substance terreuse que l'on retire des os, par
ce moyen et par d'autres analogues, a été long-temps
regardée comme une véritable terre calcaire. Ce n'est

que depuis peu de temps qu'elle a été mieux connue. C'est à MM. Gahn et Schele, chimistes suédois, que l'on doit cette connaissance. On sait donc aujourd'hui, d'après les travaux de ces savants, que la terre que l'on retire des os est altérée par un acide particulier, qui se forme exclusivement dans l'animal, et qui est de même nature que celui qui se trouve dans le sel propre de l'urine, ou le *sel fusible,* comme on l'appèle, et dont nous parlerons ailleurs. (*L'acide phosphorique.*)

Il est probable que cette terre, de même que l'acide qui lui est mêlé en grande quantité, doit ses qualités à l'air et au feu, deux éléments qui sont toujours en si grand mouvement dans le corps des animaux, et qui, dans chacun, prènent des modifications particulières relatives à la nature de cet animal. On sait que l'air et le feu se trouvent en très-grande quantité, et dans un très-grand état de subtilité, dans toutes les parties qui ont appartenu aux animaux et aux végétaux; et une preuve plus décisive, par rapport aux os, et qui démontre, en effet, très-clairement que les os sont chargés d'une très-grande quantité d'air et de feu; c'est que, selon l'expérience de M. Hérissant, le tissu parenchymateux, auquel l'os est réduit par le dépouillement de sa matière solide ou terreuse est éminemment inflammable.

On sait que la terre des animaux est vitrifiable ; ou plutôt on sait que l'état de verre est un état auquel on peut réduire ultérieurement toutes les terres de quelque nature qu'elles soient, et que la division des terres en terres calcaires, et en terres vitrifiables, n'est que relative à la faiblesse des moyens de vitrification que nous employons. Mais une chose bien remarquable, c'est que cette terre animale, après avoir éprouvé toute la violence du feu, après avoir été convertie en verre parfait, porte encore le caractère du règne auquel elle a appartenu ; en sorte que ce verre se présente constamment sous une couleur blanche, tandis que la terre végétale prend toujours, en se vitrifiant, une couleur verte (1),

Becher prétendait que ces différences entre les substances terreuses étaient bien plus multipliées, et que l'idée ou la forme de chaque corps de la nature se produisait d'une manière indélébile dans la

---

(1) La terre des os ne forme pas une véritable chaux, elle ne forme point de sel neutre avec les acides ; avec l'esprit de sel elle prend l'apparence d'une véritable gelée, elle ne fermente point avec l'acide vitriolique ; elle est difficilement attaquable par l'acide nitreux ; elle se vitrifie difficilement, et elle prend en se vitrifiant une couleur d'un blanc de lait. (KENKEL HALLER, t. 1, s. 5.)

terre qui lui avait appartenu. Et en effet, plus nos observations se multiplient, plus nous voyons se multiplier les différences des êtres, qui, au premier coup d'œil, nous paraissaient absolument sem-blables ; plus nous avons lieu de nous convaincre qu'il n'y a en effet dans la nature que des individus, et que toutes nos méthodes de distribution ne portent que sur des caractères que nous avons ima-ginés, et qui n'ont point d'existence réelle, au moins dans l'extension et la généralité que nous leur don-nons.

Becher voulait donc que la terre, qui était en-trée dans la composition du corps de l'homme, pût, par des moyens particuliers, être portée à un état de pureté, d'inaltérabilité, de beauté, infiniment supérieur à tout ce que nous présentent les terres les plus précieuses. Il désirait, à cette occasion, que quelqu'un à qui sa mémoire eût été chère, eût pris le soin de porter à cet état la terre de son corps. Ce grand homme n'avait rien à envier aux procédés chimiques ; il se survit dans la plus belle partie de lui-même, et ses ouvrages lui sont des garants plus sûrs de l'immortalité, que toutes les formes que la chimie eût pu imprimer à ses dépouilles.

LEÇON DIXIÈME.

Insuffisance des notions chimiques sur les os pour développer sainement la théorie des maladies des os. — Vrai but de la science médicale. — Caractères de la vraie théorie médicale.

JE vous ai parlé des différentes matières que la chimie peut extraire de la substance des os. Je vous ai fait voir que la considération de ces différentes matières ne pouvait nous conduire à la connaissance réelle et absolue des os, et qu'il fallait nécessairement supposer dans l'os, comme dans chaque corps de la nature, un être simple, qui fût le principe et la cause de ses qualités, soit que cet être fût assujéti à rassembler les éléments dans l'ordre convenable à la production de ces qualités, soit plutôt, comme le pensaient tous les anciens Asclépiades et les philosophes théistes, que la matière soit uniforme, continue, et qu'elle se prête sans résistance à l'action des êtres simples qui la pénètrent et qui *l'informent* par une force sur laquelle nous devons nous interdire toute espèce de conjecture.

Ce que je vous disais, Messieurs, deviendra plus clair en vous exposant, mais d'une manière fort abrégée, la théorie des maladies des os, déduite des principes chimiques, et en vous faisant sentir l'insuffisance de ces théories.

Nous avons dit que les os brûlés ou calcinés, c'est-à-dire, les os dépouillés par l'action du feu de leur substance gélatineuse, perdaient leur solidité naturelle, et qu'ils devenaient cassants et friables, et d'autant plus que l'action du feu avait été plus violente, plus prolongée, et que la substance gélatineuse avait été plus complètement détruite.

Il est des cas de maladies dans lesquels les os perdent la solidité qui leur est propre, et dans lesquels ils se brisent et se rompent par les efforts les plus légers. Parmi un grand nombre d'exemples de cette maladie, ou, si vous voulez, de ce symptôme, on a observé à Paris un cas dans lequel cet accident était porté à un degré très-frappant. Après la mort d'un malade pris de cette affection, on trouva tous les os très-friables, et ils s'écrasaient et se réduisaient en poudre comme du bois vermoulu. Vous pouvez voir le procès-verbal de l'ouverture de ce sujet dans le *Journal de Médecine* du mois de septembre 1782.

Pour expliquer cet accident, on est parti du fait

des os brûlés et rendus cassants par la calcination,
et on a dit, comme dans ce dernier cas, que cette
friabilité ou cette fragilité dépendait de la spoliation de la substance gélatineuse.

Je dis que cette cause de maladie, quand elle serait
vraie absolument, ne mérite aucune attention de la
part du médecin. Ce sera, si vous voulez, une vérité
physique ou chimique, mais dont la médecine ne
doit pas s'occuper. En effet, Messieurs, la médecine, dont le but unique est de guérir, ne doit
considérer dans les maladies que les rapports qui
les subordonnent à ce but, c'est-à-dire, qui les
rendent susceptibles de se prêter aux moyens curatifs. La véritable théorie médicinale n'a pas pour
objet d'étudier les maladies d'une manière absolue, et
d'embrasser l'ensemble de leurs circonstances, mais
elle doit s'appliquer exclusivement à celles de ces
circonstances qui peuvent aller à diriger d'une manière sûre les méthodes de traitement; toute autre
circonstance, quoique vraie en elle-même, n'est pas
d'une vérité médicinale, et elles ne doivent pas entrer dans le système des faits vraiment propres à
cette science. Nous verrons ailleurs combien cette
distinction entre la considération physique des maladies et leur considération médicinale, distinction
sur laquelle Stahl a si fort insisté; nous verrons
ailleurs combien elle est importante et combien elle

est négligée. En effet, il n'est question que d'ouvrir la plupart des pathologies modernes les plus estimées pour vous convaincre combien ou s'étend longuement sur des causes qui, soit qu'elles soient vraies ou fausses, ne peuvent avoir aucune influence sur les méthodes de traitement.

Or la cause dont je vous parle ici, c'est-à-dire, la spoliation de la substance gélatineuse dans les os qui ont perdu leur solidité naturelle, et qui sont d'une extrême fragilité, est de cette espèce ; c'est-à-dire, qu'elle ne peut servir à diriger le traitement, et que dès-lors elle doit être négligée par le médecin, quand bien même elle serait d'une vérité chimique incontestable. En effet, Messieurs, en partant de cette cause, quels seraient les moyens curatifs à employer ? Quelles seraient, comme on dit, les indications à remplir? les os manquent de substance gélatineuse, il faut donc leur fournir de cette substance. Mais faites passer tant que vous voudrez de cette substance, et choisissez parmi les différentes espèces celle que vous jugerez la plus éminemment nourricière : cette substance n'ira pas tout d'un coup et immédiatement se porter aux os fragiles que vous voulez rétablir dans leur dureté. Il n'en est pas ici comme de l'os calciné, que M. Schaw a réintégré en le plongeant dans une masse de gelée. Il faut nécessairement que la subs-

tance que vous faites prendre intérieurement éprouve
l'action de la force digestive; surtout il faut que
l'os se prête à son assimilation. Or l'affection qui
a décomposé et détruit sa substance gélatineuse
s'opposera, à plus forte raison, à l'assimilation de
toute substance de cette espèce, et s'y opposera
tant qu'elle subsistera. C'est donc à connaître cette
affection, et à la combattre par des moyens convenables, que la médecine doit s'appliquer. La spoliation de la matière gélatineuse n'est qu'un fait subordonné et qui ne demande aucune attention.
Quand l'affection maladive sera détruite, cette matière sera bientôt réparée, et tant que la vie subsi-
siste, il y en a toujours dans les humeurs une assez
grande quantité pour opérer cette réparation.

Mais cette cause de fragilité qui ne mérite donc
aucune attention de la part du médecin, parce
qu'elle ne peut pas lui servir à diriger l'application
de ses moyens curatifs, cette cause n'est pas même
vraie chimiquement. Car, comme nous le disions
dans la dernière leçon, ce n'est pas seulement la
substance gélatineuse qui a la propriété de réinté-
grer les os calcinés et de leur redonner leur solidité primitive; ce sont encore et l'eau et l'huile,
selon les expériences de Boerrhave et de Buia : en
sorte que, comme nous le disions, on pourrait,
jusqu'à un certain point, admettre les idées de

M. Macbride, et attribuer ce rétablissement des os
à l'air ou à un fluide élastique et subtil qui leur est
fourni, soit par la gelée, soit par l'eau, soit par
l'huile.

Nous avons vu qu'un os qu'on met tremper dans
une liqueur acide se dépouille de la substance solide, et qu'il devient mou et flexible dans toutes
ses parties, c'est-à-dire, qu'il est ramené à un état
analogue à celui par lequel il est passé avant de
devenir os parfait.

Il y a des maladies singulières qui amènent les
os à un semblable état de mollesse. Alors toutes les
parties qui ne sont plus soutenues, se retirent par
l'effet de la contractilité ou des forces toniques qui
les animent sans cesse; et par un changement vraiment frappant, le corps d'une taille ordinaire est
réduit en peu de temps à la taille d'un jeune enfant.
On a beaucoup parlé dans ce siècle d'une femme
de Paris, nommée Soupiot, dont le corps fut réduit
à la hauteur de dix-huit pouces.

On est donc parti de l'expérience du ramollissement des os par les acides, et on a établi généralement
que tout ramollissement dans les os supposait constamment un excès d'acide dans les humeurs.

Je vous fis pressentir dernièrement, Messieurs,

combien cette théorie était peu fondée, en vous faisant observer que les acides n'étaient pas les seuls corps de la nature qui eussent la propriété de ramollir les os. Je vous dis que les os se ramollissaient aussi par des menstrues alkalins. Et cet effet de la dissolution des os par les alkalis peut même s'expliquer chimiquement; car, comme je vous dis que la partie solide des os n'était pas une véritable terre calcaire, ainsi qu'on l'avait cru jusqu'alors, et qu'on savait, d'après les travaux de MM. Gahu et Schalle, chimistes suédois, qu'elle était un véritable sel phosphorique, c'est-à-dire, un sel à base de terre calcaire uni à une très-grande quantité d'un acide particulier qui paraît se former exclusivement dans l'animal, et que les chimistes appèlent acide phosphorique, il n'est point étonnant que ce sel, à raison de la grande quantité d'acide qu'il contient, soit attaquable par les menstrues alkalins, comme il l'est par les acides, à raison de la terre calcaire qui compose sa base.

Mais ce ne sont pas seulement les menstrues alkalins et acides qui ont action sur la terre des os; je vous dis, Messieurs, d'après les expériences de Navier et de Leclerc, que les os se ramollissaient aussi et dans l'huile et dans la moutarde. Je pourrais ajouter que M. de Buffon les a vus ramollis dans de l'eau de chaux, et MM. Duhamel et de Lassone

dans de l'esprit de vin ; et il est très-probable que
plus on multiplierait les recherches sur ce sel phosphorique qui n'est connu que depuis très-peu de
temps, plus on trouvera de corps capables de l'at-
taquer et de le dissoudre, plus ou moins facilement,
plus ou moins promptement.

C'est en vain que l'on cite en faveur de l'opinion vulgaire qui attribue aux humeurs acides le ramollissement des os, c'est en vain qu'on cite l'heureux effet
des terres absorbantes dans des maladies de cette espèce. D'abord, Messieurs, c'est que l'action des terres
absorbantes est bornée exclusivement à l'estomac, ou
au moins aux premières voies ; que ces terres ne passent pas dans le corps ; qu'elles ne parviennent pas en
nature à la substance des os ; et que dès-lors elles
ne peuvent châtrer ni détruire, en les neutralisant,
les sucs acides, dont on suppose que cette substance est chargée. Deuxièmement, Messieurs, c'est
que l'action des absorbants est encore, malgré les
travaux de M. Tralles, trop incertaine pour qu'on
puisse partir de cette action pour raisonner sur la
nature des maladies qui ont cédé à leur usage.......
Non-seulement ils peuvent agir en neutralisant les
acides contenus dans les premières voies, selon
l'opinion ordinaire (1); non-seulement ils peuvent

_____

(1) Le gaz méphitique qui se dégage pendant l'état de

agir en se combinant avec les parties les plus vo-
latiles des humeurs, ou avec le phlogistique ainsi
dégagé et rendu libre, comme l'a dit Stahl, d'après
Schelhamer. Mais il paraît encore, que pour avoir
une idée précise de l'action des terres absorbantes,
il faut, comme le faisaient les anciens, avoir égard
à l'impression d'irritation qu'ils portent sur l'estomac, et les considérer dès-lors comme des remèdes
décidément toniques. Or, c'est surtout à raison de
leur vertu tonique qu'ils conviènent, dans le cas du
ramollissement des os, et il faut concevoir que la vive
impression qu'ils portent sur l'estomac est ressentie
puissamment par la substance des os que leur état
de faiblesse rend plus susceptibles de cette répétition sympathique, selon ces principes que vous
pouvez voir parfaitement exposés dans le superbe
ouvrage de M. Barthez.

Et cette action sympathique de l'estomac sollicité par des remèdes toniques, paraît d'une manière
bien évidente dans une belle observation faite par
mon illustre collègue, M. Broussonnet. Il a vu dans
un bœuf, que les cornes, qui étaient entièrement

leur effervescence peut porter sur l'estomac une impression
avantageuse. On sait que ce gaz est éminemment antiscep-
tique. On ne doit cependant pas adopter les prétentions
excessives de Macbride.

ramollies, revinrent tout d'un coup à leur état de
dureté par une forte décoction de tanaisie et de sel
marin, et ce changement se fit lorsque ces remèdes
étaient encore bien évidemment dans l'estomac. Il
est inutile de vous faire remarquer, Messieurs,
combien cette observation vient à l'appui de ce que
j'ai établi précédemment sur la nécessité de considérer dans les os une force transcendante et hypé-
rélémentaire, qui soit la cause ou la raison suffisante, comme parlent quelques philosophes modernes, de toutes ses qualités, dans l'état de santé
comme dans celui de maladie.

Et ce qui prouve bien, Messieurs, que l'effet des
terres absorbantes dans le cas de ramollissement des
os dépend surtout de leur vertu tonique, et que
dès-lors on ne peut rien en déduire d'avantageux en
faveur de la théorie ordinaire, c'est que cet accident a été traité par des remèdes qui ne contiènent
ni absorbants, ni alkalis, c'est-à-dire, qui ne contiènent aucune substance capable de se combiner
chimiquement avec les acides que l'on suppose dé-
veloppés, et d'en opérer la neutralisation. Ainsi,
Muzzel a guéri un cas de ramollissement des os par
l'usage de la décoction de gayac et du petit lait;
c'est-à-dire, par des remèdes qui auraient évidemment aggravé ce mal, s'il dépendait toujours des
acides, comme on le prétend. Fernel, dans son

livre de *abditis rerum causis*, dit qu'il guérit un
soldat dont tous les os étaient mous et flexibles
comme de la cire, par le seul usage des bains alumineux. Je pourrais multiplier les observations de
cette espèce, qui n'ont pour objet que de vous
démontrer l'insuffisance de la théorie vulgaire qui
rapporte le ramollissement des os aux acides; car
d'ailleurs je ne me propose pas de traiter ici de cette
maladie, ou plutôt de ce symptôme, qui peut dépendre de maladies fort différentes, et qui doit être
bien différemment traité selon la diversité des causes
qui l'entretiènent.

M. Hérissant s'est assuré que dans un grand
nombre de maladies, comme la goutte, le rhumatisme, le scorbut, les urines déposent un sédiment
qui est de la même nature que la substance des os;
c'est-à-dire que ce sédiment se dissout complètement dans les acides; au lieu que dans l'état naturel le sédiment que dépose l'urine est inattaquable
par les acides. J'ai prouvé ci-devant, par l'impression que la garance porte sur les os, qu'ils se décomposent en totalité; en sorte que les os du même
animal, observés dans différents temps de sa durée,
ne sont point essentiellement et virtuellement les
mêmes : et comme les produits de cette décomposition ne se manifestent ni dans l'urine, ni dans
aucune autre des évacuations ordinaires, il faut donc

alors que l'os se décompose en molécules assez sub-
tiles pour pénétrer librement le tissu des chairs et
de la peau; c'est-à-dire que dans l'état naturel les
forces qui s'exercent dans l'os, l'amènent à un dé-
gré de subtilité qui lui permet de s'échapper et de
s'évaporer d'une manière insensible. Tandis que
dans certaines maladies l'état d'indisposition où se
trouvent les os ne leur permet point cette vo-
latilisation; les os se décomposent donc encore,
mais ils se décomposent par parties grossières, et
les débris de cette décomposition se retrouvent en
nature dans le sédiment des urines. Ce phénomène
intéressant, observé par M. Hérissant, et dont il
n'a pas tiré parti, me paraît analogue à certains
états de fonte et de colliquation des parties charnues,
dans lesquelles on retrouve aussi dans les urines un
suc alumineux et vraiment nourricier, en même
temps que la peau est d'une sécheresse et d'une
dureté toutes particulières; mais c'est sur quoi j'aurai occasion de revenir ailleurs. (MORGAGNI, *ep.* 49,
n. 17.)

~~~~~~

LEÇON ONZIÈME.

Des articulations. — Des cartilages. — De l'humeur et des glandes synoviales. — Que ces glandes ne fournissent pas l'humeur qu'elles contiènent par les suites d'une compression mécanique. — Idée précaire de Clopton-Havers sur la génération de cette humeur. — Utilité de ses travaux à cet égard. — Moelle. — Sa transsudation à travers l'os et le cartilage dans les articulations. — Frictions huileuses.

L'ANIMAL se trouve placé parmi des êtres qui sont dans un mouvement continuel, et qui même ne se soutiènent que par l'effet de ce mouvement non interrompu. Ces êtres qui l'environnent, entretiènent avec lui des rapports de convenance ou de disconvenance. Les uns sont nécessaires à sa conservation, les autres sont capables de le détruire. Pour vivre au milieu d'eux, il faut donc que l'animal puisse se coordonner sûrement avec eux. Pour cela, non-seulement il faut qu'il les connaisse au moins dans celles de leurs qualités qui se rapportent à lui, et que cette connaissance, donnée immédiatement par la nature, soit indépendante de toute instruction et de toute expérience; il faut encore qu'il

puisse se situer ou se placer relativement à cette
connaissance; il faut qu'il puisse s'approcher de
ceux qui lui conviènent et s'éloigner de ceux qui
lui sont contraires; c'est-à-dire, il faut que son corps
soit éminemment capable de mouvement. Or cette
mobilité qui lui est si nécessaire, il la doit essentiellement à l'assemblage de différentes pièces détachées, unies entr'elles, de manière à pouvoir jouer
librement les unes sur les autres. D'où l'on voit
avec évidence que les articulations devaient entrer
nécessairement dans le plan de l'organisation du
corps animal.

Je ne considérerai ici les articulations qu'autant
qu'elles sont capables de mouvement : et je remarque, Messieurs, qu'il serait bien plus naturel d'a-
dapter exclusivement le terme d'articulation à
l'union des os qui leur permet des mouvements,
en appelant du nom de symphise toute union des
os qui les arrête d'une manière fixe, et qui ne
leur permet aucun mouvement. Cette nomenclature, qui paraît avoir été celle des anciens, est
plus simple et plus claire que celles des modernes, dans lesquelles, par exemple, on ne peut
assigner raisonnablement aucune différence entre
la synarthrose et la symphise, au lieu que les termes
de symphise et d'articulation devraient embrasser
généralement toute union des os entr'eux; que la

symphise devrait se prendre pour une union sans mouvement, et l'articulation pour l'union avec mouvement. L'articulation devrait ensuite se subdiviser en diarthrose, dans laquelle le mouvement est libre et fort étendu, et en synarthrose, dans laquelle le mouvement ne se fait que d'une manière obscure et embarrassée.

Nous savons que les os longs ou cylindriques se terminent par de larges surfaces; et nous avons déjà fait remarquer que ces larges surfaces, par lesquelles se répondent les extrémités articulaires, multiplient les points de contact, et servent ainsi à donner aux articulations toute la solidité qu'elles devaient avoir. Car il est évident que si les os se terminaient par des extrémités pointues, ou même s'ils étaient dans toute leur longueur d'une grosseur uniforme, et qu'ils n'eussent pas plus de diamètre à leurs extrémités qu'ils n'en ont à leur partie centrale, il est évident que leur mode d'union serait établi d'une manière incertaine et peu assurée; qu'ils ne pourraient exécuter les uns sur les autres les mouvements auxquels ils sont destinés, et que leur déplacement ou leur luxation, comme on parle dans l'école, serait aussi fréquente qu'elle est rare.

On doit considérer dans les articulations, 1° la substance qui est appliquée sur les extrémités qui s'articulent ou s'unissent entr'elles; 2° la liqueur

particulière qui baigne habituellement les cavités
articulaires; 3º enfin les différents corps qui embrassent les pièces articulées, et qui les fixent et
les arrêtent d'une manière convenable.

Les extrémités articulaires sont revêtues d'une
substance particulière qui approche beaucoup de
la nature du cartilage, quoiqu'elle en diffère à quelques égards. Par exemple, M. de Lassone s'est
convaincu qu'elle était composée d'une infinité de
filets adossés et liés ensemble, et tous perpendicu-
laires au plan de l'os. Et M. de Lassone a bien vu
que cette dispostion les met en état de réagir avec
le plus grand avantage, selon les différentes pressions qu'ils ont à éprouver dans les divers mouvements de l'articulation.

Il est remarquable, par rapport à cette croûte cartilagineuse qui revêt les extrémités articulaires, que
les cartilages sont des corps éminemment élastiques,
et peut-être les plus élastiques qui soient dans la
nature. Selon une expérience que rapporte Morgagni, on s'est assuré que des boules faites de ces
cartilages avaient beaucoup plus de ressort et se ré-
fléchissaient avec bien plus d'effet que des boules
composées avec toute autre espèce de matière. Dès-
lors il n'est pas douteux que ces corps, dont le
ressort est comprimé dans les différents mouve-

ments de l'articulation, ne se rétablissent avec beaucoup de force, et qu'ils ne concourent puissamment
à entretenir et à augmenter le mouvement; et ce
qui confirme cet usage, c'est que les pièces à ressort
sont multipliées dans les articulations qui devaient
exécuter de violents et de fréquents mouvements,
comme nous le verrons en parlant de l'articulation
de la jambe et de celle de la mâchoire inférieure.
Car nous remarquerons dans chacune de ces deux
articulations, une pièce cartilagineuse placée entre
les extrémités articulaires.

Les cavités articulaires sont baignées habituellement d'une liqueur d'une espèce particulière.

Cette liqueur est fournie en partie par des corps
glanduleux qui sont placés, soit dans la cavité même,
soit au dehors et à peu de distance de cette cavité.
Ces glandes sont communément appelées du nom
de *Clopton-Havers*, célèbre anatomiste anglais;
non pas que ce soit à lui qu'on en doive la découverte; (car Charles Etienne, André du Laurent et
Jacques Sylvius en avaient bien clairement parlé
avant lui) mais c'est que c'est lui qui les a étudiées
et suivies avec le plus de soin.

Ces glandes sont très-nombreuses dans chaque
articulation; et d'autant plus que l'articulation est
destinée à de plus grands et de plus violents efforts,

Parmi celles qui sont contenues dans la cavité même, il y en a, et ce sont communément les plus volumineuses, qui sont placées dans des sinus ou de petites cavités creusées dans les os. Les autres, plus petites, et en beaucoup plus grand nombre, sont dispersées sur toute la membrane qui enveloppe intérieurement l'articulation.

Par rapport à cette situation des grosses glandes articulaires dans des sinus qui sont proportionnés à leur volume, nous devons bien remarquer qu'elles sont à l'abri de toute compression; en sorte qu'il n'est pas vrai, comme on le dit si communément, qu'elles soient vidées d'une manière nécessaire et mécanique par l'effet des mouvements de l'articulation. Seulement on doit reconnaître qu'elles sont secouées et légèrement irritées par ce mouvement; et que cette douce et légère irritation contribue puissamment à augmenter la quantité de la sécrétion dans le temps précisément où cette sécrétion est le plus nécessaire. C'est sur quoi je m'étendrai davantage en traitant des sécrétions, et sur quoi je vous conseille beaucoup de consulter l'excellent ouvrage de M. de Bordeu. (*Recherches anatomiques sur les glandes*) (1).

---

(1) Clopton-Havers s'est assuré que la liqueur séparee

Clopton-Havers a imaginé que cette liqueur, séparée par des corps glanduleux, et versée dans les cavités articulaires pour faciliter le mouvement, était préparée par la rate. Cette opinion de Clopton-Havers est destituée de tout fondement, et elle doit être rangée dans la classe nombreuse d'opinions avancées gratuitement, et qu'on peut et qu'on doit rejeter de même. Cependant il y a un point de vue sous lequel elle peut devenir précieuse, et les faits que Clopton a accumulés, pour l'établir doivent être recueillis et notés avec soin, comme autant de preuves de la grande sympathie qui existe entre le bas-ventre et les articulations. Cette sympathie s'annonce surtout bien évidemment dans certains états maladifs, comme dans la goutte et les diverses espèces de rhumatismes, dans lesquelles les praticiens expérimentés reconnaissent très-souvent une affection établie dans quelques-uns des viscères du bas-ventre. Car, comme nous l'avons déjà remarqué,

---

par ces glandes, qu'on appèle communément *liqueur synoviale*, d'après le fameux Paracelse, il s'est assuré que cette liqueur, quand elle est bien pure, a beaucoup d'analogie avec le blanc d'œuf, dont elle diffère cependant, en ce qu'elle ne prend pas à la chaleur de l'eau bouillante, et aussi en ce qu'elle n'est coagulable, ni par l'impression des acides concentrés, ni par l'action des liqueurs spiritueuses bien rapprochées, bien déphlegmées.

c'est toujours dans l'état maladif que les lois de la nature se produisent avec le plus d'évidence, parce qu'alors tous les mouvements prènent un caractère de force et d'impétuosité qui ne laissent plus autant d'équivoque sur leurs véritables circonstances; au lieu que dans l'état ordinaire, dans l'état de santé, ils procèdent, avec une douceur, une mollesse, une tranquillité qui les dérobent à nos recherches les plus exactes et les mieux suivies.

Les cavités articulaires ne sont pas seulement arrosées par la liqueur mucilagineuse que séparent les glandes de Clopton-Havers, cette liqueur est mêlée encore avec une substance huileuse, qui n'est autre chose que la moëlle contenue dans la cavité intérieure des os longs. Je parlerai ailleurs de la moelle; je me contenterai de dire ici qu'elle passe habituellement dans les cavités articulaires, et qu'elle se mêle avec la liqueur qui s'y sépare naturellement.

Nous avons déjà remarqué que ces extrémités des os longs sont composées d'une substance spongieuse, et que cette substance occupe, de chaque côté, plus du tiers de la longueur totale de l'os; or cette substance spongieuse est pénétrée de moelle dans toute son étendue. Voilà donc une portion considérable de moelle qui est contenue dans un

tissu spongieux, et qui est soutenue par les cellules
dont ce tissu est formé. Et non-seulement cette
moelle qui ne gravite point vers la moelle de la
partie centrale de l'os, doit avoir un mouvement
plus égal, plus régulier, plus libre; mais il est plus
évident encore que, par l'effet de cette disposition,
elle doit être portée et dirigée avec beaucoup d'a-
vantage vers les cavités articulaires.

La transsudation de la moelle, à travers l'épaisseur
des os et des cartilages qui les enveloppent, se fait
même après la mort. Car si on vide une cavité articulaire de toute l'humeur qu'elle contient, et qu'on
l'essuie exactement, on aperçoit qu'elle se mouille
de nouveau d'une humeur huileuse, et ceci se répète jusqu'à ce que la cavité médullaire soit entièrement épuisée. Cette expérience, au rapport de
Clopton-Havers, réussit même dans les articulations
des doigts, quoique de tous les os articulés, les phalanges des doigts soient les plus durs, les plus serrés
et les plus difficilement perméables; or, il n'est
pas douteux que cette transsudation, qui a lieu même
après la mort, ne se fasse bien plus facilement et
bien plus librement pendant la vie : parce que non-
seulement elle est aidée par le mouvement de toutes
les parties, mais surtout par l'ouverture plus grande
de leurs pores, ou plutôt par l'expansion plus considérable de toute leur substance. Car il est bien

évident que toutes les parties se resserrent et se condensent sous le froid de la mort ; c'est une circonstance que personne ne peut révoquer en doute, et à laquelle cependant bien des modernes n'ont pas eu assez d'égard. Il serait aisé de prouver que le peu d'attention qu'on a fait à une chose aussi manifeste, a porté dans l'anatomie bien des fausses vues, et engagé les anatomistes à bien des travaux inutiles.

L'huile médullaire passe donc à travers l'épaisseur des os ; elle se dépose dans la cavité articulaire, et elle se mêle avec la liqueur mucilagineuse préparée par les glandes de Clopton-Havers, et de ce mélange il résulte une liqueur qui a bien plus d'effet pour faciliter les mouvements des articulations, pour adoucir et tempérer les frottements que n'auraient l'huile ou le mucilage pris séparément. Car le mucilage rend l'huile plus coulante et plus pénétrante, et l'huile à son tour conserve le mucilage et l'empêche de se concrètre et de s'épaissir.

Les anciens n'ignoraient pas que les articulations étaient habituellement pénétrées d'une humeur grasse et onctueuse, et ce qui est bien plus considérable, ils faisaient servir cette connaissance à la pratique ; car tous les travaux des anciens étaient constamment dirigés vers des objets utiles ; et c'est ce qui, aux yeux du sage, donne une supériorité bien décidée à la méthode des anciens sur celle des modernes. Les anciens savaient donc que la facilité des mouvements dépend en grande partie d'une liqueur grasse et onctueuse qui baigne et qui lubréfie les parties qui doivent se mouvoir les unes sur les autres; et dans les cas de lassitude, c'est-à-dire, dans les cas où le mouvement devient fatigant et pénible à la suite d'un exercice trop long-temps continué, ils faisaient usage de lotions huileuses sur les articulations. Ce moyen ingénieux, fondé sur la connaissance des procédés qu'emploie la nature, a été imité fort heureusement par Boerrhave, lequel est venu à bout de dissiper par là une ankilose, qui ne dépendait donc apparemment que d'un défaut de liquide articulaire.

Nous verrons dans la suite que la membrane commune des muscles est parsemée d'une très-grande quantité de petites glandes mucilagineuses de même nature que le liquide articulaire, lequel se répand sur les fibres musculaires, entretient leur souplesse et les rend susceptibles de se prêter librement aux mouvements de contraction et de dilatation, dans lesquels consiste leur action.

A la suite d'un exercice trop violent ou trop long-temps soutenu, cette liqueur doit manquer, ou du moins être peu abondante; et les fibres, qui ne sont plus humectées et ramollies comme elles doivent l'être, restent contractées et ne se prêtent plus avec la même aisance à l'alternative de mouvement de contraction et de dilatation. C'est en cela que consiste principalement le spasme de lassitude, contre lequel on voit qu'il ne doit pas y avoir de meilleur remède que les huileux et les émollients. Les anciens employaient le bain tiède, et au sortir du bain ils faisaient des frictions huileuses long-temps continuées.

Cette excellente pratique est aujourd'hui presque entièrement tombée en désuétude, et l'on redoute, comme une chose très-dangereuse, l'application des remèdes huileux sur la peau. Cette singulière révolution tient sans doute à la crainte d'arrêter la transpiration, et aux prétentions excessives de Sanctorius, sur les avantages de cette évacuation. Nous verrons ailleurs combien cette crainte est peu fondée. Je remarquerai seulement ici que cette fausse opinion, qui avait déjà été celle de quelques médecins très-anciens, de Dioctes et d'Archidamus, avait été victorieusement combattue par les raisons de Galien, et surtout par les succès de sa pratique.

Je ne parlerai point ici des ligaments qui retiennent les pièces articulées; j'en parlerai dans l'ostéologie fraîche, ainsi que du périoste et de la moelle.

Je remarquerai seulement que chaque articulation est embrassée à l'extérieur d'une membrane d'une nature particulière assez ferme pour la contenir solidement, assez flexible pour s'étendre et se prêter à ses différents mouvements. Je remarquerai encore que dans chaque articulation, la force et la mobilité, deux avantages incompatibles, et qui ne pouvaient se trouver ensemble à un haut degré, sont tellement accordées et balancées dans chaque articulation, que leur rapport est réglé constamment sur l'usage prévu de cette articulation; en sorte que la mobilité est l'avantage dominant dans les parties qui devaient être peu exposées, et qui pouvaient exécuter sans risque des mouvemens étendus et variés dans tous les sens, et qu'au contraire la solidité l'emporte toutes les fois que ces parties, à raison de leur situation, devaient être exposées à des efforts violents et fréquemment répétés.

———

LEÇON DOUZIÈME.

Du crâne. — Suites des modifications que peut éprouver sa forme. — Son mode de formation. — Différence, à cet égard, avec les os longs. — Utilité des portions membraneuses interposées entre quelques os à l'époque de la naissance. — Ossification des os impairs symétriques. — Division du corps en deux portions latérales. — Erreur des anciens sur la disposition des sutures. — Utilité des sutures.

Dans cette leçon, je dois parler du crâne. Le crâne présente, le plus ordinairement, un sphéroïde prolongé et aplati sur les côtés. Le diamètre qui en mesure la largeur est assez petit à la partie antérieure, et augmente de plus en plus à mesure que les sections deviè-nent postérieures. On sait que cette figure de la tête peut être très-facilement altérée dans les enfants qui vièn-ent de naître, non-seulement parce que les pièces qui composent le crâne sont alors extrêmement tendres et délicates, mais surtout parce que ces pièces ne sont pas entièrement ossifiées, et qu'elles sont membraneuses dans certaines portions assez considérables de leur étendue; et alors, à

raison de ces portions membraneuses, l'ordre de
leur situation peut être diversement changé selon
les différentes pressions auxquelles elles sont exposées. On sait encore que c'est aux différentes pratiques en usage chez différents peuples, que l'on
doit rapporter les différences de conformation que
la tête présente dans chacune. Car comme le disait
si éloquemment le grand Rousseau, *il faut que nos
têtes soient façonnées au dedans par les philosophes, et au dehors par les sages-femmes; elles
ne seraient pas bien telles que la nature nous
les a données.* Mais ce qu'on ne sait pas, ou du
moins ce qu'on ne dit pas communément, c'est que
ces différentes pratiques, qui paraissent si superficielles et si légères, sont capables d'altérer profondément la nature de l'animal : en sorte que les accidents de forme qu'elles ont déterminés peuvent se
transmettre d'un individu à l'autre par voie de génération et devenir dès lors des qualités essentielles
à l'espèce. Hippocrate, dans son ouvrage *De Aere,
aquis, et locis,* ouvrage étonnant, et qui semble
contenir le germe de l'*Esprit des Lois,* nous apprend que les habitants du Phase, par l'opinion où
ils étaient que les têtes fort alongées indiquaient
sûrement le courage, la force, la vertu, décidaient
cette forme chez leurs enfants, en leur serrant fortement la tête avec des bandes au moment de leur
naissance. Au bout d'un temps fort considérable,

cette conformation devint naturelle, et tous les enfants naissaient avec la tête ainsi alongée, ce qui fit
donner à cette peuplade le nom de *Macrocéphales*.
Je ne m'arrêterai point ici à indiquer et à réfuter les
conséquences que les matérialistes de toutes les
espèces peuvent déduire de ce fait vraiment remarquable; il me suffira de vous faire observer que si
on ne reconnaît pas dans les productions de la nature une forme permanente, et qui passe à travers
les siècles avec l'ensemble des mêmes qualités vraiment essentielles, on sera réduit à n'admettre que
des phénomènes isolés indépendants, qui se succèdent au hasard, sans ordre, sans suite réglée, on
ne pourra plus juger de ce qui a été par ce qui est,
on ne pourra plus raisonner de ce qui est à ce qui
sera; c'est-à-dire, que l'on détruit tout d'un coup
les fondements sur lesquels reposent et la philosophie et la médecine.

On vous a dit et on vous a démontré que le crâne
était composé de différentes pièces distinctes et
détachées. Ces pièces, dans le principe, ne sont
toutes qu'une seule et même pièce. Elles doivent
leur formation à différents noyaux d'ossification,
qui s'établissent dans différentes portions de cette
membrane. Ces noyaux poussent des filets qui se
dispersent en forme de rayons sur la membrane en-
vironnante, et qui, à mesure qu'ils se prolongent,

qu'ils se pressent, qu'ils se multiplient, réduisent
de plus en plus cette membrane et finissent par en
opérer complètement l'ossification. Il paraît donc,
quoi qu'en ait dit Albinus, qu'on doit admettre une
différence notable dans le mode de l'ossification,
entre les os longs et les os plats. Nous avons vu,
en effet, par rapport aux os longs, que l'état cartilagineux succédait immédiatement à l'état gélatineux, et qu'il précédait l'état osseux; au lieu que
dans le progrès de l'ossification des os plats, il y a
une époque où ils paraissent bien évidemment dans
un état membraneux.

L'ossification du crâne ne se fait pas uniformément dans toutes ses parties, et toute la membrane
primitive ne s'ossifie pas à la fois. Il y a sur le sommet de la tête; entre le coronal et les pariétaux,
une portion assez considérable qui est encore bien
décidément membraneuse à l'instant de la naissance.
Il y en a d'autres encore d'une moindre étendue qui
se trouvent dans différentes parties du crâne. Ces
membranes, en cédant à la pression la plus légère,
permettent aux os qu'elles séparent de s'approcher
mutuellement. Par là, le volume de la tête est notablement diminué, et diminué en tous sens; ce qui
contribue évidemment à rendre la sortie de l'enfant
plus libre et plus facile. Il est donc bien évident
que la manière dont se fait l'ossification du crâne se

rapporte à la facilité de l'accouchement, et toutes les hypothèses dans lesquelles on entreprend d'expliquer cette ossification, sans avoir égard à cette fin importante, devaient être rejetées comme des hypothèses bornées, et qui ne s'appliquent point à toutes les circonstances du phénomène à expliquer.

On doit observer dans les os impairs et qui se trouvent situés sur le milieu du corps, que le travail de l'ossification se fait d'une manière symétrique dans les portions des os qui se correspondent dans des côtés opposés. Aussi l'ossification du coronal se fait à la fois et par un progrès uniforme, et dans la partie gauche et dans la partie droite; et chacune de ces parties est déjà complètement achevée que la portion membraneuse est encore membraneuse; en sorte que l'os coronal reste assez longtemps partagé en deux portions distinctes. Ceci s'observe aussi dans l'os occipital, et il y a un temps où il règne une suture continue depuis la racine du nez jusqu'au grand trou occipital. Les dissections anatomiques ont même démontré cette suture existante dans un âge assez avancé. Cette observation, sur la manière dont se fait l'ossification dans les os impairs, confirme pleinement la réalité de la division du corps de l'homme en deux grandes portions latérales par un plan perpendiculaire qui le coupe selon le sens de sa longueur. Les traces sensibles de ce plan ou de cette ligne de division peuvent le plus souvent être saisies par l'anatomie dans les parties impaires, et qui se trouvent dans le milieu du corps ; comme dans l'os du front, l'os de l'occiput, l'os de la mâchoire inférieure, l'os du palais ; mais cette division est surtout bien démontrée par la considération des phénomèmes de l'état vivant, soit dans l'état de santé, soit principalement dans l'état de maladie, comme nous aurons souvent occasion de le rappeler ailleurs.

Vous savez, Messieurs, que les différentes pièces qui entrent dans la composition du crâne sont unies par des lignes, ou plutôt de petites bandes plus ou moins irrégulières, qu'on appèle des sutures. Parmi ces sutures, les sutures dentelées, comme le sont celles de l'hémisphère supérieur, c'est-à-dire, la coronale, la sagittale et la lambdoïde, sont formées par de petites dents ou de petites avances, qui par leur engrénure réciproque, sont tellement disposées qu'elles retiènent les os et les empêchent de s'écarter les uns des autres dans un sens horizontal ; mais qu'elles s'opposent encore à l'effet d'une puissance, qui agirait dans un plan perpendiculaire ; en sorte qu'on ne peut enlever un de ces os et le faire passer sur l'os voisin, qu'après avoir brisé une partie des dents qui composent la suture par laquelle ils sont unis.

Les anciens croyaient que la disposition des sutures variait selon la configuration différente du
crâne. Ils disaient, par exemple, que si la tête était
aplatie en devant, et que l'éminence antérieure fût
effacée, la suture coronale manquait alors, et qu'il
n'y avait plus sur l'hémisphère supérieur du crâne
que la suture sagittale et la suture lambdoïde qui se
présentaient sous la forme d'un T. Si l'éminence de
l'os occipital était peu saillante, la suture lambdoïde disparaissait, et il ne restait plus que la sagittale et la coronale. Enfin, si le crâne était arrondi
uniformément, et que les deux éminences antérieures et postérieures fussent effacées, le nombre
des sutures était alors réduit à deux, qui se cou-
paient sur le haut de la tête en forme de X. Cette
erreur a été répétée par tous les premiers anatomistes, depuis le renouvellement des sciences; par
Vesale même, qui était si peu disposé à admettre
les idées de Galien, et qui ne rendait pas même à
ce grand homme la justice qu'il méritait. Je trouve
que Fallope est le premier qui ait relevé cette erreur.
Il a bien vu que toutes ces dispositions des sutures
sont imaginaires, et qu'il n'y a point de relation
nécessaire et constante entre la situation des sutures
et la configuration du crâne, puisque dans l'âge
avancé les sutures s'effacent assez communément
et s'effacent complètement sans que la figure de la
tête soit sensiblement altérée.

Une utilité bien évidente qui résulte des sutures, ou plutôt du nombre des pièces qui entrent dans la composition du crâne, c'est de lui donner plus de solidité et de le défendre avec plus d'avantage de l'impression des causes extérieures de lésion. Car il est évident qu'une mâchoire composée de plusieurs pièces est plus fermement établie, et qu'elle résiste plus puissamment qu'une machine de même matière, de même volume, de même configuration, et qui ne serait que d'une seule pièce; parce que toute l'action des corps qui la frappent portent en plein sur cette machine, au lieu que dans celle qui est composée de différentes pièces détachées, cette action est bien affaiblie par le mouvement que ces pièces peuvent exécuter les unes sur les autres. D'un autre côté, si le crâne n'était que d'une seule et même pièce, les causes de lésion, sur quelque portion de cet os qu'elles fussent appliquées, agiraient également sur la totalité du crâne; et, par exemple, les fractures se propageraient dans toute son étendue, au lieu qu'étant composé de différentes pièces distinctes et détachées les unes des autres, les accidents restent bornés et circonscrits à la pièce qui les éprouve immédiatement, et qu'ils ne se portent pas au-delà.

Un second avantage des sutures, c'est de transmettre les vaisseaux des parties intérieures du crâne

aux parties extérieures, et d'établir ainsi entre ces
parties une libre communication; en sorte que le
sang, dont le mouvement progressif est embarrassé
dans les parties intérieures du crâne puisse se porter
à l'extérieur et réciproquement; car, comme nous
le verrons ailleurs, tant que l'animal est en pleine
vigueur, et qu'il jouit complètement de ses forces,
le sang échappe avec la plus grande facilité à tous
les obstacles qui s'opposent à son passage, et il
s'établit, d'un instant à l'autre, de nouvelles dispositions de mouvements toniques, qui l'écartent des
vaisseaux qui sont gênés et embarrassés, pour le
porter dans des vaisseaux collatéraux qui sont parfaitement libres.

Enfin les sutures donnent passage à des filets de
la dure-mère qui se confondent intimement avec le
péricrâne. Par ce moyen, le cerveau est soutenu,
ce qui prévient les affaissements auxquels, à raison
de sa mollesse extrême, ce viscère eût été si exposé
dans les grands mouvements que l'animal devait
prendre : et il est facile de se convaincre que d'a-
près la disposition des sutures, la masse du cerveau
est balancée et soutenue convenablement dans toute
son étendue, puisque par cette disposition les points
d'attache sont très-multipliés, et que ces points
se trouvent distribués sur une portion considérable
de son étendue.

Le crâne, considéré dans sa base et dans son hémisphère supérieur, présente des différences saïl-
lantes qui méritent d'être considérées. A la base du
crâne, on aperçoit des avances plus ou moins pro-
longées, des cavités plus ou moins excavées ; de plus,
la substance de cette base est extrêmément dure,
fort élastique ; et cette substance est homogène,
c'est-à-dire, qu'elle est d'une même terre dans toute
son épaisseur, et qu'elle ne contient point de diploé
comme les autres portions du crâne. Les éminences,
qui sont si multipliées dans cette base, servent,
comme nous le dirons dans la suite, à donner attache
à bien des muscles ; elles placent et distribuent ces
muscles de manière qu'ils puissent exercer leur action avec la plus grande facilité, et la moindre perte
possible. Par rapport aux différentes excavations
qui se trouvent vers la partie moyenne de la base,
il n'est pas douteux qu'elles ne puissent servir à réfléchir le son avec beaucoup d'action, et que ces
excavations, de même que la grande élasticité dont
ces parties sont susceptibles, à raison de leur dureté, ne doivent contribuer avec beaucoup d'avantage à perfectionner l'organe de l'ouïe, qui est situé
dans le voisinage.

La portion la plus élevée de l'hémisphère supérieur du crâne est d'une substance assez rare, et
bien plus rare que le tissu de toutes les parties laté-

rales. C'est qu'en effet ces parties les plus élevées ne devaient pas, à raison de leur situation, être autant exposées que les autres. D'un autre côté, ce tissu plus rare, de concert avec les sutures qui se trouvent aussi dans cet hémisphère du crâne, permet facilement le passage à la dissipation des vapeurs qui se forment dans le cerveau. Car chaque partie pénétrée de vie, fournit constamment un fluide vaporeux ou gazeux qui, non-seulement est composé de molécules hétérogènes qui n'ont pu s'assimiler complètement à la substance de cette partie, mais qui contient aussi les débris de cette partie même décomposée par l'action non interrompue de la chaleur qui y brûle. Tout le tissu cellulaire est donc habituellement pénétré d'un torrent de vapeurs, qui, tant que la santé se soutient, traversent librement le corps et passent dans l'atmosphère. Or il est assez vraisemblable qu'une partie de ces vapeurs s'élève vers la tête et s'échappe à travers les sutures et le tissu des os. Cependant, il faut bien remarquer, contre le dogme de l'ancienne école, que cette ascension des vapeurs n'est pas nécessaire, qu'elles sont dirigées habituellement vers l'organe extérieur ou l'organe de la peau, qui est l'aboutissant général des mouvements d'oscillation, et le terme vers lequel tend sans cesse la force expansive ou la force de chaleur, ainsi que les anciens l'ont parfaitement bien vu. Cette disposition habituelle des forces

toniques par laquelle ces forces s'élancent, par
une action toujours soutenue, du centre du corps
ou de la région épigastrique vers tous les points de
la périphérie, est un des phénomènes les plus intéressants, et qui donne la clef d'une infinité
d'autres.

LEÇON TREIZIÈME.

Le crâne forme une sphère ou plutôt un sphéroïde allongé. Si l'on suppose ce sphéroïde divisé d'arrière en avant par des sections parallèles, les lignes ou les rayons tirés de tous les points de chaque section circulaire se réuniront tous en un centre commun ; et ces différents centres formeront une ligne droite, dont le point du milieu sera le point vers lequel convergeront, et auquel viendront aboutir toutes les lignes tirées de chacun des points de cette calotte sphérique.

D'après cette disposition, il est clair que le crâne forme une véritable voûte, et que dès-lors les pièces qui entrent dans sa composition doivent être taillées en coin, comme le sont les pièces qui entrent dans la composition d'une voûte ordinaire ; c'est-à-dire que chacune des pièces, considérée dans son épaisseur, doit avoir plus d'épaisseur à son plan externe qu'à son plan interne, et que cette différence d'étendue doit être d'autant plus considérable que cette pièce a plus d'épaisseur. En sorte que la calotte du crâne, ou l'assemblage de ces différentes pièces osseuses taillées en coin, étant considérée dans son épaisseur, peut être conçue comme divisée en différents plans superposés et concentriques, chacun desquels a une étendue différente, de manière que le plan le plus interne est celui qui est le moins étendu, le plan le plus externe celui qui l'est le plus ; et que la différence, dans les plans intermédiaires, est d'autant plus considérable, que les plans observés sont pris plus éloignés les uns des autres dans l'épaisseur du crâne.

Et cette structure des différentes pièces du crâne, qui sont donc taillées en forme de coin, est surtout bien évidente dans de petits os que l'on trouve dans différents endroits du crâne, et qu'on appèle *vormiens* : car ces os ont bien décidément une forme pyramidale, et ils ressemblent exactement à ce qu'on appèle les clefs dans les voûtes ordinaires.

Il résulte de là, que le plan le plus interne doit être le plus serré, et que les parties qui le composent doivent être plus rapprochées et plus intimement pressées les unes contre les autres, et que, par conséquent, comme l'a bien dit M. Hunauld, le plan le plus interne doit être le premier dans lequel s'effacent les sutures ; et qu'au contraire, le plan le plus externe est celui dans lequel cette disposition doit être la plus tardive. Cette oblitération successive des sutures est en effet démontrée par l'expérience, qui constate que les petites productions osseuses, qui, par leur engrénure réciproque, composent les sutures dentelées, disparaissent aussitôt dans le plan interne, et que les sutures ne se présentent dans ce plan que sous la forme de filets ou de traits assez déliés, tandis que les dentelures existent encore, et d'une manière bien manifeste, dans les plans externes. Et c'est parce que dans les travaux anatomiques on n'examine, le plus souvent, que la tête des sujets morts au-delà de la jeunesse, qu'on a établi assez généralement que les dentelures ne se trouvaient qu'à la table externe et dans le diploé, et qu'elles manquent absolument à la table interne. Cette assertion de Vesale, et de quelques autres anatomistes, n'est vraie que par rapport aux sujets d'un âge un peu avancé. Car il est facile de se convaincre que dans le premier âge de la vie les sutures sont complètes dans la profondeur du crâne, et les dentelures sont tracées d'une manière bien sensible, et dans les deux tables internes et externes et dans le diploé. Cette oblitération successive des sutures dentelées, dont le progrès se fait constamment des parties internes vers les parties externes, ne peut pas être rapportée uniquement à l'afflux du suc osseux. Car quoique ce suc osseux soit très-réel, et que son existence soit démontrée par des expériences incontestables, il est clair cependant qu'il n'y a point de raison pour que l'épanchement ou l'effusion de ce suc se fasse plutôt dans les parties intérieures que dans les parties extérieures. Ce phénomène dépend donc de l'effort de pression que les différentes parties d'un même plan exercent les unes sur les autres dans leurs développements respectifs, et de ce que cet effort de pression est bien plus fortement ressenti dans les plans internes que dans les plans externes, comme on le conçoit évidemment d'après la théorie des voûtes.

D'après la disposition des parties qui composent le crâne, il est bien évident qu'elles se soutiènent mutuellement, et qu'elles s'opposent réciproquement à leur enfoncement respectif : cet appui réciproque qu'elles se prêtent est augmenté et par l'effet de leur pesanteur naturelle et par les poids modérés dont elles peuvent être chargées. Il est clair encore que la charge de ces poids se répartit et se distribue également à toute la masse du crâne, en sorte que ces poids soient soutenus avec le plus grand avantage possible. Ce n'est donc pas seulement, et comme le disaient les anciens, afin de préparer un plus grand espace au cerveau que le crâne se présente avec une figure arrondie ; c'est encore, et principalement, afin d'être établi plus fermement, et afin de résister avec plus d'effet aux causes extérieures de

lésion. Car, comme nous l'avons déjà remarqué plusieurs fois, la nature est infinie dans chacun de ses
actes; et les avantages de forme se multiplient (mais
seulement, comme nous l'avons expliqué, pour les
parties extérieures) à mesure que nous les étudions
davantage, et que nous connaissons mieux les objets du dehors, avec lesquels ces parties sont en
rapport.

Les os qui se trouvent sur la portion la plus élevée de l'hémisphère supérieur du crâne, c'est-à-dire,
le coronal, les pariétaux et l'occipital, sont unis
entr'eux par des dentelures qui sont tellement disposées, tellement engrenées les unes dans les
autres, qu'elles les retiènent fermement, et qu'elles
s'opposent à leur écartement, non-seulement dans
un plan horizontal, mais encore dans un plan perpendiculaire. En sorte, par exemple, que l'un des
pariétaux ne peut être élevé ou abaissé par rapport
à l'autre que par une puissance assez forte pour
rompre et détruire une partie des petites avances ou
des petits points osseux qui le fixent et l'arrêtent.

Mais cet enfoncement des pariétaux est surtout
empêché par le moyen des sutures écailleuses. Galien avait dit, par rapport à ces sutures, que les os
temporaux étant très-minces et ne contenant point
de diploé, (je vous dis hier, Messieurs, pourquoi

l'os temporal, fait pour réfléchir fortement le son ; devait être composé d'une substance dure, et dépouillé, par conséquent d'une substance qui, comme le diploé, aurait été capable d'étcindre et de suffoquer les sons, loin de les répéter,) l'union des os temporaux et des pariétaux serait très-fragile, si leurs bords étaient simplement appliqués les uns sur les autres, comme ils le sont dans les sutures dentelées; qu'il avait donc fallu, pour établir ces os avec la solidité convenable, multiplier les points de contact; qu'il fallait, par conséquent, que leurs bords fussent taillés en biseau, et que, dans cet état, ils fussent appliqués les uns sur les autres. Les anatomistes qui ont suivi ce grand homme n'ont pas beaucoup ajouté à ces idées. Vesale disait que le crâne pouvait être mince impunément dans cet endroit, parce qu'il est suffisamment défendu par les muscles crotaphites. Winslow disait que les bords des os pariétaux étant plus épais et plus forts que ceux des os temporaux, soutenaient ces bords des os temporaux derrière lesquels ils étaient placés et les empêchaient de s'enfoncer. M. Hunaud est le premier qui ait vu que les bords des temporaux, qui passent ainsi d'une portion assez considérable au-delà des bords des os pariétaux, remplissent les mêmes usages que les murs et les arcs-boutants dans les voûtes ordinaires; et qu'ils soutiènent les pariétaux et les empêchent de s'écarter, à peu près comme les deux pieds droits sur lesquels repose une voûte soutiènent cette voûte, et empêchent l'enfoncement des pièces qui la composent.

Un fardeau, appliqué sur le sommet de la tête, ou un coup appliqué sur cette partie dans une direction perpendiculaire, tend donc à enfoncer les pariétaux, c'est-à-dire, à porter en dehors leurs bords inférieurs. Cet effet est empêché par les avances des temporaux, qui appuyent fortement ces bords des pariétaux, et d'autant plus que les temporaux sont eux-mêmes solidement soutenus par l'obliquité sous laquelle ils s'unissent avec l'os de la pomette.

Cet appui, que les temporaux donnent aux pariétaux, doit être considérable, pour que la tête puisse soutenir les poids dont elle peut être chargée, et qui, placés communément sur le haut de la tête, tendent à enfoncer cette voûte, et à écarter les uns des autres les bords inférieurs des pariétaux.

On rapporte, dans les *Mémoires de l'Académie des sciences*, pour l'année 1705, qu'un criminel, jeune et vigoureux, pour se soustraire au supplice auquel il était condamné, prenant son élan de quinze pieds, courut de toutes ses forces se jeter la tête contre le mur du cachot où il était enfermé, et tomba roide mort sans proférer une seule parole.

sans pousser un seul cri. Littre, qui l'ouvrit sur-le-champ, n'aperçut aucune contusion, aucune tumeur, ni plaie, ni fracture ; seulement il trouva un léger écartement à l'une des sutures écailleuses. Une chose bien remarquable qu'il observa encore, c'est que le cerveau ne remplissait pas la capacité du crâne, et qu'il y avait un intervalle assez sensible entre lui et le crâne; et il n'est pas douteux que la mort prompte ne fut l'effet de la contraction spasmodique qui avait frappé et resserré le cerveau, et principalement l'origine des nerfs. Cette observation et ses analogues multipliées, que nous aurons occasion de rappeler ailleurs, prouvent que les mouvements toniques qui s'exercent habituellement dans la substance du cerveau et dans la substance des nerfs d'une manière extrêmement adoucie et presque insensible, peuvent, dans certains états maladifs, augmenter d'intensité, au point de se changer en véritable spasme. (*Convellitur cerebrum*, disait Hippocrate.) Il y a nombre d'affections de la tête qu'on attribue à la faiblesse, et qui dépendent réellement de spasmes établis d'une manière fixe dans la substance du cerveau. Nous aurons occasion de rappeler ailleurs les observations de M. Mekel, qui, à la suite des affections maniaques, a trouvé presque toujours le cerveau d'une consistance plus ferme que dans l'état ordinaire. Mais ce n'est pas l'objet qui doit nous occuper ici.

Nous avons vu que les coups portés sur le haut de la tête, et qui étaient dirigés perpendiculairement, tendaient à écarter les uns des autres les bords inférieurs des pariétaux, et que l'effet de ces coups était prévenu par les avances des temporaux qui passent sur les bords des pariétaux, et qui les soutiènent. Maintenant, un coup appliqué sur les bords inférieurs des pariétaux, dans une direction horizontale, tend à les porter en dedans, et à les rapprocher les uns des autres. Les sutures écailleuses sont inutiles pour prévenir les effets des percussions appliquées et dirigées de cette manière; mais ce qui la prévient et ce qui arrête les pariétaux, c'est leur union avec le coronal, qui se fait par un prolongement de la table interne du coronal qui passe au-dessous d'un semblable prolongement de la table externe des pariétaux.

Les coups violents appliqués sur la voûte du crâne rompent cette voûte dans quelques-unes de ses parties, toutes les fois que la quantité du mouvement, ou le *momentum*, comme parlent les mécaniciens, est plus considérable que la résistance qu'offre le crâne. Si la rupture se fait dans la partie immédiatement frappée, c'est une fracture directe; si le crâne éclate dans une partie différente, la fracture prend alors le nom de *contre-coup*. Ceux qui ont nié l'existence de ces accidents (et ces auteurs sont en

grand nombre) se sont appuyés sur ce qu'il était
difficile de s'assurer si toute l'étendue du crâne,
comprise entre la partie frappée et l'endroit où est
établi le contre-coup, n'est pas affectée; et si dès-
lors ce qu'on appèle le contre-coup n'appartient
pas à une fracture directe, qui embrasse une portion considérable du crâne. Ils s'appuient encore
sur ce qu'il est possible, et qu'il doit même arriver
très-souvent, qu'un coup violent appliqué sur le
crâne décide la chute du corps. Dans cette chute,
le crâne porte sur une partie opposée à celle sur
laquelle le coup a porté, et dans cette circonstance
on peut prendre pour contre-coup un accident qui
est un effet direct et immédiat de la chute. Ceux
qui en reconnaissent l'existence ont entrepris d'en
donner des explications nécessaires et déduites de
la structure des parties. On a fait observer que le
crâne est composé de différents cercles qui se composent selon toutes sortes de sens, et qui, à raison
de la différence d'épaisseur, ont dans leur circonférence des arcs plus forts et des arcs plus faibles. On
a imaginé qu'un coup donné sur un point d'un de
ces cercles, faisait vibrer le cercle entier auquel il
appartient, et que par ces vibrations répétées, le
point frappé et celui qui lui est directement opposé,
s'approchent et s'éloignent alternativement de leur
centre commun, et que ces écartements pouvaient
être assez considérables pour rompre le cercle dans

ces deux points opposés, si leur résistance respective était inégale.

Il est facile d'observer, contre ces théories des
contre-coups, qu'elle n'est applicable qu'au crâne,
dont les sutures sont complètement effacées. Car si
les sutures subsistent encore, il est clair qu'elles
coupent la continuité des cercles, dont le crâne est
composé, et que ces cercles, composés ainsi de
pièces distinctes et détachées, ne peuvent pas se prêter à des mouvements communs et exécuter les vibrations que l'on a supposées. Il est facile d'observer,
en second lieu, que les contre-coups devraient toujours se faire dans une partie diamétralement opposée à celle qui est frappée, ou du moins dans des
parties qui en sont éloignées d'un quart de cercle,
ou de quatre-vingt-dix degrés : puisqu'il est évident
que d'après le mouvement de vibration qui agite le
cercle, comme on le suppose, les quatre points car-
dinaux sont ceux qui s'éloignent le plus du centre.
Or cette conséquence de la théorie est aussi contraire à l'expérience qu'elle puisse l'être.

J'observe que ceux qui ont nié les contre-coups,
et ceux qui les ont admis et qui en ont donné des
explications mécaniques, n'ont pas eu assez d'é-
gards à un principe très-important ; c'est que l'os
même, comme tous les autres organes, est sans

cesse agité d'un mouvement tonique et vital dans chacune de ses plus petites molécules. Or l'état ou le degré de ce mouvement vital influe manifestement, comme nous le verrons ailleurs, sur la ténacité et la cohésion physique des parties. Tant que l'os fait partie d'un animal vivant, sa solidité ne doit pas être prise comme une quantité qui soit toujours la même ; mais elle peut éprouver et elle éprouve effectivement des variations très-multipliées, toujours proportionnelles à la manière dont s'y exercent les forces motrices vitales. Dès-lors il s'en suit bien évidemment qu'on ne peut déterminer mécaniquement, et par des raisons tirées de la structure des parties, la théorie des contre-coups, puisque cette théorie est essentiellement liée à la solidité relative des parties, que cette solidité est changeante, et que la structure est établie d'une manière fixe.

On ne peut pas non plus absolument rejeter les contre-coups, parce que, d'après la distribution variable des mouvements qui établissent le ton et la solidité physique des parties, il peut se faire qu'il y ait une si grande différence entre leur degré relatif de solidité, qu'un coup porté sur une partie, et qui est nul par rapport à cette partie, ébranle assez vivement une partie éloignée pour la rompre, en conséquence de son extrême faiblesse relative...

Il s'en suit, Messieurs, que les contre-coups sont des
accidents qui ne peuvent être déterminés que par
l'examen fort attentif des signes qui se présentent;
mais il faut une expérience consommée et beaucoup
de sagacité pour tirer parti de ces signes. (MORGA-
GNI, *Conf. ep.* 51, *n.* 40-41.)

LEÇON QUATORZIÈME.

J'AI déjà dit, Messieurs, qu'en considérant le corps de l'homme, et plus généralement le corps animal dans ses parties intérieures et ses parties extérieures, il est facile de s'assurer que les parties extérieures présentent, dans leur conformation, des rapports sensibles avec les objets auxquels elles doivent s'appliquer, et sur lesquelles elles doivent agir : et qu'au contraire, dans l'exercice des fonctions affectées aux parties intérieures, il fallait constamment avoir égard à des forces pénétrantes, qui se développant pleinement sur la totalité de la masse, et étant également étendues et diffuses dans toute l'habitude des organes, étaient dès-lors indépendantes des phénomènes d'organisation et de structure. L'application de ces principes à la fonction de la nutrition se présente d'elle-même. En effet, en considérant le système des organes chargés de l'exercice de la nutrition, ou de cette fonction qui travaille et élabore la matière alimentaire, depuis le moment où elle s'introduit dans le corps jusqu'à celui où elle est complètement assimilée à sa substance, il est facile de voir que les organes les plus extérieurs, c'est-à-dire, ceux qui doivent prendre immédiatement les aliments, ont, dans l'appareil de leur structure, des rapports très-multipliés avec les aliments; il est facile de voir que ces rapports diminuent à mesure que ces organes digestifs deviènent intérieurs, et qu'ils finissent par être réduits au simple rapport de grandeur, et encore ce rapport n'est-il pas subordonné à la nutrition; et il est facile de concevoir que si l'estomac et les intestins étaient plus resserrés et plus petits, la digestion et la nutrition se feraient tout aussi bien; seulement faudrait-il que la quantité d'aliments nécessaire à nourrir le corps fût partagée en petites portions qui seraient prises alors à des intervalles très-rapprochés. Si l'estomac et les intestins ont donc une si grande capacité, et s'ils sont placés, comme nous le verrons dans la suite, dans une cavité qui leur permet de s'étendre en tous sens, et de prendre à la fois une grande quantité de nourriture, ce n'est donc pas pour que la digestion se fasse, mais pour qu'elle se fasse d'une certaine manière; c'est pour que l'homme ne soit pas incessamment appliqué à ces fonctions; c'est pour que sa vie entière ne se passe pas à se remplir et à se vider, et qu'il puisse vaquer librement aux fonctions plus nobles auxquelles il est appelé. Or la noblesse de ses fonctions dépend évidemment de son organisation extérieure;

car c'est cette organisation extérieure qui décide ses relations avec les objets qui l'environnent; et un être est d'autant plus noble, il est d'autant plus élevé sur l'échelle des êtres, que ses relations avec les objets qui l'environnent sont plus nombreuses et plus développées.

Les organes extérieurs qui, dans les animaux, sont destinés à prendre immédiatement les aliments, ont une structure qui se rapporte donc bien évidemment à cette destination; dans tous, ces organes se terminent par des pièces fort dures et très-propres à broyer les aliments, et à les préparer d'une manière convenable aux élaborations ultérieures qu'ils doivent éprouver. Dans les animaux plus parfaits, ces pièces sont divisées en différentes parties détachées qu'on appelle des dents, et qui ont une conformation différente, selon les qualités physiques des corps dont ces animaux doivent se nourrir. La démonstration anatomique des dents vous a été faite, et il ne me reste plus qu'à parler de leur conformation et de leurs usages.

La première pousse des dents se fait très-généralement vers le septième mois. (*Ces premières dents tombent et sont remplacées par d'autres.*) (1).

---

(1) La première dentition est complète au bout de deux

Et cette chute des premières dents et leur réparation s'achèvent dans les sept premières années de la
vie; quoique cette réparation puisse être plus tar-
tardive, et n'avoir lieu qu'à neuf ans et même à
treize. J'ai déjà remarqué que les mouvements vitaux paraissent sensiblement tenir à la révolution
septenaire. Je vous ai fait observer aussi que les
époques fixes, auxquelles sont constamment assujétis les actes de la nature, étaient une des circonstances qu'il nous importait le plus de connaître,
parce qu'elle est une de celles qui échappent le plus
complètement à toutes les explications mécaniques,
et qu'il nous importe surtout de nous prémunir
contre ces applications des lois rigoureuses et mécaniques, qui ont porté dans la médecine des erreurs si funestes.

Dans les premiers temps, et avant que l'éruption
de la dent se soit faite, et lorsqu'elle est encore en
germe, ou contenue dans l'alvéole, la dent n'est
encore qu'une substance véritablement muqueuse,

---

ou trois ans; ces premières dents, au nombre de vingt,
huit incisives, quatre canines et huit molaires, tombent
et sont remplacées par d'autres; les incisives par un nombre égal, de même que les canines : la première molaire
par deux, de même que la seconde ; ce qui fait vingt-
huit, qui succèdent à vingt.

enveloppée d'une membrane, laquelle est semée d'une très-grande quantité de nerfs et de vaisseaux. A cette époque, l'alvéole contient à la fois et le germe de la dent de lait et celui de la dent qui paraîtra dans la suite ; et il est bien remarquable que ce germe puisse rester si long-temps au même état sans prendre aucun accroissement.

Les dents incisives sortent les premières, puis les dents canines, et enfin les dents molaires sortent les dernières ; mais l'éruption des dents canines est communément plus pénible que celle des autres dents ; et tout le monde sait que c'est à cette époque que les accidents de la dentition sont plus nombreux et plus dangereux. Il semble qu'on soit fondé à attribuer cet effet à l'épaisseur de leur racine ; car comme ces racines mettent beaucoup de temps à prendre leur accroissement complet, la pointe de la dent est plus long-temps arrêtée sur la gencive ; dès-lors, l'irritation qu'elle produit est plus continuée, et les accidents doivent être plus graves (1).

_____

(1) Et en effet, comme l'a très-bien dit l'illustre M. Rozen, les dangers de la dentition dépendent bien plus généralement de la partie de cet acte, qui a pour objet la formation et le développement des dents, que de celle qui a pour objet leur éruption ou leur sortie ; et voilà pourquoi il faut apporter beaucoup de ménagement dans

Il se présente dans l'ordre de la pousse des dents une circonstance très-remarquable ; c'est que la sortie d'une dent est constamment accompagnée de la sortie de la dent qui lui correspond dans l'autre mâchoire. On a attribué cet effet à l'impression que la dent déjà sortie fait sur la gencive qui lui répond et sur laquelle elle s'appuie dans le mouvement de la mâchoire : mais il est bien clair que cette raison, tout au plus recevable par rapport à la première dent, ne l'est plus par rapport aux dents suivantes, puisqu'il est évident que le bord de ces dents ne peut plus s'appliquer sur la gencive opposée.

On croit communément que les dents ne peuvent vivre et se nourrir que par le moyen des vaisseaux et des nerfs qui passent par un trou dont leur racine est percée, et qui se distribuent dans tout leur corps par des ramifications très-déliées. Il est bien certain que ce trou existe, et qu'il est bien facile de le démontrer dans le premier âge de la vie. Mais il est aussi certain qu'il diminue peu à peu, et qu'il finit par se fermer et s'oblitérer tout-à-fait ; cepen-

l'opération de la section de la gencive, parce que les accidents de la dentition peuvent se faire ressentir dans un temps où la dent n'est pas encore assez formée pour sortir ; car alors la cicatrice qui aurait eu le temps de se former, opposerait un obstacle à l'éruption de la dent.

dant les dents continuent de vivre et de se nourrir
dans un âge fort avancé. Il paraît donc que leur nutrition n'est pas attachée d'une manière exclusive à
l'action de ces vaisseaux, et que la membrane qui
tapisse l'intérieur de l'alvéole est suffisante pour
fournir à la dent la nourriture convenable. Et ce
qui le prouve, c'est qu'on a vu, nombre de fois,
des dents nouvellement arrachées et placées tout
d'un coup dans un alvéole étranger, s'établir dans
cet alvéole, y vivre et s'y nourrir pendant très-
long-temps; or il n'est pas concevable que dans ces
circonstances il se soit fait une nouvelle insertion
de vaisseaux et de nerfs dans le corps de ces dents
étrangères (1).

---

(1) Il faut remarquer, par rapport à ces dents transplantées, qu'elles sont sujètes à produire des ulcères d'un
très-mauvais caractère, lors même qu'on ne peut supposer
raisonnablement l'action d'un virus particulier. C'est ce
qu'on a souvent observé en Angleterre (Voy. *Journ. de
med. aug, tom.* 6, *part.* 2, *p.* 170, *etc.*), où il paraît
que cette pratique est familière. M. John Hunter reconnaît avec raison qu'il est très-difficile d'assigner la véritable cause de ces accidents, et il se borne à dire que ces
dents ainsi transplantées dans des alvéoles qui leur sont
étrangers, deviènent, pour le système, un principe d'irritation qui peut produire bien des maux.

On traite ces ulcères par le quinquina à haute dose, le
lait, le sel mercuriel à petite dose; mais surtout la
prompte extirpation de la dent.

Chaque dent est composée de deux substances : l'une située dans l'intérieur, et qui est de même nature que la substance des autres os; l'autre qui forme une couche assez mince, qui s'applique sur toute la portion de la dent contenue hors de l'alvéole.

Cette seconde substance, qu'on appèle l'*émail*, vue au microscope, paraît composée de petits filets circulaires placés perpendiculairement sur les lames longitudinales, dont la portion osseuse de la dent paraît formée. Cet émail est la seule partie de la dent qui ait la propriété de soutenir impunément le contact de l'air. En sorte que lorsqu'il est entamé, ou lorsque la dent est décharnée, et que, par quelque cause, la dent est exposée à l'air dans une portion de sa substance osseuse, cette portion est bientôt corrompue. L'émail fait donc, par rapport aux dents, ce que l'épiderme fait par rapport aux autres parties du corps qui se détruisent toutes aussi par l'impression de l'air, contre lequel il n'y a que l'épiderme qui puisse résister.

L'émail est une partie extrêmement dure et assez dure pour jeter des étincelles sous le choc de l'acier. Cependant on a remarqué qu'elle est très-aisément attaquable par les acides, et qu'elle peut s'y dissoudre entièrement; et c'est ce qui fait voir combien il est dangereux de faire entrer des acides dans la composition des dentifrices. M. Hunter a vu cependant que l'émail des dents ne pouvait être attaqué que par des acides très-forts et très-concentrés. On sait que l'usage des corps acides déprave la sensibilité des dents, au point que tous les objets de sensation deviènent alors douloureux. M. Broussonnet a imaginé que cet état d'agacement, comme on l'appèle, pouvait dépendre de l'action corrosive des acides, et des petites pointes que cette action corrosive, appliquée sur la dent d'une manière inégale, avait semées sur sa surface. D'après cette idée, M. Broussonnet a expliqué heureusement comment on dissipait cet état, en se frottant de nouveau avec ces acides. Et en effet, ces acides doivent corroder et détruire les points saillants qui constituent la cause matérielle de l'agacement (1).

---

(1) Il est vrai que M. Hunter a vu que l'émail des dents ne pouvait être attaqué que par des acides très-forts. M. Ludwig avait observé la même chose; il avait vu qu'une partie d'acide vitriolique, bien concentré, mêlé avec trois parties d'eau, n'avait presque point d'action sur l'émail, quoique ce mélange dissolve promptement et complètement la portion osseuse des dents comme tous les autres os. (*Comm. Leipsic. t.* 2, *p.* 663.)

Cependant on ne peut pas conclure à la rigueur, de ce que les acides ont peu d'action sur les dents dépouillées de vie, qu'il en soit de même par rapport à des dents qui appartiènent à un corps vivant. Il est au moins bien certain que l'application habituelle des acides, au moins des

La nature, en composant l'émail des dents, c'est-à-dire, en enveloppant la portion extérieure d'une couche beaucoup plus dure que le corps de la dent, et assez dure pour étinceler sous le choc de l'acier, a employé un procédé analogue à celui de l'homme qui enduit ses outils de fer d'une lame d'acier. On pourrait donc dire que la nature a trempé les dents. Mais une grande différence entre cette trempe de la nature et celle de l'art humain, c'est que la matière employée ici est susceptible d'accroissement et de régénération, et que se réparant ainsi d'elle-même elle peut suffire à des frottements si violents et continués pendant un si long espace de temps.

Je ne traiterai point ici de l'action de chaque classe de dents dans le broyement des aliments. Cet objet sera traité dans la suite en traitant des mouvements de la mâchoire inférieure; et je traiterai aussi, en parlant de la voix, de la manière dont les dents concourent à lui donner de la grâce et surtout à articuler certains sons.

forts acides, sur les dents est en général dangereuse, à moins qu'il ne soit question de combattre des affections maladives, contre lesquelles les acides sont appropriés. Balthasar Ténone rapporte qu'un homme qui chaque jour se frottait les dents avec un mélange d'esprit de vitriol et de miel rosat, les perdit enfin complètement. (*Bibliot. de méd. prat.*, t. 1, p. 299, 1re col. in initio.)

Les dents canines, ou les dents taillées en coin, ne se trouvent que dans les animaux destinés à se nourrir de chair ; les dents molaires ne se trouvent que dans les animaux qui doivent vivre de végétaux, ou qui du moins doivent tirer des végétaux le fonds habituel et principal de leur nourriture. L'homme est fourni de ces deux espèces de dents, et il a aussi des dents incisives, qui sont communes aux animaux carnivores et aux herbivores. Cependant, comme il a moins de dents canines à proportion que de dents molaires, il paraît qu'en partant de cette considération, on pourrait être fondé à dire que le régime végétal est plus naturel à l'homme que le régime contraire. Je parlerai ailleurs des avantages respectifs de ces deux espèces de régime pris comparativement, et opposés l'un à l'autre. Je me contenterai d'observer que dans l'état naturel l'homme est évidemment appelé à manger de tout ; qu'en général l'homme n'est point aussi rigoureusement assujéti que les animaux à telle ou telle forme décidée ; que sa nature est plus maniable et plus aisément applicable à tout, et par cette heureuse aptitude à tout, il est appelé à la possession de l'univers plus manifestement que les autres animaux qui, par leur instinct même sont rendus étrangers à un plus grand nombre de choses.

Vous savez, Messieurs, que les dents sont, le

plus ordinairement, au nombre de trente-deux,
lorsque les dernières, que l'on appèle *dents de
sagesse*, à cause de leur éruption tardive, ont
paru. Ce nombre est sujet à varier, et on en a
vu jusqu'à trente-quatre et trente-six, et alors ces
dents surnuméraires se trouvent, comme l'a observé Fauchart, dans la classe des dents incisives.
Les anciens ont dit assez généralement que le
nombre des dents pouvait servir à faire présumer
la durée de la vie. Cette assertion des anciens n'a
point été confirmée par l'observation, cependant
ce n'est pas une raison pour la rejeter absolument;
parce qu'outre qu'il est peu ordinaire à l'esprit de
l'homme de s'arrêter long-temps aux objets dont
il n'aperçoit pas les rapports à la première vue,
et de les suivre avec l'attention nécessaire pour en
bien juger, on voit de plus que les observations de
cette espèce sont très-difficiles à faire, puisqu'elles
doivent tomber sur des sujets qui soient précisément dans les mêmes circonstances, et qui soient
conduits à la mort par la seule nécessité de leur
constitution naturelle, et non par des causes extérieures et accidentelles, qui, tant de fois, coupent
la vie avant le terme.

LEÇON QUINZIÈME.

La tête s'articule avec la colonne vertébrale; c'est-à-dire, avec cette suite de pièces osseuses que compose toute la partie postérieure du tronc. La tête, comme on l'a dit, et comme vous le verrez dans la suite, est la partie dans laquelle sont contenus les principaux organes des sens. Or pour que ces organes soient établis d'une manière convenable, et que l'animal puisse en tirer le plus grand parti, il faut qu'ils soient susceptibles de mouvements, et il faut que le champ de ces mouvements soit fort étendu, afin que ces organes puissent s'appliquer librement à une plus grande quantité d'objets; c'est-à-dire, que la tête, comme contenant les organes des sens, devait être capable de mouvements très-étendus, de mouvements très-variés et exécutés avec la plus grande facilité. D'un autre côté, la colonne vertébrale est percée dans toute sa longueur d'une cavité qui doit être considérée comme un prolongement ou une dépendance de la cavité du crâne, et cette cavité reçoit, comme nous le verrons dans la suite, une portion considérable du cerveau. Or, cette portion ne pouvait être comprimée surtout d'une manière brusque et soudaine, sans que l'animal éprouvât des lésions profondes dans l'exercice du sentiment et du mouvement. Il fallait donc que l'articulation de la tête avec la colonne vertébrale fût établie avec la plus grande solidité : c'est-à-dire qu'il fallait que l'articulation de la tête eût à la fois une très-grande mobilité et une très-grande solidité. Or, comme nous l'avons dit, et comme il est facile de s'en convaincre, ces deux avantages sont absolument incompatibles, et ils ne peuvent se trouver ensemble à un haut degré. Pour les réunir, la nature a donc doublé les moyens d'articulation et attribué un avantage différent à chacun de ces moyens. Elle a su, par cette heureuse mécanique, concilier à la tête la solidité et la mobilité qui lui étaient nécessaires. Par ce double moyen d'articulation, la tête se trouve donc tout à la fois et assez solidement établie pour que le cerveau puisse se porter vers les parties inférieures du corps, sans avoir à redouter une compression qui deviendrait pernicieuse et mortelle, et assez mobile pour donner beaucoup d'effet au jeu des organes des sens. En sorte que l'animal puisse multiplier ses sensations et agrandir son existence en la distribuant sur une grande quantité d'objets extérieurs.

Ce procédé de la nature, qui consiste à doubler

les moyens d'articulation, afin de leur donner des avantages qui s'excluent réciproquement, se retrouve dans toutes les parties qui, à raison de leur situation, devaient à la fois et être arrêtées solidement, et être susceptibles de grands mouvements.

L'articulation de la tête avec la colonne vertébrale se fait donc de deux manières. Elle s'articule d'abord immédiatement avec la première vertèbre par deux éminences arrondies, qui sont reçues dans des cavités creusées sur le plan supérieur de la première vertèbre. Par cette articulation, la tête se fléchit et se porte en arrière, et elle peut aussi exécuter des mouvements sur les côtés. Car quoique Vésale ait prétendu contre Galien, que cette articulation était bornée aux mouvements d'extension et de flexion, cependant il paraît qu'on ne peut refuser à cette articulation de légers mouvements latéraux, quoique ces mouvements ne soient pas aussi considérables que l'a prétendu Galien, et que les grands mouvements par lesquels la tête est portée sur les côtés, dépendent évidemment de l'action du cou.

La seconde espèce d'articulation se fait par le moyen d'une production osseuse qui naît du corps de la seconde vertèbre, et qui s'applique sur le corps de la première. Cette production osseuse, de même que l'excavation légère qui lui correspond dans le corps de la première, sont revêtues d'une croûte cartilagineuse. C'est par cette seconde articulation que la tête exécute des mouvements circulaires sur le tronc immobile.

Cette articulation est établie d'une manière très-solide par des ligaments multipliés. Et parmi ces ligaments, un très-remarquable est celui qui passe transversalement derrière l'apophyse odontoïde, et qui la retenant et l'appliquant contre le corps de la première vertèbre, l'empêche, dans les divers mouvements de la tête, de porter son impression sur la moelle épinière.

La colonne vertébrale, considérée dans toute son étendue, ne forme pas une ligne droite; elle présente, au contraire, des flexions ou des courbures qui se correspondent alternativement. Ces flexions servent bien évidemment à distribuer plus commodément et avec plus d'avantage les différentes parties attachées à cette colonne. Elles concourent aussi à asseoir le corps d'une manière plus solide. Car comme le corps ne se soutient dans une situation élevée qu'autant qu'une ligne droite passe par son centre de gravité, et par quelques-uns des points de sa base de sustantation; il est clair que les flexions répétées de la colonne vertébrale multiplient les points par lesquels peut passer la ligne de gravité, et qu'elles les multiplient sans augmenter le poids de la colonne vertébrale.

La colonne vertébrale établit le fondement de toutes les parties de la charpente osseuse, et c'est à elle aussi que s'attachent médiatement ou immédiatement tous les viscères. Il fallait donc que cette partie eût une grande solidité : d'un autre côté, le corps animal, comme nous l'avons déjà dit, devait être éminemment susceptible de mouvement, puisqu'il ne se soutient qu'en s'approchant ou s'éloignant des objets qui lui conviènent, ou qui lui sont contraires, et que ces objets sont autour de lui dans un mouvement que rien ne peut arrêter. Il fallait donc que l'épine du dos, qui est le fondement de tout le corps, pût se prêter à ses mouvements. Ainsi la colonne vertébrale devait être à la fois et solide et flexible. Elle doit sa solidité aux larges surfaces par lesquelles se correspondent les différentes pièces osseuses qui la composent, aux articulations répétées que ces pièces subissent entr'elles, et aux ligaments multipliés qui les attachent ; et sa flexibilité, elle la doit au grand nombre de pièces distinctes qui entrent dans sa composition.

Les vertèbres sont séparées les unes des autres par des pièces cartilagineuses d'une épaisseur assez considérable. Ces cartilages ont le double avantage de lier fortement entr'elles les vertèbres entre lesquelles ils sont placés, et par le grand ressort dont ils sont doués, à augmenter, à prolonger le mouvement. Ces cartilages, qui soutiènent une portion considérable du poids total du corps, cèdent peu à peu à cette pression, et quand elle est long-temps continuée, l'épaisseur de ces cartilages diminue nécessairement; et quoique cette diminution soit peu considérable pour chacun, cette quantité se multipliant par le nombre des vertèbres, il en résulte une diminution sensible pour la longueur totale du corps. Le corps est donc réellement plus grand le matin, lorsque par le repos de la nuit tous les cartilages se sont pleinement rétablis dans leur dimension naturelle; et il est plus petit le soir lorsque par le mouvement nécessairement attaché à l'état de veille, chacun des cartilages a été fortement et long-temps comprimé. Cette différence de taille peut aller à plus d'un pouce dans un homme d'une taille fort avantageuse. M. de Buffon parle d'un jeune homme de cinq pieds neuf pouces, qui, après avoir passé la nuit au bal, avait perdu dix-huit bonnes lignes de hauteur.

Un avantage bien considérable, qui résulte du grand nombre de pièces détachées qui entrent dans la composition de l'épine, c'est que tous ses mou-

vements se font par des courbures extrêmement légères et presque insensibles , et que dès-lors la compression qu'éprouve la moelle épinière se fait par
des nuances si douces et si bien ménagées, qu'elles
en deviènent absolument insensibles, au lieu que
si la colonne n'était composée que de deux ou trois
pièces, le mouvement de cette colonne se ferait
nécessairement par des angles brisés et fort aigus,
ce qui porterait sur la moelle épinière une impression vive, qui en altérerait et décomposerait nécessairement l'organisation.

Les vertèbres, considérées dans la longueur de
la colonne qu'elles composent, sont d'autant plus
légères qu'elles sont plus élevées : elles sont plus
légères, non-seulement en ce que leur corps a beaucoup moins d'épaisseur, mais encore en ce que leur
excavation intérieure est beaucoup plus ouverte.
Cette légèreté relative, non-seulement était convenable dans des parties qui, par leur situation, devaient être portées et soutenues par les parties inférieures, mais surtout parce que ces vertèbres se
trouvent très-loin du centre du mouvement, et qu'a-
gissant à l'extrémité d'une longue branche de levier,
leur poids réel augmente d'une manière très-considérable ; en sorte que si elles avaient été aussi pe-
santes que les vertèbres inférieures, l'animal aurait
ressenti d'une manière incommode leur extrême

pesanteur, sans que cet inconvénient fût racheté ou balancé par aucun avantage.

Les vertèbres s'unissent les unes avec les autres, 1° par leur corps, ou plutôt par les pièces cartila gineuses qui sont placées entre ces corps. Elles s'unissent encore par des apophyses obliques qu'on appèle apophyses articulaires. Dans toutes les vertèbres qui sont au-dessus de la dixième dorsale, les apophyses articulaires des plans supérieurs sont convexes et reçues dans des cavités creusées sur le plan inférieur de la vertèbre qui suit supérieurement. Dans la dixième vertèbre, les apophyses articulaires sont également convexes et sur le plan supérieur et sur le plan inférieur, et elles sont reçues dans des cavités correspondantes dans la neuvième et la onzième. Et, à compter de cette dixième vertèbre, les apophyses articulaires sont convexes sur le plan inférieur et concaves sur le plan supérieur. Par cette disposition, il est clair que la dixième vertèbre dorsale est la plus mobile, et que c'est dans cette partie que se font plus vivement ressentir les mouvements de l'epine.

Chéselden a prétendu que les mouvements de flexion et d'extension qui agitent l'épine se faisaient à la fois et sur l'articulation du corps des vertèbres et sur l'articulation des apophyses obliques.

M. Winslow a nié que l'articulation des apophyses dût être regardée comme un des centres de ces mouvements qui s'exécutaient seulement sur les cartilages intervertébraux. Et il faut remarquer, contre l'opinion de Chéselden, et en faveur de M. Winslow, que les mouvements sur les apophyses obliques sont nécessairement très-bornés, et par les ligaments articulaires et par les cartilages intervertébraux : en sorte que c'est l'articulation du corps des vertèbres qui doit être considérée, sinon comme l'unique, du moins comme le principal centre des mouvements de flexion et d'extension qui agitent l'épine.

Dans ces mouvements de flexion et d'extension, chaque vertèbre a à soutenir le poids des vertèbres supérieures; en sorte que plus les vertèbres sont prises inférieurement sur la colonne, plus la masse qu'elles ont à ébranler est considérable, et plus la puissance qui les meut doit avoir de force.

D'après cette considération, qui est évidente, il me paraît que l'on peut donner une raison fort simple de la différente position que présentent les apophyses épineuses. Car les apophyses épineuses sont très-inclinées dans les vertèbres supérieures ; cette inclinaison diminue très-sensiblement dans les vertèbres inférieures, au point que ces apophyses épineuses deviènent enfin entièrement horizontales.

Pour rendre raison de cette disposition, il faut se rappeler que les muscles agissent avec d'autant plus d'avantage qu'ils sont placés plus loin du centre du mouvement ou du centre de l'articulation, puisqu'ils agissent alors par un bras de levier qui a plus de longueur, et qu'on sait qu'une puissance appliquée sur un bras de levier a d'autant plus d'effet que cette puissance est plus loin de l'hypomochlion ou du centre d'appui.

Par la position inclinée de ces apophyses, leur extrémité est donc moins éloignée des cartilages intervertébraux qui offrent le principal appui de mouvement; dès-lors, les muscles qui sont attachés à l'extrémité de ces apophyses agissent avec moins de force. Aussi cette disposition inclinée et oblique se trouve-t-elle dans les vertèbres supérieures qui ont le moins de poids à soutenir. Cette inclinaison diminue dans les vertèbres inférieures. Par là, l'extrémité de chaque apophyse est plus éloignée du centre de mouvement, les muscles qui s'y attachent agissent avec plus d'effet. Aussi ces vertèbres inférieures sont celles qui soutiènent la plus grande charge, et qui, par conséquent, devaient être mues avec plus de force.

On voit donc que c'est pour distribuer les forces

motrices d'une manière inégale, en augmentant
l'effet de ces forces dans les parties les plus difficiles à ébranler, et en les diminuant dans celles qui
étaient plus facilement mobiles, que la situation
des apophyses épineuses est différente, et que ces
apophyses, très-inclinées supérieurement, se re-
dressent à mesure qu'elles deviènent inférieures,
et finissent enfin par être entièrement horizontales.

Un autre avantage secondaire qui résulte de cette
disposition des apophyses, c'est qu'elle forme une
ligne circulaire, et que dès-lors elles résistent avec
plus d'avantage à l'impression des chocs extérieurs.

Un troisième avantage, c'est de borner les mouvements d'extension de l'épine. Mais ces avantages
sont des avantages subordonnés, et le plus important, comme je l'ai dit, est celui qui est relatif à la
distribution des puissances musculaires.

LEÇON SEIZIÈME.

Le corps de l'homme, et plus généralement le corps animal, est composé de trois grandes cavités ou de trois ventres, comme on les appèle communément; et ces ventres, comparés entr'eux, présentent des différences frappantes, et qui méritent d'être remarquées. La cavité supérieure est composée de pièces osseuses assemblées entr'elles, de manière qu'elles ne peuvent exercer les unes sur les autres aucun mouvement. La dernière cavité du bas-ventre est bornée par des parois molles et flexibles dans toutes leurs parties. Cette cavité peut s'étendre selon toutes ses dimensions, et présenter un volume très-considérable. Par là, l'animal pouvant prendre à chaque fois une grande quantité d'aliments, n'est pas sans cesse occupé de la nutrition. De plus, les parties hétérogènes qui n'ont pu être admises dans la composition du corps peuvent être retenues un certain espace de temps; ce qui diminue, pour l'animal, les besoins honteux et dégoûtants auxquels il est assujéti par la faiblesse relative de sa nature, qui ne lui permet point de s'assimiler complètement les substances qu'il prend pour se nourrir. Enfin un autre usage bien évident et bien important, qui résulte de l'extensibilité du bas-ventre dans tous les sens, c'est que les femelles peuvent recevoir les produits de la conception et les conserver jusqu'à ce qu'ils aient atteint le terme d'accroissement nécessaire à leur naissance. La cavité moyenne, ou la cavité de la poitrine, présente réunis les avantages de la forme du crâne et ceux de la forme du bas-ventre; c'est-à-dire, qu'elle a à la fois et la solidité du crâne et la mobilité du bas-ventre. En sorte que les organes très-importants, contenus dans cette cavité, sont défendus avec beaucoup d'avantage, et que cette cavité peut s'agrandir dans toutes ses dimensions, et recevoir et contenir la nourriture que l'animal tire de l'air assidûement, nourriture qui lui est si essentielle qu'il ne peut en être privé sans que sa vie s'éteigne brusquement.

Les pièces solides qui entrent dans la composition de la poitrine sont, comme on vous l'a dit, postérieurement une portion considérable de la colonne vertébrale, antérieurement l'os sternum, et sur les côtés des espèces de cerceaux rangés à peu près dans une disposition parallèle, et qui sont en partie osseux et en partie cartilagineux. La cavité qui résulte de l'assemblage de ces différentes pièces présente une figure fort irrégulière, et comme toutes les parties ne sont point également mobiles, ainsi que nous allons le voir, il s'ensuit que l'accroissement total que prend cette capacité a des éléments trop variés et trop compliqués pour être assujétis à aucune formule de calcul.

Chaque côte s'articule postérieurement avec la colonne vertébrale : et cette articulation se fait de deux manières. D'abord, la tête de chaque côte est reçue dans une cavité appartenante à deux vertèbres subséquentes ; et de plus, chaque côte, à l'exception des deux dernières, présente sur sa face postérieure une éminence qui s'articule avec l'apophyse transverse de la vertèbre qui la suit inférieurement. Les facettes articulaires marquées sur les apophyses transverses sont plus sensiblement tournées vers le haut dans les vertèbres plus élevées, ce qui indique dans les côtes supérieures une plus grande facilité à s'élever que dans les côtes situées plus inférieurement. Cette double articulation que chaque côte subit avec la colonne vertébrale est très-importante à considérer, pour prendre une juste idée de la manière dont se font leurs mouvements, comme nous allons le voir dans l'instant.

Toutes les côtes ne jouissent pas du même degré de mobilité : la première ne peut exécuter que de très-faibles mouvements, parce que cette côte a

très-peu de longueur; parce que sa portion cartilagineuse, qui est très-peu considérable, s'unit avec
le sternum par une très-large surface; parce qu'elle
est attachée par des ligaments articulaires très-
forts et très-multipliés; enfin parce qu'elle est soutenue par plusieurs muscles qui descendent des
parties supérieures. Par toutes ces circonstances de
structure, la première côte est à peu près immobile;
elle peut être regardée comme le point fixe sur lequel s'exerce l'action d'une partie des puissances
musculaires, appliquées à soulever toute la boîte de
la poitrine.

La mobilité des côtes augmente à mesure qu'elles
deviènent inférieures, et il est très-facile de constater par l'expérience cette inégale mobilité des côtes.
M. de Haller a attaché des poids aux différentes
côtes, lorsque les cartilages et les ligaments jouis-
saient encore à peu près du même degré de mollesse
et de ressort qu'ils ont dans l'état vivant. Il a vu
qu'il fallait un poids de quatre onces pour ébranler
ou abaisser sensiblement la première côte; que la
seconde cédait à un poids cinq fois plus petit, la
troisième à un poids sept fois moindre, et ainsi des
autres.

Les côtes ébranlées par les puissances de l'inspiration, dont nous parlerons dans la suite, s'élèvent;

mais cette élévation ne se fait pas par un mouvement simple; c'est-à-dire, que l'extrémité antérieure
de la côte ne tend pas seulement à s'écarter en avant
de la ligne qui passe par le milieu de la colonne
vertébrale. En effet, ce mouvement de la côte ne
s'exécute pas seulement sur la tête de la côte, il
s'exerce sur la ligne qui passe et par cette tête et par
l'articulation avec les apophyses obliques. Et comme
cette ligne est disposée obliquement, par rapport à
la colonne vertébrale, il s'ensuit que chaque côte
qui se meut sur cette ligne comme sur un axe, doit
avoir un mouvement composé et se porter à la fois
et en avant et sur les côtés. Par ce mouvement de
chaque côte, qui résulte nécessairement de son mode
d'articulation avec la colonne vertébrale, il s'ensuit
donc que chaque côte s'écarte de la colonne vertébrale en se portant en avant, et qu'elle s'écarte de
celle qui lui est opposée en se portant sur les côtés;
en sorte que la capacité de la poitrine est augmentée et dans le diamètre qui mesure sa profondeur et
dans le diamètre qui mesure sa largeur.

Les côtes étant inégalement mobiles, il s'ensuit
que les mêmes forces motrices, appliquées sur les
côtes d'une manière égale, doivent avoir sur chacune un effet différent. La première sera élevée
d'une quantité peu considérable ; les suivantes le
seront davantage. De cette inégalité dans la quantité

d'élévation de chaque côte, il s'ensuit que dans le mouvement qui soulève uniformément toute la masse de la poitrine, et qui la porte vers les premières côtes, la seconde s'élève moins que la troisième, la troisième moins que la quatrième, etc.; et dès-lors que toutes ces côtes s'approcheront les unes des autres.

M. de Haller a confirmé, par différents moyens, ce rapprochement mutuel des côtes supérieures. D'abord il a appliqué des fils sur une poitrine fraîche, de manière que ces fils eussent à peu près la même disposition que les fibres des muscles intercostaux, qui, comme nous le dirons, servent à l'inspiration. Il a tiré ces fils et il a vu qu'en élevant les côtes, celles qui sont élevées supérieurement se rapprochent dans leur partie osseuse. Il a vu la même chose dans les animaux vivants. Il a donc ouvert, par de larges blessures, la poitrine de ces animaux, afin de les exciter à des inspirations forcées, et il a toujours vu que les intervalles des côtes diminuaient, et même diminuaient de moitié dans les premiers intervalles. Mais cette diminution n'a lieu que dans les côtes supérieures et seulement dans les intervalles qui séparent leurs portions osseuses.

Indépendamment du mouvement qui élève chaque

côte et qui la porte en avant et sur les côtés, chaque côte éprouve un mouvement de rotation qui, s'exécutant sur les deux extrémités, est plus manifeste vers la partie moyenne qui décrit le plus grand axe de révolution.

Dans les grandes et fortes inspirations, ce mouvement de rotation se présente surtout avec beaucoup d'évidence sur les côtes inférieures, dont les deux extrémités s'abaissent alors d'une quantité sensible.

Un effet bien remarquable de ce roulement de la côte, et surtout dans les côtes moyennes, c'est que la portion cartilagineuse est forcée et vivement pressée et comprimée contre le sternum, qui alors est abaissé, en même temps qu'il se porte en avant par un mouvement qui s'exécute sur son articulation avec les premières côtes.

Les portions cartilagineuses des côtes, en même temps qu'elles sont fortement appliquées contre le sternum, descendent avec lui, et elles s'écartent les unes des autres; en sorte que les intervalles qui les séparent augmentent alors, et que pour bien juger des mouvements qu'exécutent les différentes pièces de la poitrine, il faut bien distinguer ce qui arrive aux portions osseuses d'avec ce qui arrive aux por-

tions cartilagineuses. Les portions osseuses s'élèvent, ainsi que nous l'avons dit; et comme elles
s'élèvent chacune d'une quantité inégale, elles s'approchent les unes des autres, et les espaces intercostaux sont diminués, comme l'a vu nombre de
fois M. de Haller. Au contraire, les portions cartilagineuses s'abaissent surtout dans les inspirations
qui se font avec beaucoup d'efforts, et alors ces
cartilages s'écartent les uns des autres, et il se forme
entr'eux un espace plus étendu. C'est pour n'avoir
pas fait cette distinction que les auteurs ont été partagés sur l'état des intervalles intercostaux dans l'inspiration, et que plusieurs ont prétendu que tous ces
espaces augmentaient : assertion qui vient d'être
répétée tout récemment par des anatomistes de
l'académie des sciences de Paris, qui ne paraissent
avoir eu aucune connaissance des travaux de M. de
Haller, ou du moins qui n'en ont tiré aucun parti.

Chacune des portions cartilagineuses des côtes,
en même temps qu'elle est appliquée fortement
contre le sternum, décrit un mouvement circulaire,
dont le centre est à l'articulation de ce cartilage
avec le sternum, et dont l'axe de révolution est au
point de flexion de la côte.

Les cartilages des côtes, pressés contre le sternum par le roulement de la portion osseuse des

côtes, sont donc dans un état violent tant que subsiste l'inspiration. Lorsque l'inspiration vient à cesser, et que les puissances musculaires qui tenaient les côtes élevées cessent d'agir, les portions cartilagineuses, dont le ressort était comprimé, se rétablissent dans leur premier état. L'effet nécessaire de ce rétablissement est de replacer les portions osseuses dans l'état où elles étaient avant l'inspiration. En sorte que l'abaissement des côtes n'est pas seulement déterminé par leur pesanteur, mais qu'elles s'abaissent d'une manière active poussées par les portions cartilagineuses qui se débandent et se rétablissent. Il y a donc un antagonisme ou une opposition d'efforts bien décidée entre la partie osseuse de la poitrine et sa portion cartilagineuse. Et ces deux parties sont tellement disposées que la portion osseuse étant élevée par l'action de ses muscles, elle comprime le ressort de la portion cartilagineuse, et ce ressort venant à se rétablir lorsque les muscles inspirateurs cessent d'agir, il abaisse les côtes et les retient dans cette situation jusqu'à ce qu'elles soient élevées de nouveau par l'action des muscles.

On voit donc pourquoi, dans la plus grande partie des animaux, la poitrine est partagée en deux parties distinctes; et si chaque côte est brisée, ce n'est pas seulement pour que l'angle sous lequel

sont unies ces parties venant à s'ouvrir, la capacité
de la poitrine en soit augmentée, quoique cet avantage soit bien considérable; mais c'est encore afin
d'opposer tellement les forces de ces parties qu'elles
devièrent les unes par les autres la cause des effets
qu'elles doivent produire, comme Clopton-Havers
l'a bien saisi et bien expliqué.

Malgré ce que je viens de dire de l'avantage de
conformation de la poitrine, nous verrons dans la
suite, que ces mouvements n'ont lieu que dans les
inspirations forcées, et que, dans l'état ordinaire,
lorsque la respiration s'exécute d'une manière douce
et paisible, les côtes sont presque entièrement immobiles, et qu'il n'y a guère que le diaphragme qui
soit alors en mouvement.

Nous devons remarquer encore, que quelque
nécessaire que paraisse la dépendance des pièces
osseuses qui composent la poitrine, cependant les
mouvements ne se présentent pas toujours de la
manière que nous les avons exposés, parce que les
mouvements dépendent immédiatement de l'action
des muscles : or, comme nous le verrons dans la
suite, la nature peut partager un muscle en différentes portions, et produire dans chacune de ces
portions des mouvements différents, selon les divers
besoins de l'animal. Et voilà comment, dans les

animaux dont on ouvre la poitrine pour observer les phénomènes de la respiration, on aperçoit quelquefois ces phénomènes dans un ordre fort irrégulier ; que différentes parties de la poitrine ont dans le même temps des mouvements forts différents de ceux qu'elles doivent avoir dans l'état naturel, comme on peut le voir dans le journal des expériences de M. de Haller. C'est qu'une machine, quelqu'avantageusement construite qu'elle puisse être, ne se donne point à elle-même le mouvement, et cette machine demande incessamment à être conduite et dirigée par un principe ou par une cause qui l'applique aux différents usages qu'elle doit remplir.

LEÇON DIX-SEPTIÈME.

J'ai dit, Messieurs, que la nature, ou le principe qui règle la vie des animaux, et qui contient en lui d'une manière abstraite tous les phénomènes qui se développent pendant la durée totale de la vie, j'ai dit que ce principe, quoique absolument simple, pouvait, relativement à notre manière de concevoir, être envisagé sous deux aspects fort différents : ou dans les forces qu'il déploie sur les parties intérieures, ou dans les forces qu'il exerce dans les organes extérieurs. Je dis, et nous verrons dans la suite plus clairement, que ces forces intérieures ne sont pas précisément dépendantes de l'organisation, parce que ces forces résident dans toute l'étendue, dans toute l'habitude des organes, qu'elles s'exercent dans chacune de leurs plus petites parties : tandis que l'organisation suppose un certain nombre de parties, et qu'elle consiste essentiellement dans la collection de ces parties, disposées ou assemblées dans un ordre déterminé. J'ai dit encore que ces forces n'étaient point subordonnées aux lois mécaniques proprement dites, ou aux lois qui règlent le

mouvement des objets extérieurs, parceque les objets
sur lesquels s'appliquent ces forces intérieures ont
éprouvé l'action d'une force digestive ou altérante,
qu'ils sont dès-lors changés dans leurs qualités, qu'ils
n'ont rien de commun avec les objets extérieurs,
qui seuls sont le sujet de nos recherches et de nos
expériences, et dans lesquels seuls nous avons observé ces lois, que nous appelons lois mécaniques.
Au contraire, le principe de la vie, considéré dans
les forces qu'il soutient dans les organes extérieurs,
a nécessairement des rapports avec les corps sur lesquels s'appliquent ces organes extérieurs; et les
lois qui règlent l'exercice de ces forces peuvent être
étudiées avec beaucoup d'avantage dans les objets sur
lesquels ces organes s'appliquent, c'est-à-dire que
ces forces sont essentiellement mécaniques. Aussi,
Messieurs, avons-nous vu des avantages mécaniques
sensibles dans quelques-unes des parties extérieures
que nous avons considérées. Par exemple, nous avons
vu que les pièces qui entrent dans la composition du
crâne étaient disposées comme les pièces qui entrent
dans la composition des voûtes; que ces parties
se soutiènent mutuellement; qu'elles s'opposent à
eur enfoncement respectif, et que non-seulement
lles préparent un espace considérable au cerveau,
ais qu'elles le défendent avec le plus grand avan-
tಳe, en résistant avec la plus grande action pos-
sile à l'impression des chocs extérieurs. Nous

avons trouvé des avantages mécaniques sensibles dans la composition de la colonne vertébrale. Nous vous en avons fait remarquer quelques-uns dans la disposition des pièces osseuses et cartilagineuses qui composent la boîte de la poitrine, et nous en trouverons encore dans l'examen qui nous reste à faire des autres parties de l'enveloppe extérieure du corps. Et ces avantages se multiplieront d'autant plus, que nous étudierons ces parties avec plus de soin, que nous connaîtrons mieux les objets avec lesquels elles sont en rapport, et sur lesquels elles s'appliquent, et surtout que nous examinerons ces parties dans un plus grand nombre d'animaux différents. Car, comme l'a parfaitement bien démontré Aristote, tous les animaux sont liés entr'eux par des rapports évidents; tous paraissent avoir été conçus d'après la même forme ou la même idée, qui éprouve dans chacun des variétés très-multipliées; de manière que les traits primitifs et vraiment essentiels de l'organisation vivante ne peuvent être saisis, ni dans telle espèce ni dans telle autre; mais qu'ils doivent être recherchés dans le système entier des espèces (mai: cette partie de l'anatomie comparée qui s'occupe d l'organisation est précisement celle qui a été la pli négligée) et que ces traits ne peuvent être saisis t rassemblés que par celui qui embrasse ce systèie d'une manière complète et générale. Je remarce ici que cette connexion, entre toutes les proder tions de la nature, dont ont beaucoup parlé quelques philosophes modernes, n'est, pour ainsi parler, qu'une pièce détachée dans leur système de philosophie, au lieu qu'elle était le fondement du système de philosophie des anciens Théistes, dans lequel on n'admettait ni vide de forme, ni vide d'espace.

Je considérerai l'extrémité supérieure, et conséquemment au principe que nous venons d'exposer, nous verrons dans les phénomènes de structure des rapports évidents avec les usages que ces parties doivent exécuter.

On vous a fait remarquer à l'extrémité supérieure d'abord le bras, l'omoplate et la clavicule. L'omoplate est la partie avec laquelle s'articule l'os du bras; en sorte que l'omoplate peut être comparée à l'os ischium, et qu'elle soutient les extrémités supérieures, comme l'os des isles soutient les extrémités inférieures. Or, en suivant cette comparaison, nous voyons que les os des isles sont unis avec la colonne vertébrale d'une manière extrêmement forte, et qui ne leur permet aucun mouvement; en sorte que les extrémités inférieures qui s'articulent avec ces os sont établies très-solidement, et qu'elles peuvent soutenir avec beaucoup d'avantage toute la masse du corps, et dans l'état de station, et dans les différents mouvements de locomotion. Au contraire, l'omoplate est appuyée d'une manière faible : car elle ne s'articule qu'avec la clavicule par une de ses extrémités, et dans tout le reste de son étendue elle n'est attachée que par des muscles. Elle se prête donc très-facilement à des mouvements très-multipliés. Par là elle contribue évidemment à augmenter la mobilité de l'extrémité supérieure, mais elle ne peut lui donner la fermeté et la solidité qui lui seraient nécessaires pour qu'elle s'appliquât immédiatement sur le sol, et qu'elle devînt une des colonnes d'appui du corps. Dans les animaux décidément quadrupèdes, l'omoplate est appliquée sur les côtes, et leur est fortement attachée; de plus, la poitrine est beaucoup plus resserrée, et par là l'articulation des extrémités antérieures étant plus solidement établie, et se trouvant plus rapprochée de la ligne qui passe par le centre de gravité du corps, il s'ensuit que ces extrémités antérieures peuvent soutenir le corps avec beaucoup d'avantage. D'après cette différence dans les extrémités supérieures de l'homme comparées aux extrémités antérieures des animaux quadrupèdes, il s'ensuit donc que l'homme est fait pour se tenir debout, et pour porter son corps dans une situation perpendiculaire à l'horizon; en sorte que cette situation n'est point un effet de l'institution, comme l'ont avancé quelques épicuriens modernes, et qu'elle est une dépen-

dance nécessaire de la structure ou de l'organisation de son corps; et comme c'est principalement à
cette situation élevée que l'homme doit sa prééminence, parce que cette situation est la seule qui lui
permette le libre emploi de ses mains, auquel se
trouve attaché le développement de sa perfectibilité, comme nous le dirons dans la suite, il est
évident que cette prééminence est une chose arrêtée
par la nature, de même que l'organisation à laquelle
elle se trouve liée d'une manière nécessaire.

L'omoplate sert non-seulement à fixer l'extrémité
supérieure et à la fixer avec le degré de mobilité
qui convenait aux usages qu'elle devait remplir, elle
sert encore par sa situation à donner une défense
très-considérable à la poitrine. Si nous considérons
le corps de l'homme divisé en deux parties, l'une
antérieure, l'autre postérieure par un plan vertical
qui le coupe selon sa longueur, il nous sera facile
de nous convaincre que les moyens de défense ont
été prodigués et multipliés dans le plan postérieur.
D'abord, dans le crâne les parties postérieures sont
composées d'une substance plus dure et plus épaisse
que les parties antérieures; de plus, la partie postérieure est plus sensiblement arrondie, en sorte que
tous les points se soutenant mutuellement, cette portion est mieux défendue que le devant de la tête qui
présente une surface plus aplatie.

La colonne vertébrale est armée dans toute sa longueur d'éminences très-saillantes qui, formant une courbure sensible, servent non-seulement, comme nous l'avons dit, à appliquer les forces musculaires avec beaucoup d'avantage, mais encore à garantir cette colonne et à la défendre des impressions des chocs extérieurs. De plus il est facile de voir que les côtes sont plus larges postérieurement, qu'elles sont beaucoup plus rapprochées et qu'elles descendent beaucoup plus bas ; il n'est donc pas douteux que par l'effet de la structure, le corps ne soit beaucoup plus fort dans son plan postérieur que dans son plan antérieur. Une raison bien évidente de cette inégale distribution des forces, c'est que les organes des sens sont placés en avant et que les mouvements les plus faciles sont aussi ceux qui se font en avant ; dès-lors l'animal peut prendre connaissance des objets capables de lui porter atteinte, et il peut se soustraire à leur action, soit en s'en écartant, soit en les repoussant avec ses instruments de mouvement ; au lieu que ces moyens de conservation étant nuls par rapport à sa partie postérieure, il convenait que cette partie fût défendue par le seul effet de sa composition ou de sa structure.

On a observé dans le rat de Norwège que les omoplates sont fortement appliquées sur les côtes, et qu'elles occupent une portion considérable de ces côtes. De plus, l'articulation du fémur avec la cavité cotyloïde de l'os des hanches se fait par trois éminences qui sont assemblées en triangle; par-là cet animal ne peut fléchir son corps qu'avec beaucoup de peine, et M. Linneus rapporte que cet animal avance toujours sur une ligne droite, et il est tellement assujéti à suivre cette ligne droite, que, lorsqu'il trouve un obstacle qu'il ne peut franchir, il tourne cet obstacle et reprend la ligne droite au point précisément qui correspond à celui où il avait été forcé de l'abandonner. Cette observation démontre d'une manière bien frappante un principe dont nous aurons occasion de parler ailleurs, et dont nous verrons bien des applications; c'est qu'il y a un accord ou une harmonie constamment préétablie, entre l'organisation du corps et les lois ou l'instinct du principe qui lui est uni; ensorte que l'organisation du corps peut être considérée comme contenant par abstraction et d'une manière générale, tous les phénomènes ou tous les actes que le corps doit exécuter; mais ces actes n'en peuvent être déduits que par un principe appliqué à cette organisation, qui la met en jeu et qui développe par ordre tous les phénomènes qu'elle contient.

L'omoplate reçoit la tête du bras dans une cavité légère. Par-là, l'extrémité supérieure se meut très-facilement, se meut en tous sens, et la main qui y est suspendue et qui est le principal organe du toucher, exerce des mouvements dont le champ est fort étendu; ce qui donne un avantage considérable, puisque la main peut s'appliquer à une plus grande quantité d'objets différents, et dès-lors elle doit fournir une plus grande quantité de sensations et multiplier les relations avec les objets extérieurs.

L'extrême mobilité de l'os du bras qui dépend donc de sa tête arrondie qui est reçue dans une cavité superficielle et légère, cette mobilité devait donner une grande faiblesse à cette articulation; mais outre qu'elle est affermie et par des ligaments multipliés et par des muscles, l'os du bras est retenu avec beaucoup d'action par les deux éminences coracoïde et acromiom qui le contiènent dans la cavité articulaire, sans apporter aucun obstacle a ses mouvements.

La clavicule est placée entre l'omoplate et le sternum, et elle s'unit d'une part avec le sternum, de l'autre avec l'apophyse acromiom de l'omoplate. Cette pièce osseuse a donc pour utilité bien manifeste d'écarter l'articulation de l'axe du corps, et de donner par conséquent plus de jeu à cette articulation en rendant ses mouvements plus étendus, plus variés; aussi dans les animaux bien décidément quadrupèdes, dont les extrémités antérieures de-

vaient être peu mobiles, fort solides et très-rappro-
chées du centre de gravité, la clavicule n'existe
pas, tandis qu'elle se trouve dans tous les animaux
qui se servent de leurs pattes de devant à peu près
comme l'homme se sert des mains, comme l'ours,
l'écureuil, le singe, le rat, etc.

Les femmes ont la clavicule moins considérable
que les hommes, aussi les femmes ont elles les
mouvements du bras moins libres que les hommes.
On a remarqué que, lorsque les femmes veulent
exécuter de grands mouvements avec les bras, lorsqu'elles veulent lancer une pierre avec beaucoup de
force, elles exécutent un mouvement de rotation
sur le pied opposé au bras qui est en action, et elles
suppléent par ce mouvement du corps entier, au
mouvement trop borné qui résulte de la distance
trop peu considérable qui se trouve entre l'axe du
corps et le centre de l'articulation du bras.

LEÇON DIX-HUITIÈME.

L'os du bras, dont j'examinai hier l'articulation
supérieure, présente dans sa longueur une figure
cylindrique et circulaire, comme tous les os longs
qui sont situés aux extrémités du corps. Cette figure
était convenable en ce que sous un volume donné
elle embrasse le plus grand espace possible, et en
ce que tous les points étant également éloignés d'un
centre commun, tous se soutiènent réciproquement,
et qu'aucun n'est plus exposé que les autres aux
chocs ou aux impressions extérieures. Il faut de plus
remarquer que ces figures arrondies que présentent
toutes les extrémités du corps animal, concourent
manifestement à lui donner une forme plus avantageuse et plus agréable; car, la nature dans sa puissance infinie, a pris soin de répandre sur ses ouvrages
toutes les perfections dont ils étaient susceptibles,
et elle a établi un rapport constant entre les formes
qu'elle a affectées et les idées qui règlent nos jugements
d'une manière sûre et nécessaire. Indépendamment
de la beauté que j'appèlerais volontiers réfléchie,
et qui suppose la connaissance des destinations et

des fins, il y a une beauté d'instinct qui consiste
dans les rapports que présentent les objets avec nos
goûts, nos penchants, nos inclinations naturelles et
primitives : et dans un être bien ordonné, cette
beauté d'instinct se trouve constamment d'accord
avec la beauté de réflexion ; ensorte que, quoique
à la première vue nous n'apercevions pas les destinations et que même ces destinations puissent nous
échapper tout-à-fait, cependant réglés sûrement par
l'instinct ou par la raison universelle, nous trouvons
le plus de grâce, le plus d'agréments, le plus de
beauté, dans les formes qui se prêtent avec le plus
d'avantage aux fonctions qui leur sont départies, et
que pour celui en qui les penchants naturels ne sont
pas dépravés, l'être le plus avantageusement construit
est celui qui nous affecte le plus agréablement, et
que l'utilité et la beauté sont deux perfections qui
marchent constamment d'un pas égal.

L'os du bras considéré dans sa longueur, présente
une concavité légère, et il est légèrement convexe à
l'extérieur. La raison de cette structure est évidente,
et il est facile de voir que pour que les bras puissent
de concert et par des mouvements communs, embrasser et saisir les corps avec facilité, il était nécessaire qu'ils fussent excavés dans les plans qui se
correspondent.

Le bras s'articule inférieurement avec l'avant-bras,

et l'avant-bras est composé, comme on vous l'a dit,
de deux os; savoir, du rayon et de l'os du coude.
Nous avons dit, Messieurs, et il est facile de se convaincre, qu'une articulation simple et unique ne peut
pas à la fois être solide et très-mobile, puisqu'il est
clair que la solidité et la mobilité étant deux avantages
opposés, ils ne peuvent se trouver réunis sans s'affaiblir réciproquement par leur mélange. Or, l'avant-
bras ou plutôt la main qui lui est unie, devait être
à la fois et établie très-solidement et très-susceptible
de mouvement. Elle devait être arrêtée solidement
afin de saisir et de contenir les corps avec avantage,
et elle devait être mobile parce que étant le principal
organe du toucher elle devait s'appliquer facilement
sur les corps, en suivre les irrégularités les plus
légères, et passer librement de l'un à l'autre, afin
d'étudier les qualités qu'il nous importe de connaître.
Nous avons vu ci-devant que la tête devait aussi être
solide et mobile, et nous avons remarqué que la
nature lui avait accordé ces deux avantages en dou-
blant ses moyens d'articulation, en sorte que la tête
est à la fois et très-solide et très-mobile, en vertu
des deux articulations qu'elle subit avec la colonne
vertébrale. Cet artifice de la nature se répète souvent,
et nous le retrouvons bien évidemment dans la main,
qui présente aussi deux avantages opposés par la
manière dont l'avant-bras s'unit avec l'os du bras;
car, comme cette articulation est brisée et que l'avant-

bras est composé de deux os distincts et séparés, l'un de ces os s'articulant d'une manière solide, et l'autre s'articulant d'une manière mobile ; il s'ensuit que la main suspendue a l'extrémité de ces os, jouit de leurs avantages respectifs, et qu'elle est à la fois et assez solide pour saisir et retenir fortement les corps, et assez mobile pour en étudier les qualités.

L'os du bras s'articule donc avec l'os du coude ; et comme cette articulation se fait par des surfaces très-étendues et que ces surfaces présentent des enfoncements et des éminences qui se correspondent, il s'ensuit que cette articulation est arrêtée d'une manière très-solide, et que dès-lors elle ne peut exécuter que des mouvements peu variés : aussi l'os du coude est-il borné à des mouvements de flexion et d'extension. Il faut remarquer que l'os du coude est placé dans une situation longitudinale, et que par-là il est plus disposé à exécuter ces mouvements, puisque ces mouvements de flexion et d'extension s'exécutent selon une ligne droite, tandis que l'os du rayon qui est destiné à exécuter des mouvements latéraux est placé dans une situation oblique. Il faut remarquer à la partie postérieure de l'os du coude, une éminence qui répond à une cavité creusée sur la face postérieure de l'os du bras. L'introduction de cette éminence dans cette cavité borne donc né-cessairement le mouvement d'extension, ensorte que

l'avant-bras peut s'appliquer sur le corps avec beaucoup d'avantage, parce que le terme de son extension
est arrêté d'une manière fixe et qu'il ne peut être
fléchi en dehors.

L'os du rayon s'articule supérieurement et avec
l'os du coude et avec l'os du bras, comme on vous
l'a découvert; et c'est par le moyen de cette articulation que la main exécute des mouvements de pronation et de supination. Cet os est placé obliquement
comme il convenait d'après les mouvements latéraux
qu'il doit exécuter; cet os est situé de dehors en
dedans, et il en doit résulter plus de force et plus
de facilité pour les mouvements de pronation que
pour ceux de supination. Il est facile de voir que les
mouvements de pronation sont ceux qui devaient
s'exécuter dans le plus grand nombre de circonstances, et ceux aussi auxquels il importait de donner
le plus d'intensité.

La main est composée de trois parties, comme
on vous l'a démontré; du carpe, du métacarpe et
des doigts. Les os du carpe sont partagés en deux
rangs qui sont placés l'un devant l'autre; dans le
premier rang les os sont tellement rapprochés et si
intimement unis qu'ils ne semblent former qu'une
seule pièce. Ce premier rang s'articule avec l'extrémité du rayon; dans le second rang les os sont joints

d'une manière plus libre, et ils s'articulent chacun
avec l'os qui leur répond dans le métacarpe. Un
avantage bien évident de cette distribution des os
du carpe en deux rangs distincts, c'est de rendre
cette partie susceptible de deux espèces d'articulations différentes. En effet, le premier rang dont les
os sont très-rapprochés subit une articulation très-
solide avec l'os du rayon ; et cette solidité était
nécessaire puisque c'est par cette articulation que
s'exercent les mouvements les plus forts. L'autre
rang, dont les os sont unis d'une manière plus lâche,
devient capable de s'articuler avec les os du métacarpe qui sont éloignés les uns des autres, et qui
soutenant les os des doigts devaient contribuer à
l'étendue et à la liberté de leurs mouvements.

Un avantage sensible qui résulte du nombre de
pièces qui entrent dans la composition du carpe,
c'est que cette partie du corps est plus solide et
mieux défendue ; cela était bien nécessaire puisque
cette partie étant suspendue à l'extrémité d'un long
bras de levier, elle ne devait point être chargée de
chair. Or, il est évident que le nombre de ces pièces
contribue à l'établir plus solidement, car il est bien
manifeste que ces pièces pouvant céder à l'impression
des causes extérieures, affaiblissent et bornent leur
action et qu'elles résistent par-là à des efforts qui les
briseraient si elles étaient d'une roideur et d'une in-

flexibilité absolue. On peut ajouter que dans un seul
os les fractures occupent l'os en entier, et que dès-
lors l'usage de cette partie est absolument suspendu;
au lieu que dans une pièce composée de plusieurs
os, l'affection d'un os reste bornée à cet os et ne
passe pas outre, et que dès-lors cette partie peut-
être encore de quelque emploi. C'est par une raison
analogue, comme nous l'avons dit, et pour empêcher
la propagation des fractures, que le crâne est composé de plusieurs pièces distinctes et détachées.

Le métacarpe n'est composé que de quatre os, en
sorte que le pouce s'articule avec le carpe; en effet,
il est facile de voir que si le pouce se fût articulé
avec un os du métacarpe, il eût été trop rapproché
des autres doigts, que par conséquent la main n'aurait
pas pu prendre une figure circulaire, et que dès-
lors elle n'aurait pu saisir les corps avec autant d'a-
vantage qu'elle le fait; car, pour que la main prène
une figure circulaire, il faut que le pouce soit diamétralement opposé au doigt du milieu. Nous verrons,
en parlant du pied, que tous les doigts qui le composent sont placés de champ et disposés sur une
même ligne, et que par conséquent le pouce s'articule de la même manière que les autres doigts;
par-là la mobilité du pied est notablement diminuée,
mais sa solidité est augmentée, et c'était principalement à la solidité qu'il fallait avoir égard dans une

partie destinée à soutenir toute la charge du corps.

Les doigts sont au nombre de cinq, et chacun est composé de trois pièces qu'on appèle phalanges. Galien a recherché fort longuement la raison de ce nombre, et il faut convenir que les travaux de cet excellent homme sur cet objet indiquent plutôt son zèle que la solidité de son jugement.

On aperçoit en général que la main faite pour saisir les corps et pour étudier leurs qualités tactiles, devait être composée d'un grand nombre de pièces distinctes et détachées, afin de devenir capable de mouvements faciles et variés ; mais c'est une entreprise qui passe visiblement la portée de l'esprit de l'homme, que de chercher par des raisons tirées de l'essence des êtres, ou *à priori*, comme parlent les philosophes, pourquoi chaque doigt est composé de trois pièces osseuses. En vain s'appuie-t-on sur la prééminence du nombre trois ; il est clair que cette prééminence du nombre trois ne nous est connue que par le fait, et que nous ne le jugeons plus noble que parceque nous le voyons le plus souvent employé dans les ouvrages de la nature ; mais il n'est pas moins vrai que la raison de cette préférence nous est absolument inconnue. On voit bien que la solidité nécessaire à la main excluait une très-grande quantité de pièces détachées, mais il est clair qu'une

phalange de plus à chaque doigt n'aurait pas sensiblement altéré cette solidité : en sorte qu'on ne
voit pas pourquoi le nombre quatre n'est pas celui
que la nature a préféré à celui de trois.

Quoique nous ne puissions pas démontrer que la
forme de la main est la plus avantageuse des formes
possibles, et que nous ne puissons pas savoir, si,
comme on l'a dit dernièrement, la main étant composée d'une plus grande quantité de pièces, l'homme
n'éprouverait pas des perceptions plus nombreuses,
plus claires et plus développées; cependant nous ne
pouvons nous refuser à reconnaître que de tous les
organes donnés aux animaux, la main est le plus
avantageux et le plus directement en rapport avec
l'exercice de la raison; en sorte que la main peut
vraiment être appelée, d'après Aristote, l'organe
des organes. Ce n'est pas, comme le voulait Anaxa-
gore, et comme on l'a répété dans ce siècle, ce
n'est pas que la main ait décidé par elle-même la
noblesse de l'homme et la prééminence de sa nature (puisqu'il resterait toujours à assigner la raison
de l'excellence de cette conformation); mais elle a
seulement servi à la produire et à la manifester au
dehors. Car un organe, quel qu'il soit, ne peut être
employé que par un principe qui ait une connaissance anticipée de tous les usages auxquels cet organe doit être appliqué. Et ce qui le prouve bien,

et ce qui démontre évidemment contre les matérialistes, que tous les actes du corps vivant doivent
être considérés d'une manière abstraite, et rapportés à un principe qui les conçoit et qui les réalise ensuite, selon l'ordre des compositions, c'est
que ces actes s'annoncent évidemment avant que
l'organisation soit pleinement décidée : en sorte que
si on examine les animaux à l'instant où ils vienent
de naître, et lorsque leur développement n'étant
pas achevé, il leur manque plusieurs parties, on
voit que ces animaux marquent le désir d'exécuter
des mouvements, de produire des actes affectés à
des organes qu'ils n'ont pas encore. C'est ainsi que
le jeune taureau cherche à frapper avec la corne
qu'il n'a pas, et que le jeune chien cherche à mordre
avec des dents dont il n'est point encore fourni.

On a remarqué que le dernier os de chaque doigt
se termine en fer-à-cheval; c'est-à-dire, que dans
l'homme les extrémités se terminent par la même
forme que les extrémités des solipèdes. Cette forme,
qui a une utilité manifeste dans les solipèdes, n'en
a point dans l'homme. Ce fait est analogue au cinquième doigt du rat, du furet, de la belette; cinquième doigt qui est relatif au pouce de l'homme;
mais qui est si petit que ces animaux ne peuvent
absolument s'en servir; ou bien encore à l'œil de
la taupe, dont toutes les parties sont bien confor-

mées, mais qui sont recélées à l'intérieur, de manière qu'ils ne peuvent être exposés à l'action de la
lumière, et que l'animal ne peut s'en servir. Ces
faits, que l'on pourrait multiplier, et sur lesquels
vous pouvez lire, dans M. de Buffon, l'histoire du
cochon, prouvent bien, comme nous l'avons déjà dit,
que la nature, dans la structure des animaux, paraît
s'être asservie à un même plan, dont il est nombre
de détails, qui n'ont d'utilité réelle que dans quelques-uns, et qui, dans les autres, sont des répéti-
tions parfaitement inutiles.

Cette observation, que nous venons de rapporter
sur l'analogie de structure de la dernière phalange
de l'homme et de l'extrémité des solipèdes, est
d'autant plus remarquable qu'à tout prendre, si on
compare les animaux, c'est aux extrémités que les
différences sont le plus tranchantes et le plus vivement prononcées. Aussi sont-ce ces différences qui
ont fourni le fondement de la division la plus générale des animaux en solipèdes, pieds-fourchus
et fissipèdes.

LEÇON DIX-NEUVIÈME.

LES os qui forment le bassin sont unis entr'eux
d'une manière très-solide, et qui ne leur permet
aucun mouvement les uns sur les autres; en sorte
que ces os offrent un appui très-fort aux extrémités
inférieures. Nous avons vu, au contraire, que l'omoplate était établie d'une manière faible; qu'elle était
seulement unie par une de ses extrémités avec la
clavicule, et que, dans tout le reste de son étendue,
elle n'est attachée que par des muscles; en sorte
que cette pièce osseuse est fort mobile, et qu'elle
contribue à donner une grande mobilité aux extrémités supérieures. D'après cette différence entre les
extrémités supérieures et les extrémités inférieures,
on voit bien clairement qu'elles sont destinées dans
l'homme à des usages différents, et que les extrémités inférieures sont les seules qui offrent une structure propre à soutenir le corps. L'homme est donc
bien décidément bipède; il est fait pour porter son
corps dans une direction parallèle à la direction des
colonnes qui le soutiènent; et cette situation, qui
est une dépendance nécessaire de la structure de

son corps, est celle qui contribue le plus directement à assurer sa prééminence ; parce que cette
situation droite et élevée est la seule qui lui permette le libre exercice de ses mains, et que la main,
comme nous l'avons dit, est l'organe de l'homme,
c'est-à-dire, l'organe qui, par sa conformation, se
trouve en rapport avec l'ordre de perception que la
nature a attaché à l'état de l'homme.

Les os qui composent le bassin sont plus éloignés
les uns des autres dans la femme que dans l'homme ;
et cette différence est assez marquée pour servir à
faire reconnaître tout d'un coup le squelette d'une
femme d'avec celui d'un homme. Ceci n'a pas lieu
seulement par rapport aux os des isles, mais aussi
par rapport à l'os sacrum qui est plus dejeté en
dehors et plus écarté des os pubis. Par-là la cavité,
bornée et circonscrite par ces os, a plus d'étendue
dans la femme, et dans le sens de sa longueur, et
dans celui de sa profondeur ; ce qui le rend propre
à recevoir le produit de la conception, et à le
conserver jusqu'à ce qu'il ait atteint le terme de
grandeur marqué pour sa naissance. Les os pubis
sont unis entr'eux par un cartilage intermédiaire.
Ce cartilage a plus d'épaisseur dans la femme que
dans l'homme. Aussi dans les accouchements pé-
nibles, le cartilage peut-il céder et les os pubis
peuvent-ils s'écarter. Ce fait de l'écartement des os

pubis, qui a été long-temps contesté, a été prouvé
d'une manière décisive, et il n'est plus permis d'en
douter. Et ce n'est pas seulement le cartilage placé
entre les os pubis qui peut céder par les efforts de
l'accouchement, mais encore ceux qui sont placés
entre les os des isles et l'os sacrum. Il arrive assez
ordinairement, surtout dans les femmes délicates,
et qui accouchent pour la première fois, que la
démarche est pénible quelque temps après l'accouchement, et qu'elle se fait avec des vacillations manifestes, qui dépendent de ce que l'union des os
des isles avec le sacrum est très-affaiblie. Monro a vu
des femmes qui, long-temps après leurs couches,
se plaignaient d'éprouver la même sensation que si
leur corps eût été sur le point de s'écrouler entre
les os des hanches; et cette imagination était évidemment déterminée par la connaissance confuse
qu'elles avaient de l'affaissement, quoique imper-
ceptible, qu'avait éprouvé la colonne vertébrale.
*Qualia patitur corpus talia videt anima visione
occultatá.* HIPPOCRATE. L'âme voit, quoique souvent d'une manière confuse, tout ce que le corps
éprouve.

On a proposé tout récemment de couper dans les
accouchements difficiles le cartilage qui sépare les
os pubis; c'est ce qu'on appèle la section de la sym-
physe du pubis. Cette opération fait encore beau-

I. 31

coup de bruit aujourd'hui; il y a apparence qu'après des disputes pour et contre ses avantages, on viendra enfin à reconnaître très-généralement que cette opération doit être conservée par la chirurgie, et que quoiqu'elle ne puisse pas suppléer dans tous les cas à l'opération césarienne (par exemple, dans le cas où le fœtus s'est formé dans une des trompes, et qu'il y a pris son accroissement; dans celui où, par la rupture de la matrice, il est tombé dans la cavité du ventre), il y a cependant des circonstances où elle peut être employée avec avantage; et ce qui prouve en sa faveur, c'est qu'elle a pour objet d'ajouter à un des moyens que la nature emploie communément pour faciliter l'accouchement; car le plus souvent la nature produit un gonflement et dans les cartilages des pubis et dans les cartilages latéraux; par là elle écarte en tous sens les os du bassin; elle augmente, par conséquent, sa capacité et elle ouvre un passage plus libre à la sortie de l'enfant.

Les extrémités inférieures sont composées de plusieurs pièces détachées placées les unes sur les autres. Un avantage qui résulte de cette composition, c'est qu'elles sont plus solides que si elles étaient faites d'une seule pièce. Car, selon un théorème démontré par le célèbre M. Euler, *des colonnes de même substance et de même diamètre ont des solidités qui sont en raison inverse du carré de leurs hauteurs ;* et pour négliger ici cette exactitude mathématique, de deux colonnes de même diamètre et d'inégale hauteur, la plus petite est la plus forte et celle qui peut porter, sans se rompre, la charge la plus considérable ; ainsi il n'est pas douteux que les extrémités inférieures composées comme elles le sont, de plusieurs pièces, ne supportent avec beaucoup plus d'avantage le poid du corps,

Une autre utilité qui résulte de cette composition des extrémités inférieures, par pièces distinctes et qui peuvent se mouvoir les unes sur les autres, c'est que la progression en devient beaucoup plus facile et beaucoup plus libre : nous verrons plus particulièrement dans la suite, dans le traité de myologie, que la marche se fait par l'action des jambes, qui passent du repos au mouvement, et qui se prêtent un point d'appui réciproquement l'une à l'autre ; c'est-à-dire que dans l'acte de la marche ou de la progression, il y a une des jambes en mouvement et l'autre en repos. Celle qui est en repos et sur laquelle porte et repose tout le corps doit être solidement appuyée sur le sol ; et nous verrons dans la suite que c'est principalement à la conformation du pied qu'elle doit cet avantage : l'autre qui est en mouvement se meut sur celle qui est en repos. Et il est bien évident que ce mouvement est rendu beaucoup plus facile par la flexion et le développement successif de ces différentes parties. De plus, il est facile de voir, comme l'a dit M. Duverney, que si les différentes parties qui composent chacune des extrémités étaient coupées d'une manière inégale, ces extrémités dans leur mouvement embrasseraient un axe trop étendu, qu'elles s'écarteraient d'une quantité, considérable de l'axe du corps, ce qui rendrait la marche plus lente et plus pénible.

Le fémur s'articule avec les os du bassin, cette articulation se fait par l'introduction d'une très-grosse tête dans une cavité très-profonde, ce qui rend les mouvements bien moins libres que ceux du bras dont l'articulation se fait par le moyen d'une cavité superficielle et légère.

Le fémur à peu de distance de son articulation avec le bassin, se porte à l'extérieur d'une quantité très-considérable. Il résulte de-là une concavité, un plus grand espace pour la distribution des nerfs et des vaisseaux.

Un autre avantage qui résulte de cette courbure de la jambe et de la cuisse, courbure dont la convexité est en dehors et la concavité en dedans, c'est que le corps est soutenu beaucoup plus solidement. Car il est clair que par cette courbure les colonnes

d'appui embrassent un plus grand espace, que dès-
lors le centre de gravité du corps à plus de points à
parcourir et qu'il est plus difficile de le porter au-
de-là de ses limites de libration. Les personnes qui
ont les jambes cambrées se soutiènent beaucoup
mieux, toutes choses égales d'ailleurs, que ceux
dont la jambe a moins de courbure. Aussi dans les
circonstances où il est difficile de se tenir, et par
exemple sur un vaisseau qui est balancé par des
roulis violents, prend-on une situation analogue
à celle que ces personnes cambrées ont naturellement; et on observe que ceux qui ont long-temps
vécu sur mer, ont assez communément les jambes
fort cambrées.

Galien demande pourquoi la cavité cotyloïde du
bassin, et par conséquent l'articulation supérieure
de l'os fémur n'est pas située aussi extérieurement
que le grand trochanter, c'est-à-dire que la partie
la plus externe de la cuisse, ce qui aurait agrandi
également le champ d'oscillation du centre de gravité; il répond avec beaucoup de raison, que pour
que le corps porte sur une seule jambe, il faut que
le centre de gravité et le centre d'articulation se
trouvent sur une même ligne, et que cette ligne
tombe sur quelques-uns des points de l'espace qu'occupe le pied. Or, il eût été impossible que ces deux
points se fussent trouvés sur une même ligne per-

pendiculaire, si la cavité cotyloïde ou l'articulation
supérieure du fémur eût été portée aussi extérieurement que l'est le grand trochanter.

Un avantage qui résulte encore de la convexité
du fémur et par conséquent de la direction oblique
de son axe, c'est que la percussion du sol est nécessairement affaiblie, qu'elle ne porte point aussi
vivement sur le bassin, que si le fémur était situé
sur une ligne droite. Dans les animaux qui peuvent
se tenir dans certaines circonstances sur les pattes
de derrière, comme le singe et quelques autres,
le cou du fémur n'est point disposé aussi obliquement ; mais le moyen dont s'est servie la nature pour
modérer l'action des extrémités inférieures contre
la colonne vertébrale, ç'a été d'assembler les vertèbres lombaires d'une manière assez lâche et qui
leur permet des mouvements. Car il est clair que
ces vertèbres en cédant rompent et affaiblissent l'effet de la percussion.

Le fémur est sensiblement excavé à sa partie postérieure. Il est clair que cette légère excavation rend
plus facile l'appui du corps sur le fémur. Non seu-
seulement l'homme est le seul animal vraiment bipède et qui soit fait pour se soutenir sur ses pieds
naturellement et sans aucun moyen étranger, mais
encore c'est le seul qui puisse s'asseoir ou reposer

son corps sur les os fémur, en même temps que les pieds appuyés sur le sol établissent fortement cette situation ; et comme l'a très bien dit Galien, cette situation est peut-être celle qui lui assure l'utilité la plus réelle.

Le fémur s'articule inférieurement avec l'os de la jambe. Cette articulation se fait par de larges surfaces : mais les enfoncements creusés sur ces surfaces sont peu considérables, et l'articulation serait assez faible, si elle n'était fortifiée d'une autre manière. Il y a donc entre le fémur et le tibia une large pièce cartilagineuse qui, sur son plan supérieur, présente des cavités qui reçoivent les éminences du fémur ; et par-là, il n'est pas douteux que ces éminences du fémur ne soient plus solidement retenues, que si elles n'étaient reçues que dans les cavités très-légères du tibia. Un avantage qui résulte de ce cartilage interposé, c'est qu'à raison de sa grande élasticité, il doit, comme l'a très-bien dit Morgagni, entretenir et faciliter le mouvement de la jambe. Nous avons déjà fait remarquer que les cartilages étaient des corps extrêmement élastiques, et nous avons rapporté d'après Morgagni, que des boules faites de cartilages ont plus de ressort et se réfléchissent avec plus d'effet que des boules composées de toute autre matière. Winslou a bien vu aussi que par leur situation ces cartilages semi-

lunaires placés dans l'articulation de la cuisse, servaient à lui faire exécuter un mouvement de rotation indépendant de celui de la jambe en entier et
qui dépend de l'articulation du fémur avec la hanche.

La rotule qui est placée au-devant de l'articulation du genou, facilite la flexion de la jambe, en
servant à graduer cette flexion et en retenant l'os de
la cuisse qui, sans cet appui, se porterait trop en
avant. C'est pour cette raison que la marche dans
les endroits escarpés, et qui demandent que la
jambe fasse de grands mouvements de flexion, que
la marche, dis-je, devient très-difficile et même
impossible chez ceux qui ont cet os fracturé ou détaché. Galien parle d'un jeune athlète, dans lequel
le ligament intérieur de la rotule s'était rompu : ce
jeune homme ne pouvait se soutenir dans les des-
centes, ni se mettre à genoux. Duverney a vu un
homme qui se trouvait dans le même cas ; il ne
pouvait non plus fléchir le genou, mais il descen-
dait fort librement les marches d'un escalier et ne
pouvait les monter. Duverney remédia à cet accident en appliquant sur le devant du genou une espèce de bourrelet qui tenait lieu de rotule. Vous
pouvez voir quelques autres faits de cette espèce
dans une thèse de Meibom, *de patellæ fracturâ*,
insérée dans la collection des thèses anatomiques
de Haller.

LEÇON VINGTIÈME.

La jambe et le pied.

La jambe est composée de deux os , du tibia et du
péroné ; le péroné y répond à l'os du rayon de
l'extrémité supérieure ; or , nous avons vu que l'os
du rayon s'articulait supérieurement et avec l'os du
bras et avec l'os du coude , et que par cette double
articulation le rayon devenait l'instrument des mouvements de pronation et de supination que la main
exécute , et qui lui sont si nécessaires. Au contraire
le péroné ne s'articule qu'avec le tibia et point du
tout avec l'os du fémur. Par là, le péroné est établi
d'une manière plus solide. Nous avons déjà remarqué que les extrémités supérieures et inférieures
présentaient dans leur structure des différences très-
considérables ; que tout concourait dans les extrémités supérieures à leur donner une grande mobilité ; et qu'au contraire tous les phénomènes de
structure des extrémités inférieures contribuaient à
augmenter leur solidité : et ces différents avantages
relatifs à leur destination respective résultent surtout bien évidemment de l'articulation différente
du péroné et du rayon.

I.   32

La jambe située au-dessous du fémur devait nécessairement présenter un diamètre plus considérable que le fémur, afin que chacun des points du
fémur trouvât un point d'appui, et que cet os fût
soutenu plus convenablement. Si la jambe était composée d'un seul os, cet os devrait donc avoir un
grand diamètre, c'est-à-dire que cet os devrait être
fort pesant, et cette pesanteur serait d'autant plus
à charge à l'animal, qu'il agit à l'extrémité d'un long
levier, et que par conséquent l'effet de sa pesanteur
réelle est notablement augmenté. C'est donc pour
ajouter au diamètre de la jambe sans augmenter sa
pesanteur que la nature a composé cette partie de
deux os détachés, placés à distance l'un de l'autre;
outre que l'intervalle qui les sépare permet de placer
plus sûrement les vaisseaux et les nerfs qui seraient
plus pleinement exposés aux impressions des causes
extérieures, si les jambes étaient composées d'un seul
os et qu'ils fussent distribués également autour de
cet os.

Galien avait dit que le péroné situé à l'extérieur
du tibia établissait l'articulation du fémur avec la
jambe, et qu'il contribuait à rendre la station plus
ferme en retenant le tibia et l'empêchant de se jeter
à l'extérieur. Pour bien concevoir cet usage du péroné, il faut remarquer que le pied est susceptible
de deux mouvements analogues aux mouvements de

pronation et de supination de la main, quoiqu'infiniment plus bornés et plus faibles. Le pied peut
donc être porté à l'intérieur pour un mouvement d'ad-
duction, et porté a l'extérieur pour un mouvement d'abduction. Or, c'est dans ce mouvement d'abduction
ou de projection externe que la tête du péroné est
portée en arrière et en dedans par l'action des muscles longs et courts péroniers. Le péroné croise alors
le tibia et oppose un obstacle qui empêche la vacil-
lation en dehors du tibia et qui le retient en place.
Aussi observe-t-on que le péroné est très-considérable
dans les animaux chez lesquels les mouvements latéraux externes des pates sont très-forts et qui se
soutiènent appuyés du côté sur des arbres ou des
surfaces raboteuses, comme le lézard, le caméléon,
l'écureuil etc. Une autre utilité qui résulte du péroné, c'est que les muscles fléchisseurs de la jambe
sont distribués d'une manière plus avantageuse, et
qu'ils agissent avec beaucoup plus d'effet; car comme
les principaux de ces muscles, ainsi que nous le
verrons, s'attachent au péroné, il s'ensuit qu'ils
sont plus eloignés du centre d'articulation de la
jambe, et que dès-lors ils doivent agir avec beaucoup
plus d'avantage. Aussi dans tous les animaux chez
lesquels il n'était pas nécessaire que le péroné fût
détaché du tibia dans toute l'étendue de la jambe,
le péroné en est-il toujours distinct dans la partie
supérieure quoiqu'il se réunisse et se confonde-

avec le tibia dans une portion considérable de son
extrémité inférieure, comme dans le lièvre, etc.

Le pied est composé de trois parties ; savoir, du
tarse, du métatarse et des doigts. Un avantage bien
considérable qui résulte du nombre des pièces différentes qui entrent dans la composition du tarse,
c'est que le pied devient à la fois capable et d'un
grand degré de solidité et d'un certain degré de mobilité, à peu près comme nous avons dit que le
carpe, à raison des deux rangs dont il était formé,
s'articulait d'une manière très-solide avec le rayon,
pour les mouvements de flexion et d'extension et
d'une manière plus lâche avec les os du métacarpe,
qui soutenant les doigts devaient contribuer à étendre
et faciliter leurs mouvements : en effet, Messieurs,
il est facile de voir que si le calcanéum, qui de tous
les os du tarse est le plus fort et celui qui devait soutenir toute la masse du corps, il est facile de voir
que si cet os se fût articulé immédiatement avec
l'os du tibia, ou le pied n'aurait été capable d'aucun
mouvement, ou si cette articulation se fût faite d'une
manière mobile, le calcanéum n'aurait pas été établi
aussi solidement qu'il convenait à une partie, sur
laquelle toute la charge du corps devait porter. Pour
prévenir cet inconvénient et pour assurer au pied
et la mobilité et la solidité nécessaires, la nature a
placé un os entre le tibia et le calcanéum, cet os est

l'astragal. L'astragral s'articule donc avec le tibia, et
cette articulation permet au pied des mouvements
de flexion et d'extension très-faciles. Au lieu que
l'articulation de l'astragal avec le calcanéum se fait
d'une manière très-intime, très-solide, et qui ne
lui permet aucun mouvement au moins bien sensible : cette articulation se fait par des éminences de
l'astragal engagées dans des cavités du calcanéum.
Par cet artifice que nous avons déjà eu occasion d'observer souvent, la nature a donc assuré au pied deux
avantages incompatibles ; savoir, la mobilité et la
solidité.

Les différentes pièces qui composent le tarse
sont taillées en coin et sont assemblées entr'elles
de manière à former une espèce de voûte. Cette
configuration contribue évidemment à leur donner
plus de force, et elle les met en état de soutenir
plus avantageusement le poids du corps, puisque ces
pièces s'opposent à leur enfoncement respectif et
se soutiènent réciproquement et avec d'autant plus
d'effet qu'elles sont plus chargées. Il résulte encore de
la convexité du pied un avantage bien évident pour
la facilité du mouvement ; car il est clair que si la
plante du pied portait à plat sur le terrain, et que
les parties intérieures ne fussent pas plus élevées
que les parties extérieures, la jambe qui est en
mouvement frapperait nécessairement celle qui est

en repos, ce qui rendrait la démarche incertaine et peu assurée. C'est donc pour tenir les jambes à la distance nécessaire à la liberté de leurs mouvements, que la plante du pied est légèrement excavée, outre que cette excavation contribue aussi à rendre l'assiette du pied plus solide en lui permettant de s'appliquer avec plus de précision aux différentes inégalités du terrain.

Les personnes qui ont la plante du pied trop aplatie se soutiènent moins fermement que les autres, et M. Noverre a observé que les danseurs qui ont cette forme de pied sont sujets à se rompre le tendon d'Achille.

Le métatarse est composé de cinq os , de sorte que le pouce y est disposé de la même manière que les autres doigts , et que tous sont placés de champ et sur la même ligne. Par-là, la mobilité du pied est notablement diminuée , mais cet inconvénient était inévitable et il était impossible à la nature de réunir dans un même sujet deux qualités qui s'excluent; seulement pouvait-elle les assembler à ce degré moyen qui permet leur coexistence. C'est aussi ce qu'elle a fait dans la structure du pied qui , à la solidité qui lui est propre, joint la mobilité de la main au seul degré qui permet cet accord.

Dans les singes, qui approchent le plus de l'homme,

le pouce dans le pied est disposé de la même manière que dans la main, c'est-à-dire que sa première phalange s'articule avec le tarse, comme la première phalange du pouce de l'homme s'articule avec le carpe; en sorte que le singe serait plutôt quadrimane, que quadrupède, mais il n'est bien décidément ni l'un ni l'autre. Car quoique ces pates approchent plus de la main que du pied, cependant elles en diffèrent en ce que le pouce est plus petit, etc.

Les doigts du pied sont à peu près comme ceux de la main; seulement sont-ils beaucoup plus courts et ne sont-ils pas aussi mobiles. Ils servent à augmenter la longueur de la plante du pied et par conséquent à offrir une base plus large à la substantation du corps. Je ne sais sur quoi peut être fondé le préjugé de beauté attaché à la petitesse du pied. Il est clair que la beauté réelle d'une partie consiste dans le rapport de sa configuration avec l'usage qu'elle doit remplir; et il est tout aussi clair que le pied fait pour soutenir le corps, doit, pour remplir cet usage, avoir une étendue assez considérable, à moins qu'on ne veuille dire avec l'éloquent philosophe de ce siècle, que ce préjugé, accrédité surtout par les femmes, tient au besoin qu'elles ont de fuir mal et de fuir pour être atteintes.

Mais un avantage considérable que les doigts du

pied assurent à cette partie, c'est que par le mouvement dont ils sont capables, ils s'appliquent fortement sur le sol, s'adaptent à ses différentes inégalités et permettent à l'homme de s'établir dans les endroits les plus difficiles. Galien nous apprend qu'il avait vu des gens qui avaient perdu les doigts du pied par l'impression d'un froid rigoureux : il dit que ces personnes se soutenaient debout aussi facilement qu'avant leur accident ; elles marchaient, elles couraient avec beaucoup de légèreté dans un chemin uni, mais dans les chemins difficiles, dans les montées roides et escarpées, elles ne pouvaient se soutenir qu'à l'aide d'un bâton.

Après les détails dans lesquels nous sommes entrés, nous avons vu que l'homme était décidément bipède. et qu'il était fait pour soutenir son corps dans une situation élevée. Nous aurions pu ajouter qu'il est le seul de tous les animaux qui puisse s'asseoir, c'est-à-dire qui puisse reposer son corps sur les os fémur en même temps que les pieds fermement appliqués sur le sol donnent à cette situation une solidité convenable, et nous aurions pu remarquer que la courbure du fémur dans sa partie postérieure facilite l'établissement du corps sur cet os.

La situation droite de l'homme, qui, comme nous l'avons dit suit nécessairement de sa structure, expose immédiatement à toutes les viscissitudes de l'air les parties de son corps les plus délicates, au lieu que ces parties sont mieux défendues dans les animaux qui marchent à quatre pates.

Nous pouvons remarquer aussi que l'homme n'a point reçu immédiatement de la nature, des moyens d'attaque et de défense comme tous les animaux ; qu'absolument nu, faible de corps et d'esprit, il paraît être un objet de rebut, loin d'être un objet de préférence.

C'est pour s'être arrêté à cette première vue et pour n'avoir pas saisi l'ensemble des moyens de la nature, que les philosophes épicuriens se sont permis contre elle des déclamations éloquentes, si peu réfléchies, et qu'ils l'ont outragée de tant de manières. Cet état de nudité de l'homme est précisément ce qui fait sa force ; cet abandon où il se trouve est précisément ce qui établit le fondement de sa grandeur future.

L'homme n'a reçu aucune arme de la nature, mais il a des mains à l'aide desquelles il peut s'en fabriquer de bien supérieures à toutes celles dont les animaux sont pourvus. Il n'a pas reçu, non plus, la connaissance développée ou réfléchie de tel ou tel art en particulier, mais il a la raison dont le bon

I. 33

usage le conduit à la connaissance de tous les arts. C'est donc parce que l'homme n'est rien qu'il peut tout devenir ; c'est parce qu'il n'est rigoureusement asservi à aucune forme, qu'il peut, avec un égal avantage, les revêtir toutes.

FIN DE L'OSTÉOLOGIE SÈCHE.

LEÇONS

DE PHYSIOLOGIE.

OSTÉOLOGIE FRAICHE.

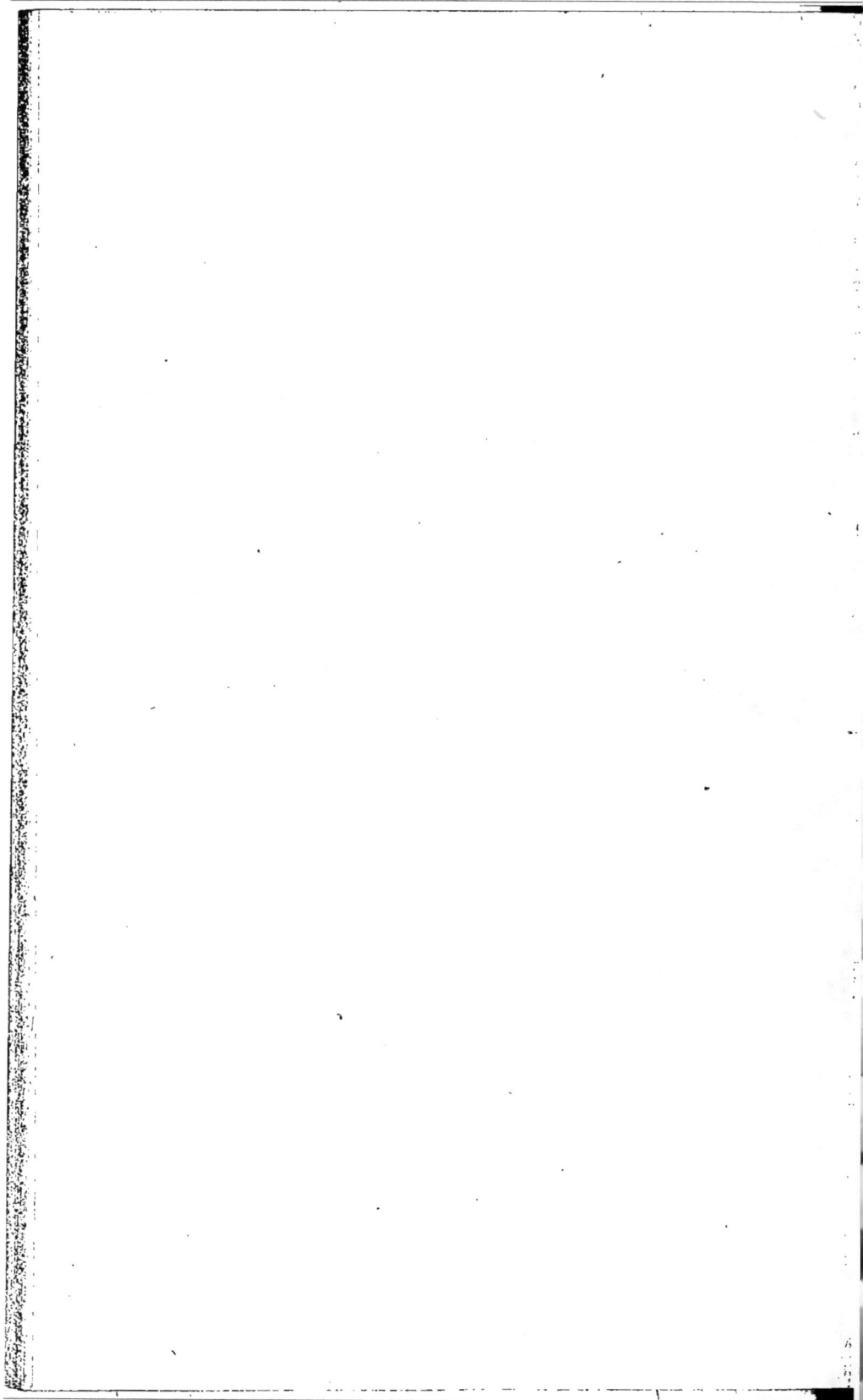

OSTÉOLOGIE FRAICHE.

LEÇON PREMIÈRE.

Articulations. — Avantages de leur structure.
— Liqueur articulaire. — Ligaments. — Ex-
périence de Haller. — Conséquences vicieuses
qu'il en a tirées.

L'ANIMAL devait être essentiellement mobile, ou
capable de mouvement, de déplacement et de locomotion; et c'est là un des grands caractères qui
le distinguent des végétaux, lesquels, à raison de
leur simplicité, peuvent se nourrir abondamment
des substances que leur présentent et l'air qui les
environne, et la terre dans laquelle ils sont plongés:
au lieu que le corps animal, étant d'un ordre de
composition plus élevé, ne peut se nourrir convenablement qu'en faisant un choix parmi les corps
au milieu desquels il est placé. Or cette mobilité,
si essentielle au corps animal, est nécessairement
attachée à sa composition par pièces distinctes et
séparées. C'est l'union ou l'assemblage de ces pièces
ainsi distinctes et séparées qu'on appèle articulations.

En examinant les articulations, nous allons y apercevoir des avantages mécaniques sensibles; c'est-à-dire, que nous trouverons dans leur composition, dans leur structure, des circonstances qui tendent bien évidemment à faciliter leurs fonctions. Nous avons déjà observé plus d'une fois que le mécanisme se produit bien manifestement dans tous les actes extérieurs; c'est-à-dire dans les actes qui s'appliquent sur les objets extérieurs; et que dans ces actes le principe de la vie s'assujétit à suivre les mêmes lois que celles qui règlent les mouvements ou les affections des objets avec lesquels ces actes sont en rapport.

Les os qui s'unissent le font par des surfaces très-étendues. Et cette étendue de surface dépend du gonflement que les os éprouvent à leurs extrémités articulaires. Une chose remarquable, c'est que ce gonflement, qui contribue aussi à appliquer les puissances musculaires avec plus d'avantage, se fasse sans que la pesanteur absolue des os soit augmentée, et qu'il dépend de l'épanouissement que subit la substance des os, laquelle est pressée et condensée vers le milieu de l'os, et qui se dilate vers les extrémités, et se présente sous une forme spongieuse ou cellulaire. Or ces larges surfaces, sous lesquelles se rencontrent les os concourent bien évidemment à affermir les articulations, et à leur permettre les mouvements auxquels ils sont destinés. Il est sensible que les mouvements se feraient d'une manière difficile et fort incertaine, si les os se touchaient par des extrémités terminées en pointe, et aussi si ces os étaient d'une largeur uniforme dans toute leur étendue, et qu'ils n'eussent pas plus de diamètre vers leurs extrémités que vers leurs parties centrales.

Les extrémités articulaires sont enveloppées d'une substance toute particulière, qui a beaucoup d'analogie avec les cartilages, et cette substance étant comprimée réagit fortement, et contribue dès-lors à augmenter, à agrandir et soutenir le mouvement. J'ai cité une expérience consignée dans Morgagni, qui prouve que les cartilages sont des corps éminemment élastiques, et peut-être les plus élastiques qui soient dans la nature. M. de Lassone, qui a bien suivi la structure de ces cartilages articulaires, a vu qu'ils étaient composés de petits filets extrêmement pressés, placés chacun perpendiculairement sur la surface articulaire; et par cette disposition, il est clair que ces petits filets sont propres à réagir avec un égal avantage dans toutes les situations que peut prendre l'articulation.

La nature a multiplié ces pièces à ressorts dans certaines articulations, et dans celles surtout qui devaient exécuter des mouvements fréquents. Ainsi dans l'articulation du genou, on vous démontrera une grande pièce cartilagineuse, placée entre le tibia et l'os fémur. Cette pièce, qui est creusée sur sa surface, contribue d'abord à affermir l'articulation du genou, en recevant plus profondément les condyles du fémur. D'un autre côté, comme l'a dit Borelli, ce cartilage, à raison de sa mobilité, contribue à porter l'axe des condyles alternativement de devant en arrière, et d'arrière en avant, dans les mouvements de flexion et d'extension de la jambe. Mais indépendamment de ces avantages, il n'est pas douteux que cette pièce, à raison de sa grande élasticité, ne contribue très-puissamment à soutenir et à multiplier les mouvements du genou. On vous démontrera aussi une pièce cartilagineuse analogue, placée dans l'articulation de la mâchoire inférieure, et qui doit remplir le même usage ; c'est-à-dire, qui doit concourir avec beaucoup d'efficacité à faciliter et à augmenter les mouvements de cette partie.

Les cavités articulaires sont habituellement remplies d'une humeur onctueuse et pénétrante ; en sorte que la nature, pour faciliter les mouvements, a employé les mêmes moyens que nous employons nous-mêmes, lorsque pour faciliter le jeu des parties qui roulent les unes sur les autres avec une grande rapidité, et pour prévenir l'incandescence que produiraient ces frottements répétés, nous versons continuellement sur ces parties des liqueurs grasses et mucilagineuses.

L'humeur que l'on trouve dans les cavités articulaires est le produit de l'union ou du mélange de deux liqueurs différentes. D'abord de la moelle, dont je parlerai dans la suite, et d'une liqueur fournie par des glandes d'une nature particulière. Cette liqueur, quand elle est bien pure et bien dépouillée de tout mélange, a beaucoup d'analogie avec le blanc d'œuf, selon les expériences de Clopton-Havers; elle en diffère cependant; de même qu'elle diffère de la partie gélatineuse du sang, en ce qu'elle ne se concrète pas à la chaleur de l'eau bouillante, et aussi en ce qu'elle n'est pas coagulable par l'impression des acides bien concentrés, ou des liqueurs spiritueuses bien déphlegmées.

La connaissance de cette humeur, qui est versée habituellement dans les cavités articulaires pour adoucir les frottements, n'est pas une connaissance due aux modernes, comme l'ont dit quelques-uns. Galien a parfaitement connu cette humeur, et en a bien exposé les usages, quoiqu'il ne paraisse pas avoir eu connaissance des organes particuliers qui la travaillent et qui la séparent. Clopton-Havers a bien étudié ces organes, et on les connaît vulgaire-

ment sous le nom de glandes de Clopton-Havers.
Cependant avant lui, Charles Étienne, André du
Laurent, de cette université, en avaient parlé très-
clairement.

Les glandes qui séparent cette humeur mucilagineuse sont de deux espèces. Les unes sont placées
dans l'intérieur même de la cavité; les autres sont
dispersées sur la capsule membraneuse; c'est-à-dire
sur la membrane qui enveloppe l'articulation à l'extérieur. Celles qui sont dans la cavité même de
l'articulation sont communément les plus volumineuses; et il est bien remarquable que toutes ces
glandes sont placées de manière qu'elles ne peuvent
éprouver aucune compression dans les différents
mouvements de l'articulation; et cette circonstance
de situation était bien nécessaire, puisque ces corps
glanduleux auraient été exposés à la compression
des os; cette compression, si forte et si souvent
répétée, aurait bientôt détruit leur organisation, et
les aurait rendues calleuses. D'un autre côté, cette
compression n'aurait été d'aucun usage pour vider
la glande, comme on le dit si communément, puisque cette compression se distribuant uniformément
sur toute l'étendue de la glande, et affectant tout
son corps en totalité, cette compression agirait
aussi efficacement pour y retenir l'humeur qu'elle
contient que pour l'en exprimer..

Et ce soin qu'a la nature de défendre ces glandes et de les mettre à l'abri de toute compression, paraît surtout d'une manière bien évidente dans la cavité cotyloïde de l'os ischion. Car on trouve dans cette cavité la glande mucilagineuse la plus considérable, et cette glande est cachée dans un sinus de cette cavité, lequel sinus répond complètement à son volume.

Quoique les glandes articulaires soient à l'abri de toute compression, et qu'elles ne puissent point être vidées mécaniquement par le mouvement des os, il n'est pas douteux cependant qu'elles ne soient secouées et doucement irritées par l'effet de ce mouvement, et que cette douce irritation ne contribue à augmenter la sécrétion dans les circonstances où elle devient le plus nécessaire.

Les os sont fixés entr'eux, et leur articulation est établie par des corps d'une nature particulière qu'on appèle des ligaments. De ces ligaments, les uns passent d'un os à l'autre, et les autres forment une espèce de membrane qui embrasse orbiculairement toute l'articulation. Ces parties ligamenteuses sont assez solides pour établir avec un degré de fermeté convenable les pièces articulées; et d'un autre côté elles sont assez flexibles pour que ces pièces jouent librement les unes sur les autres, avec toute l'éten-

due de mouvement que permet leur mode d'articulation.

On a beaucoup disputé, dans ces derniers temps,
sur l'état sensible ou non sensible de ces parties
ligamenteuses destinées à établir les articulations.
M. de Haller, qui a fait beaucoup d'expériences, a
trouvé constamment que ces parties étaient insensibles; et comme ces expériences ont été très-multipliées et très-variées, on ne peut douter que dans
l'état le plus ordinaire, la sensibilité des ligaments
ne soit très-obtuse et extrêmement affaiblie : et cela
était nécessaire dans des parties dont le principal
usage dépend de leur grand degré de solidité et de
ténacité ; et aussi parce qu'à raison de leur situation
ces parties sont exposées pleinement à l'impression
des causes extérieures.

Cependant il faut bien remarquer, contre les
conséquences que M. de Haller a déduites de ses
travaux, que la sensibilité est une chose absolument
relative, et que pour être en droit de prononcer en
général sur l'insensibilité d'une partie, il faudrait
avoir exposé cette partie à tous les moyens d'irritation. C'est ainsi que M. Benefeld a trouvé que la
dure-mère, qui ne ressentait point l'action de l'esprit de nitre délayé, même assez fort, ressentait
douloureusement un frottement même assez léger,
fait avec une petite brosse de fils de fer.

Il faut remarquer encore que les expériences ne peuvent jamais instruire que relativement à l'état où se trouve actuellement l'animal qui est soumis à ces expériences; et qu'on s'expose à tirer des conséquences erronées, lorsqu'on étend les résultats de ces expériences à tous les états dans lesquels peut se trouver un animal. C'est donc pour avoir fait leurs expériences sur des animaux qui se trouvaient dans des circonstances différentes de celles où étaient les sujets de M. de Haller, que les antagonistes de ce grand homme ont été conduits à des conséquences entièrement contraires aux siennes. Ainsi il est nombre de circonstances dans lesquelles MM. Lamberti, Lecat, Lautier, Reymar, etc., ont éprouvé des ligaments sensibles, et même doués d'une sensibilité extrêmement vive. C'est donc pour n'avoir pas voulu reconnaître que la sensibilité animale se trouve dans un balancement continuel, et qu'il n'est peut-être aucune partie à laquelle elle soit attachée d'une manière fixe et invariable, que M. de Haller a pu établir des principes qui sont si faux dans leur généralité.

Et parmi les différentes circonstances qui sont propres à développer la sensibilité d'une manière extraordinaire, les plus puissantes sont celles qui dépendent de l'état maladif. M. Whitt a très-bien dit qu'il n'est point de partie qui ne devînt extrê-

mement sensible lorsqu'elle était frappée du mode
inflammatoire. Il est extrêmement probable que
dans certaines maladies des articulations, ce sont les
capsules membraneuses qui devièrent le sujet des
douleurs vives qu'on éprouve alors; en sorte que
ces parties, qui ne jouissent habituellement que
d'un sentiment fort affaibli, devièrent alors d'une
sensibilité exquise, par un changement dont Aretée
avait bien raison de dire, que la cause n'était connue que des dieux.

SECONDE LEÇON.

De la moelle.

Tous les os sont pénétrés intérieurement d'une substance grasse et huileuse qu'on appèle la moelle. La moelle se présente sous deux états ; car ou les os qui la contiènent sont percés intérieurement d'une grande cavité, et alors la moelle qui y est déposée s'y présente en quantité considérable, ou en masse, comme on dit communément ; ou bien l'os est composé de petites cellules qui s'ouvrent toutes les unes dans les autres, et alors la moelle y est distribuée en petites parties : c'est ce qu'on appèle le suc médullaire. Mais ces différents états n'emportent point de différence essentielle, et on conçoit en effet que la circonstance d'être divisée en petites parties ou assemblée en grande masse ne change point les qualités réelles et intérieures d'une substance.

Tous les os qui exécutent des mouvements violents et souvent répétés sont percés d'une cavité médullaire, et l'on peut établir assez généralement que la grandeur de cette cavité répond à l'intensité et à la fréquence des mouvements. Car quoique les

côtes soient destinées à des mouvements très-fréquemment répétés, et qu'elles n'aient pas-de grandes
cavités propres à retenir et à conserver le suc médullaire, il est facile de voir que le mouvement des
côtes est infiniment borné, relativement à celui des
os des extrémités, soit supérieures ou inférieures.

Toute la moelle est contenue dans un tissu spongieux absolument semblable à celui qui se trouve
dans toutes les parties du corps, et dans lequel se
conserve la graisse proprement dite. Dans les cavités médullaires, ce tissu spongieux s'attache très-
intimement aux parois intérieures, et c'est pour
rendre cette attache plus forte, en multipliant les
points de contact, que ces parois présentent une
très-grande quantité de filets osseux assemblés sous
la forme d'un réseau. Et ce qui confirme cet usage
du tissu réticulaire, et ce qui prouve combien il est
important que la moelle soit soutenue, ce sont les
moyens d'appui que la nature a multipliés dans les
parties qui devaient soutenir de grands efforts. Telle
est l'utilité très-sensible de ces bandes osseuses qui
traversent les cavités médullaires, et qui sont plus
multipliées dans les os des extrémités inférieures
que dans les autres, et qui sont aussi en plus grand
nombre dans les animaux d'un très-gros volume,
comme dans le bœuf, selon les observations de
Clopton-Havers.

La moelle et la graisse proprement dites, présentent les points d'analogie les plus multipliés, ou plutôt il n'y a aucune différence réelle entre ces deux substances. 1° Toutes deux se forment à la même époque. Nous avons vu que c'était vers le cinquième mois de l'âge du fœtus que la graisse commençait à se déposer dans le tissu cellulaire, dans le temps que le mouvement musculaire commence à se développer. C'est aussi dans ce temps que la moelle se dépose dans l'intérieur des os; et jusques-là le tissu spongieux qui remplit les cavités médullaires était pleinement et exclusivement chargé de sang. Ce fait, qui a été noté très-anciennement par Aristote, et dans ce siècle par Stahl et quelques autres, est extrêmement important contre les théories ordinaires sur l'inflammation. Car comme ces théories attribuent nécessairement l'inflammation à l'extravasation du sang dans le tissu cellulaire ou spongieux, il faudrait donc dire que le tissu cellulaire étant tout plein de sang dans le premier âge de la vie, le corps est à la fois frappé d'une inflammation générale et qui occupe toutes les parties : conséquence nécessaire des théories les plus généralement reçues, et qui est d'une absurdité révoltante.

La moelle se trouve en réserve, comme nous l'avons dit, dans une substance spongieuse ou cellulaire, absolument de même nature que celle qui contient la graisse proprement dite.

La graisse et la moelle, soumises à l'analyse chimique, fournissent les mêmes principes, et surtout elles donnent une assez grande quantité d'acide. On a prétendu, en conséquence, que ces humeurs animales étaient le produit nécessaire de l'union de l'huile contenue dans les aliments avec le principe acide que renferment ces mêmes aliments. Pour établir cette théorie, on s'est appuyé de l'expérience de Grew, qui, en mêlant de l'huile d'olive avec de l'esprit de nitre bien rectifié, et après avoir fait digérer ce mélange pendant quelque temps, a obtenu une substance grasse aussi consistante que la graisse et le beurre, et qui ne se fond qu'à un degré de chaleur assez considérable. On a aussi observé que les animaux herbivores se chargeaient communément d'une plus grande quantité de graisse que les carnivores, et il n'est pas douteux que ces animaux ne tirent de leur nourriture une beaucoup plus grande quantité d'acides; il faut remarquer, contre cette théorie, qui est aujourd'hui fort répandue, que l'acide que les expériences démontrent dans les graisses animales est comme l'a bien vu Krape, un acide particulier, dont la production est attachée à l'exercice de la vie, et qui, très-probablement, est de même nature que l'acide phosphorique, qui, comme nous l'avons vu, d'après M. Scheele, se trouve en si grande quantité dans la terre des os, et dans le sel propre de l'urine ou dans le sel fusible, comme on l'appèle ordinairement. Mais un argument sans réplique, contre cette théorie chimique, qui attribue la formation de la graisse à l'union nécessaire des huiles et des acides contenus dans les aliments dont nous nous nourrissons, c'est que l'observation pratique démontre dans les acides, un des moyens les plus propres à amaigrir les animaux, ou à détruire leur graisse. Et c'est une pratique connue du peuple que celle de boire beaucoup de vinaigre pour dissiper un embonpoint excessif. Cette pratique funeste, quand elle n'est pas dirigée par une main habile, a coûté la vie à une infinité de jeunes personnes du sexe.

On a beaucoup disputé sur les usages de la moelle. On dit communément que les anciens lui attribuaient la nourriture des os. Cependant Galien dit positivement que les os des doigts ne contiènent pas de moelle. Ce que dit Galien est une erreur de fait, mais cette erreur prouve au moins qu'il ne regardait pas la moelle comme la seule matière capable d'opérer la nutrition des os.

On peut remarquer, en faveur de l'opinion qui regarde la moelle comme nutritive, que M. Detlef,

dans ses exactes observations sur la formation du
calus, a vu que la matière dans laquelle il se forme
est fournie non-seulement par le périoste, par le
corps de l'os, par toutes les parties circonvoisines ;
mais qu'une grande partie est fournie par la substance médullaire. Il n'est pas douteux que les matières qui ont servi à la production primitive des
parties ne puissent servir aussi à leur nutrition, qui
n'est qu'une reproduction continuée, comme nous
l'avons dit. Mais, quoi qu'il en soit, il faut reconnaître que cette question est en soi très-peu intéressante, qu'elle ne pourra jamais être décidée d'une
manière satisfaisante, et qu'elle est de l'espèce de
ces questions si nombreuses, qui, revenant toujours, et toujours aussi peu éclaircies, ne font que
fatiguer inutilement sans aucun avancement pour
la science.

Ensuite ce qui démontre au moins que la moelle
n'est pas la seule matière propre à nourrir les os,
c'est la belle découverte qu'a faite depuis peu d'années M. Camper, illustre anatomiste hollandais.
M. Camper a vu que les os des oiseaux, et surtout
des oiseaux de proie qui ont beaucoup de légèreté,
et qui se soutiènent élevés dans l'atmosphère pendant des espaces de temps fort longs, sont percés
d'une cavité fort considérable, et il a observé des
conduits de communication entre la cavité du bas-

ventre, celle de la poitrine, et ces cavités osseuses, par lesquelles l'air entre dans ces cavités et en sort alternativement. En sorte que dans les oiseaux, les cavités osseuses sont aériennes (1) et non médullaires : et comme ces os se nourrissent comme ceux de tous les autres animaux, il est bien prouvé dès lors que la moelle ne sert pas à la nourriture de ces parties d'une manière exclusive et nécessaire.

Un autre usage non équivoque de la moelle, c'est de se répandre dans toute la substance de l'os, de la lubréfier, de la ramollir et de prévenir, par conséquent, la fragilité attachée à l'état extrême de roideur et d'endurcissement.

Enfin, un autre usage de la moelle, c'est de passer habituellement dans les cavités articulaires, et de contribuer dès lors, avec beaucoup d'avantage, à faciliter le jeu des articulations.

Nous avons déjà observé que les os longs, présentent vers leurs extrémités et dans une portion considérable de leur étendue, des cellules très-mul-

---

(1) On voit que dans la conformation des oiseaux, la nature présente quelque chose d'analogue à ces fameuses machines aérostatiques, dont tout le monde s'occupe dans ce moment.

tipliées, dans lesquelles la moelle est contenue.
Cette disposition donne au mouvement de la moelle
une tendance avantageuse vers les cavités articulaires; car des cellules répétées la soutiènent et l'empêchent de se porter ou de graviter vers la partie
centrale de l'os.

La transsudation de la moelle se fait à travers la
substance des os et des cartilages articulaires, lesquels sont pleinement perméables et dans toutes
leurs parties.

L'illustre M. Sthahelin a vu qu'en mettant tremper dans une liqueur colorée une extrémité osseuse
encroûtée de son cartilage, cette liqueur pénétrait
dans la cavité médullaire. Clopton-Havers a expérimenté que si on épuise une articulation de toute
l'humeur qu'elle contient naturellement, cette articulation se mouille de nouveau d'une humeur huileuse, le même effet se répète jusqu'à ce que la cavité médullaire soit entièrement épuisée. Et cette
expérience réussit même dans les articulations des
doigts, quoique les os des doigts soient peut-être
les plus durs et les plus compactes.

Cette perméabilité des os et des substances cartilagineuses qui subsiste après la mort, selon les
expériences de Sthahelin, et de Clopton-Havers,

est beaucoup plus considérable dans l'état de vie qui entretient nécessairement dans toutes les parties et d'une manière soutenue un degré d'épanouissement ou d'expansion plus ou moins considérable, et dès-lors il n'est pas douteux que la transsudation de la moelle ne se fasse alors bien plus librement et plus copieusement que lorsque la vie est éteinte et que toutes les parties sont rapprochées et condensées sous le froid de la mort.

Aussi le fait de la déperdition de la moelle est un fait acquis par des expériences décisives et dont on ne peut douter. On a observé nombre de fois que les cavités médullaires étaient complétement épuisées dans des animaux excédés de fatigue; et au rapport de Rouhault, de Lémeri, et de Sénac, c'est l'état ordinaire dans lequel se trouvent les bœufs que l'on conduit à Paris des provinces fort éloignées, et que l'on tue tout d'un coup : car pour peu qu'ils se reposent, la réparation de cette moelle se fait en peu de temps.

La moelle passe donc dans les cavités articulaires et surtout pendant le mouvement, qui par l'irritation soutenue qu'il entretient dans ces parties, en fait comme autant de centres de fluxion et y détermine les oscillations des parties voisines et l'afflux des humeurs. Cette moelle se mêle intimement

avec la liqueur synoviale qui s'y sépare continuellement, et dont nous avons parlé hier, et ce mélange produit une humeur qui, comme nous l'avons
déjà dit, est beaucoup plus propre à adoucir les
frottements que ne ferait ou la liqueur mucilagineuse, ou la graisse.

LEÇON TROISIÈME.

Du périoste. — *Expérience de Troja.*

Les os sont embrassés à l'extérieur d'une membrane qu'on appèle le périoste. Cette membrane est non-seulement appliquée sur le corps de l'os, mais elle s'étend bien évidemment, comme on vous l'a démontré, vers les articulations et les enveloppe en totalité.

Le périoste, au moins dans l'état adulte, est très-fortement attaché à l'os par des filaments très-déliés et fort multipliés qui pénètrent dans sa substance et qui s'y répandent en tous sens, et aussi par des vaisseaux qui passent de cette membrane dans le corps de l'os. Cependant il ne faut pas croire que tous les vaisseaux des os leur soient fournis par le périoste. Il y en a un très-grand nombre, et même les plus considérables et les plus importants, qui en sont absolument indépendants. M. de Haller dans ses belles observations sur le développement du poulet a vu que le périoste était blanc dans toutes ses parties et dèslors absolument destitué de vaisseaux, au moins de vaisseaux d'un certain diamètre, lorsque la substance

même de l'os était traversée depuis assez long-temps
d'une grande quantité de vaisseaux vivement colorés.

La composition du périoste est embarrassée et
fort difficile à développer. La plupart des anatomistes
le regardent aujourd'hui, ainsi que toutes les membranes, comme une masse de tissu spongieux ou
cellulaire rapproché et condensé sans aucune organisation bien décidée. Clopton-Havers qui a fait un
traité intéressant d'ostéologie et que j'ai cité déjà
bien des fois, considérait le périoste comme composé de deux plans de fibres, distincts et placés l'un
sur l'autre. Selon cet anatomiste, le plan le plus interne qui est immédiatement appliqué sur l'os et qui
s'accommode avec la plus grande précision à toutes
ses inégalités, est tissu d'un seul ordre de fibres qui
sont disposées parallèlement et qui suivent la longueur de l'os ; le plan superposé est composé de
fibres qui se détachent des muscles et des tendons
voisins, et qui s'assemblent et se coupent selon toutes
sortes de directions.

Clopton-Havers ajoutait que le plan interne qui
était la partie vraiment essentielle du périoste était
un produit de la dure-mère. Et en effet il est facile
de démontrer que le péricrâne qui n'est que le périoste du crâne, a des communications bien évidentes
avec la dure-mère ou la membrane la plus extérieure

du cerveau, qui comme vous le verrez, sort de
l'intérieur du crâne par différents trous, et qui se
mêle et se confond intimement avec le péricrâne.

Cette opinion anatomique de Clopton-Havers
sur l'origine du périoste paraît en soi assez peu importante. Cependant cette opinion comme toutes
les autres analogues sur la continuité des parties et
leur dépendance nécessaire les unes des autres, me
paraît tenir à une prétention erronée qui mérite
d'être notée. Cette prétention consiste à rapporter
tous les mouvements du corps animal à une seule
force mécanique, et à faire dépendre toutes les
fonctions les unes des autres par voie de choc ou
d'impulsion. Cette opinion qui est très-ancienne et
qui a eu beaucoup de partisans dans ces derniers
temps est d'une absurdité palpable et qui ne souffre
aucun examen.

Il est bien vrai que toutes les parties du corps
ne paraissent qu'une seule et même substance et
que toutes ne présentent qu'une mucosité diversement modifiée. Car quoique M. de Haller ait rejeté
cette composition de la fibre musculaire, et qu'il
ait prétendu que cette fibre des muscles n'était pas
formée de tissu muqueux ou cellulaire comme le
sont toutes les autres parties; cette idée de M. de
Haller à laquelle il a été conduit par ses préjugés

sur l'irritabilité, est démentie par les expériences
les plus décisives. Ainsi le célèbre Vieussens, de
cette université, a vu que l'origine de l'aorte se décomposait complétement en tissu spongieux ou cellulaire; et l'aorte à son origine présente cependant
des fibres musculaires très-nombreuses et très-dé-
veloppées; on a observé dans certains états maladifs
que tout le corps des muscles avait été absolument
changé en mucosité, et vous pouvez en voir dans
les *Mémoires de l'académie*, collection étran-
gere et dans le *Ratio medendi* de Dehaen. *Tota
moles in pultem colliquefacta.*

Mais quoiqu'il soit vrai que toutes les parties
du corps ne soient foncièrement que de la mucosité et que cet état de mucosité est celui sous lequel
elles se présentent dans les premiers temps de la
formation, qu'elles puissent y être ramenées par
différentes causes de maladies, et par différents
moyens que l'anatomie peut employer, il est certain
cependant que ces parties sont pénétrées chacune
de forces très-différentes. Et la différence des forces
attachées à chaque partie est décidée bien manifestement par des caractères qui se multiplient
à mesure que nous nous appliquons davantage à
leur recherche. Ainsi il n'est pas douteux que chaque partie n'ait un degré de consistance déterminé,
que chacune n'ait une saveur et une odeur qui la dis-

tinguent bien nettement de toutes les autres. Et la
dépendance où sont toutes ces forces l s unes des
autres, leur subordination mutuelle, l'accord qui
règne dans leur jeu respectif, ne dépend pas de la
continuité des parties, mais seulement du principe
qui est occupé à mouvoir ces forces, et qui règle,
dispose, ordonne, l'ensemble et la suite de leurs circonstances d'après des idées ou des lois qui constituent le fond ou la nature de son essence. (1)

Et ces forces différentes se manifestent dans des
parties même dont la continuité est établie d'une
manière qui ne laisse absolument aucune équivoque.
Ainsi quoique toutes les portions du système nerveux soient bien évidemment des expansions ou des
prolongements d'une seule et même substance, cependant ces portions différentes d'une substance
absolument une et identique, portent des qualités
vitales manifestement différentes, puisqu'il est des
ordres de sensation qui sont attachés à chacune
d'une manière exclusive, et ces différences radicales
et fondamentales ne peuvent pas être attribuées au

(1) C'est dans ce sens qu'il faut entendre ce que dit
Albinus, que chaque partie du corps est composée d'une
substance propre et spécifique. (ALBINUS, *de Naturâ hu-
manâ*. HALLER *de febri.*)

simple arrangement ou à la simple disposition. Car cet arrangement différent des parties est une circonstance légère, superficielle, et qui ne peut absolument rien expliquer.

De même, quoique les parties de chacun des systèmes artériels et veineux soient bien manifestement continues entre elles, cependant nous verrons dans la suite que ces différentes parties, par exemple, les différentes parties du système artériel peuvent dans le même temps être agitées de mouvements bien différents, et qu'elles peuvent par conséquent imprimer aux humeurs qu'elles contiennent une direction fort différente de celle que reçoivent dans le même temps les humeurs contenues dans d'autres parties de ce même système artériel.

La conséquence que je veux tirer de ces réflexions, c'est que l'état de continuité ou de contiguïté des parties ne peut donner aucune lumière sur les forces dont ces parties sont pénétrées ; et que ces forces dépendent uniquement d'un principe simple qui existe dans toutes ces parties, qui les anime toutes et qui les a toutes fondues d'un seul jet, sans établir entre elles aucun rapport de priorité ou de postériorité, comme on parle dans l'école, en sorte qu'Hippocrate avait raison de dire : *principium corporis mihi quidem nullum esse videtur. Par-*

*tes omnes simul discernuntur et augentur, ne-
que una prior alterá neque posterior.* (Hip. de
vic. rat. in acutis.)

M. de Haller a observé que le périoste n'est que
très-faiblement attaché à l'os dans le premier temps
de sa formation : il a observé aussi que le périoste
ne pénètre point entre le corps de l'os et les différentes productions qui sont alors des épiphyses. Car
comme le cartilage placé entre le corps de l'os et
ces épiphyses est percé par des vaisseaux très-multipliés qui passent de l'os à l'épiphyse, et de l'é-
piphyse à l'os, si le périoste se trouvait sur ce cartilage, il serait également percé par ces vaisseaux, et
dès lors on ne pourrait le détacher sans déchirer
ou sans rompre les vaisseaux. Or, M. de Haller a
opéré ce détachement du périoste très-facilement et
sans rompre ni les vaisseaux ni le périoste.

Ces observations sont remarquables contre l'hypothèse de M. Duhamel qui a attribué exclusivement
au périoste la formation de l'os, ou plutôt qui a
considéré l'os comme formé d'un assemblage de
couches toutes endurcies et ossifiées dans autant de
plans du périoste. J'ai déjà observé, Messieurs, que
toutes ces hypothèses sont fondées principalement
sur la difficulté que nous avons à voir dans leur
vrai jour les effets de la force intérieure qui pénètre

toute la matière et qui la travaille à la fois dans toutes ses dimensions. Et c'est parce que cette force échappe si complétement à toutes nos façons de concevoir, et que nous sommes réduits à n'agir que sur les superficies, que nous avons voulu tout réduire à des forces superficielles, et que nous avons cru que l'ossification ne se faisait que successivement et par petites superficies.

J'ai observé encore que la conséquence que l'on tire de l'exfoliation en preuve de la structure de l'os par petites lames distinctes, n'est pas une conséquence légitime, en ce que cette exfoliation est produite par des causes qui établissent dans la substance osseuse une distinction qui n'existe pas naturellement; j'ai dit aussi que cette conséquence est si peu concluante, que l'exfoliation se fait également dans des parties qui sont formées de fibres tissues en tous sens, et non pas composées de plans distincts et superposés. En effet, M. de Lassone a observé qu'un lambeau de peau humaine qui s'était conservé très-long-temps dans un caveau, se décomposait aussi par petites feuilles qui se détachaient et tombaient les unes après les autres, quoiqu'il soit bien reconnu que la peau n'est pas formée de lames distinctes et placées les unes sur les autres.

Mais quoique le périoste ne soit pas l'organe ex-

clusif de l'ossification, on ne peut douter cependant
que son action ne soit nécessaire pour distribuer
les sucs nourriciers de l'os dans l'ordre convenable
pour que l'organisation de l'os se soutiène. Et ce
qui le prouve, ce sont les formes irrégulières que
prènent les os, lorsque leur périoste est détruit.
Ceci au reste n'est pas particulier au périoste, ainsi
que nous l'avons déjà dit, mais cette propriété de
distribuer les sucs nourriciers dans un ordre convenable est également attachée à toutes les membranes
qui enveloppent les autres organes ; et l'on remarque
par exemple, que les viscères poussent aussi des
végétations plus ou moins irrégulières, lorsque la
membrane qui les enveloppe est détruite, de même
que les végétaux fournissent aussi des productions
plus ou moins bizarres lorsque l'écorce ou l'aubier
est emporté.

Le périoste est donc nécessaire à l'os pour que
les sucs nourriciers opèrent sa réparation dans un
ordre convenable et régulier, et ce n'est pas seulement la membrane extérieure qui produit cet effet,
il paraît aussi que l'on doit l'attribuer en partie à
la membrane qui revèt les parois intérieures de la
cavité médullaire et qui dès lors mérite vraiment le
nom de périoste interne.

Ce fait me paraît démontré par les belles expé-

I.   37

riences de M. Troja dont vous pouvez voir l'exposé dans son traité *De novorum ossium regeneratione experimenta*, publié en 1776. M. Troja a vu qu'en coupant un os long par une de ses extrémités, de manière à mettre à découvert la cavité médullaire et en introduisant dans cette cavité un instrument capable de détruire entièrement la moelle, il a vu que cette destruction de la moelle emportait nécessairement la destruction de l'os, et que la destruction de cet os était suivie de la régénération d'un nouvel os qui se forme constamment dans l'épaisseur du périoste entre les plans externes et les plans internes.

M. Troja a dit avec raison que le résultat de ces expériences pourrait fournir un nouveau moyen curatif dans les maladies des os; car lorsqu'un os est absolument corrompu sans espoir de guérison, on peut décider sa destruction en détruisant la moelle par différentes opérations; et pourvu que le périoste soit en bon état, on peut donner lieu à la régénération d'un nouvel os qui se formera dans l'intérieur de ce périoste. Et une circonstance très-remarquable de M. Troja et qui prouve combien les ressources de la nature sont supérieures à toutes nos petites vues, c'est que l'os de nouvelle formation remplit tous les usages de l'ancien os auquel il succède : que les tendons, les muscles, les membranes s'y at-

tachent également, et que les mouvements s'exécu-
ternt de la même manière qu'ils s'exécutaient auparavant. (*Mémoires de la société de médecine,*
tome premier, an 1776.)

En appliquant à la pratique le résultat des expériences de M. Troja, on ne ferait que ce que la nature fait quelquefois spontanément. En effet, il
arrive quelquefois que la nature détruit complètement un os et qu'elle le remplace par un nouvel os
qu'elle forme autour du premier et qui l'enveloppe
en totalité. On en trouve des exemples dans Schultet
et quelques-autres auteurs en chirurgie.

M. de Haller a trouvé constamment le périoste
insensible ; aussi le périoste ne reçoit-il que peu de
nerfs, et la plupart passent sur cette membrane
sans pénétrer. Nous avons déjà dit combien les conséquences de M. de Haller étaient fausses dans leur
généralité, et nous reviendrons ailleurs sur cet objet. Aussi, nombre d'observateurs l'ont-ils trouvé
sensible et se trouve-t-il constamment dans cet état
lorsqu'il est affecté d'inflammation, et cela par un
changement dont nous ne pouvons savoir absolument la cause. On dit communément que les nerfs
cessent d'être comprimés ; mais cette explication
suppose évidemment ce qui est en question, savoir
que les nerfs sont les seuls organes de la sensibilité.

Et d'ailleurs qui ne voit que dans l'état de turgescence et d'orgasme que présente une partie enflammée, orgasme qui affecte principalement les vaisseaux sanguins et le tissu cellulaire, les nerfs doivent nécessairement être plus comprimés qu'ils ne le sont lorsque les parties qui les environnent sont réduites à leur volume ordinaire?

Quoi qu'il en soit de la sensibilité du périoste, il ne faut pas croire que cette membrane soit la seule cause ou plutôt le sujet de la sensibilité que les os présentent quelquefois. La portion des dents qui est hors de l'alvéole n'a point de périoste, et cependant des faits qui se répètent tous les jours prouvent que cette partie de la dent peut dans bien des circonstances éprouver de la sensibilité et même une sensibilité exquise. Il arrive très-souvent que les autres os absolument dépouillés de leur périoste donnent encore des signes d'une sensibilité très-vive.

LEÇON QUATRIÈME.

Maladie des articulations.

LES os sont unis par des corps d'une espèce particulière, lesquels sont assez forts pour les contenir solidement, et qui sont assez flexibles pour
céder et se prêter, sans obstacle, à toute l'étendue
de mouvement que permet leur mode d'articulation. De ces ligaments, les uns forment comme
des bandes qui passent d'un os à l'autre, et les
assujétissent ; les autres s'étendent en forme de
membranes qui enveloppent complétement l'articulation.

De plus, les os qui s'articulent se répondent
par des surfaces encroûtées de substances cartilagineuses; et, comme les cartilages sont des corps
éminemment élastiques, il n'est pas douteux
qu'ils ne contribuent puissamment à agrandir,
à soutenir et à fortifier les mouvements : aussi
voyons-nous que cet appareil de cartilages a été
multiplié dans les articulations destinées à de
grands et de fréquents mouvements.

Enfin, ces cavités articulaires sont habituel-

lement baignées d'une humeur onctueuse et éminemment pénétrante, laquelle est formée en partie
par des glandes particulières, contenues dans l'intérieur des cavités, et disséminées sur la membrane qui l'enveloppe à l'extérieur, et aussi par la
substance médullaire que chaque os long recèle et
conserve dans la grande cavité qui le perce intérieurement : nous apercevrons donc, dans le système des articulations, des avantages mécaniques
bien sensibles, et nous voyons que, pour faciliter
leur jeu, la nature emploie les mêmes moyens que
nous employons nous-mêmes dans nos machines,
pour obtenir des effets analogues.

Il y a bien des circonstances dans lesquelles
l'impuissance du mouvement, ou du moins la
difficulté que les os trouvent à se mouvoir les
uns sur les autres, dépend de la petite quantité
du liquide articulaire, ou de la privation totale
de ce liquide (1) ; et ce défaut de la liqueur articulaire peut avoir pour cause des spasmes, dont toutes
les parties voisines de l'articulation sont frappées.
De cette espèce était, sans doute, cette ankilose

(1) « *Telam cellularem adeo duram fuisse vidi ut sola*
» *femora in curvitatem contraheret callum quæ fecerit*
» *obstipum cum nullá aliá mali causa conspicuá* ». (Haller, t. 1, p. 56.)

ou cette immobilité du genou, qui subsistait depuis très-long-temps, et que M. Malouet, médecin de Paris, guérit par le seul usage des bains dans des décoctions d'herbes vulnéraires et aromatiques, répétées pendant trois semaines. J'ai déjà observé que M. Dehaen, qui a aussi opéré une cure analogue à celle de M. Malouet, qu'il était bien des affections maladives différentes en apparence, et qui paraissent, si non produites, au moins entretenues par un spasme ou un étranglement du tissu cellulaire, et qui, après avoir résisté à des méthodes de traitement fort recherchées, cèdent au simple usage de lotions avec de l'eau tiède, continuées pendant un espace de temps suffisant. Ainsi, M. Dehaen rapporte avoir guéri un véritable éléphantiasis des parties supérieures et inférieures, c'est-à-dire, une affection dans laquelle ces parties étaient couvertes de croûtes très-pressées et fort épaisses, en les faisant laver très-fréquemment, et pendant long-temps, avec une décoction d'althea.

Vyck rapporte l'observation d'une jeune personne, d'ailleurs bien portante, chez qui les mouvements de la mâchoire étaient fort difficiles; ensorte que le matin cette partie était parfaitement immobile, et qu'elle était obligée de la mouvoir avec sa main. Le mouvement se faisait très-difficilement, et avec des crépitations bien marquées. Vyek dissipa cet accident en appliquant sur l'articulation de la mâchoire, un emplâtre nervin, et en exposant fréquemment cette partie à la vapeur de l'eau chaude.

Lorsque, par quelque cause que ce soit, une articulation reste immobile pendant long-temps, communément il s'y forme une tuméfaction légère, et le mouvement ne s'y fait qu'avec beaucoup de peine. On attribue cet effet, et avec raison, au gonflement des glandes synoviales, dont l'évacuation n'est plus opérée par le mouvement; car, quoique le mouvement des os les uns sur les autres ne comprime point ces glandes et ne les vide pas d'une manière nécessaire et mécanique, puisque ces glandes, par leur situation, se trouvent à l'abri de toute compression, néanmoins ce mouvement les agite et les irrite légèrement, et cette douce et légère irritation les dispose, avec beaucoup d'avantage, au jeu de leur fonction : car les fonctions ne dépendent pas les unes des autres d'une manière nécessaire et comme par voie de choc et d'impulsion ; mais cependant, d'après la loi de la nature, qui les enchaîne toutes, qui les ordonne toutes, et les fait marcher aux mêmes fins, elles deviènent des causes puissantes d'excitation les unes pour les autres.

Aussi cette tumeur légère des articulations, qui succède à une immobilité trop long-temps soutenue, se dissipe-t-elle aisément par l'usage du mouvement gradué d'une manière convenable. Et une très-bonne pratique, qui est recommandée par tous les chirurgiens, c'est, dans le cas de fractures ou autres cas analogues, d'agiter doucement et fréquemment les articulations, afin de prévenir l'engorgement des glandes synoviales et l'épaississement de l'humeur qu'elles séparent. En négligeant cette précaution, il peut se faire que l'humeur synoviale s'endurcisse complètement, que les extrémités articulaires se fondent intimement, et que le jeu de l'articulation soit détruit et détruit sans retour.

Les pièces ligamenteuses qui assujétissent les os entr'eux, sont insensibles dans l'état ordinaire, ou du moins ne jouissent alors que d'une sensibilité extrêmement faible et fort adoucie; et cette insensibilité, au moins relative, était nécessaire dans des parties dont l'usage principal dépend de leur grand degré de dureté et de ténacité, et qui, à raison de leur situation, se trouvent pleinement exposées aux impressions des causes extérieures de lésion. J'ai déjà observé que les conséquences de M. de Haller étaient fausses dans leur généralité, et qu'il était nombre de circonstances dans lesquelles la sensibi-

lité des ligaments se développe d'une manière bien
évidente ; en sorte qu'il est bien probable , comme
le disait Arétée , l'un des médecins grecs , dont la
lecture est la plus profitable, que dans certaines maladies des articulations, les ligaments sont le siége
des douleurs vives qu'on éprouve alors. Cette sensibilité vicieuse que peuvent prendre et que prènent,
en effet, dans l'état maladif, toutes les parties blanches ou spermatiques , comme les appelaient les
anciens , c'est-à-dire , le périoste , les tendons , les
aponévroses , les ligaments , est un fait de la plus
grande importance dans l'exercice de l'art et surtout
dans l'exercice de la chirurgie. Les chirurgiens
commettraient journellement des fautes graves , et
souvent brusquement mortelles , s'ils se condui-
saient conséquemment au résultat des expériences
de M. de Haller. Boerrhave , dans son excellent
traité des maladies des nerfs , nous apprend qu'un
chirurgien ayant eu l'imprudence de saisir avec des
pincettes et de tirer fortement un des tendons des
muscles de la jambe , qui était à découvert par une
plaie , jeta le corps dans des convulsions générales,
qui bientôt furent suivies de la mort.

On observe que les ligaments sont susceptibles
de se gonfler d'une quantité très-considérable, ou
plutôt de pousser, en forme de végétations, des
espèces de fongosités élastiques. Il en résulte une

tumeur plus ou moins considérable qui embrasse extérieurement l'articulation. Cette tumeur est plus ou moins inégale, de même couleur que la peau; elle a un degré sensible d'élasticité. Cette maladie articulaire, qui a été souvent confondue avec l'hydropisie des articulations, (car dans l'hydropisie la ponction est utile, au lieu qu'elle paraît le plus souvent nuisible dans la tumeur blanche), avec laquelle elle peut se compliquer, mais dont elle est fort différente, est décrite par plusieurs auteurs sous le nom de fongosités articulaires; par M. Reymar, sous celui de tumeur des ligaments. Elle attaque principalement l'articulation du genou. Alors le creux du jarret est extrêmement gonflé, la jambe est roide et contractée, et les douleurs sont plus ou moins vives (1). Une circonstance bien remarquable et qu'a observée M. Reymar, qui a eu occasion de

---

(1) Cette maladie se prépare lentement; il n'y a pendant long-temps qu'une douleur sourde et une faiblesse dans l'articulation, avec une tumeur très-légère sur le contour de la rotule; à mesure que le mal fait des progrès, les tendons s'endurcissent et se tuméfient; lorsque la maladie est très-avancée, les ligaments qui n'avaient présenté aucune altération, deviènent adhérents et souvent ils s'abcèdent, et donnent une matière sanieuse très àcre, qui est claire comme du petit-lait; à moins que, par la corruption du ligament capsulaire, cette matière sanieuse

voir à l'hôpital de Londres une grande quantité de ces maladies; c'est que les douleurs augmentent cons'amment vers le soir, et qu'elles se soutiè-nent pendant une partie de la nuit. Or les articula-tions sont bien évidemment abreuvées d'une grande quantité de mucosité ou de pituite, comme le di-saient les anciens; et nous verrons ailleurs que toutes les maladies catarrhales ou pituitéuses, c'es:-à-dire, toutes les maladies dans lesquelles les hu-meurs ont une tendance bien marquée à la dégéné-ration muqueuse ou pituiteuse, marchent par accès, dont les redoublements se font chaque jour et vers le soir. Cette circonstance de l'heure de la journée à laquelle est attaché le mouvement des maladies, et à laquelle Stahl se plaignait avec raison que la plupart des modernes ne font aucune attention, est une des circonstances les plus importantes dans l'histoire des maladies, et une de celles qui tend le

qui paraît résulter de la fonte des ligaments, ne se mêle avec le liquide articulaire; car alors elle prend une con-sistance plus épaisse, plus glutineuse, et elle ressemble assez à du miel blanc. (CHESTON, *p.* 43) Ou bien l'inflam-mation est très-vive, la matière a l'apparence d'un pus noir et très-fétide : les malades dépérissent enfin avec une fièvre lente et une diarrhée colliquative, (CHESTON, *Comm. de Leipsic.*, *t.* 15, *p.* 42) bien décrite par les Anglais Monro, Simpson, Cheston, Bell.

plus directement à caractériser leur espèce. Aussi,
dans les maladies des articulations éprouve-t-on
assez généralement de bons effets des remèdes alté-
rants ou correctifs de la pituite. (M. ACHEMILLE.)

D'après la disposition qu'ont les ligaments à se
résoudre, pour ainsi parler, en productions spon-
gieuses et élastiques, comme cela est prouvé par les
ouvertures multipliées qu'a faites M. Reymar, d'articulations affectées de ces tumeurs des ligaments,
on voit combien, dans les blessures de ces parties,
il est important de ne pas insister trop long-temps
sur des moyens trop décidément humectants, émollients, et relâchants. Galien nous apprend que les
empyriques de son temps, qui n'avaient aucun égard
à la consistance différente des parties, et à la nécessité de conserver cette consistance dans l'état naturel, traitaient les inflammations des ligaments et des
tendons comme les inflammations des autres parties ; c'est-à-dire par des affusions d'eau chaude très-
long temps continuées. Galien vit que cette pratique
tendait à introduire dans les parties ligamenteuses
une faiblesse ou une énervation vicieuse, et il nous
dit qu'il fut le premier qui traça le traitement méthodique de ces parties. Or un des points principaux de ce traitement, que vous pouvez voir exposé
dans le sixième livre de son superbe ouvrage *De
methodo medendi,* dont on ne saurait trop re-

commander la lecture à ceux d'entre vous qui veulent faire une étude profonde et vraiment philosophique de la médecine, un des points principaux de ce traitement est de substituer à l'affusion d'eau chaude, l'affusion d'une huile légèrement irritante et résolutive. L'objet de Galien était d'exciter doucement la chaleur, d'entretenir convenablement les forces toniques, et d'aider la résolution ou la dissipation des sucs hétérogènes, répandus dans l'intérieur de ces parties ligamenteuses. L'huile qu'il employait était de l'huile de sabine fort ancienne. On peut y substituer avec avantage différentes substances résolutives et légèrement échauffantes et toniques, comme la myrrhe, la térébenthine, et surtout le baume noir du Pérou, qui doivent donc faire le fonds, ou qui doivent entrer en proportion différente dans les topiques qu'on applique sur les parties ligamenteuses, et généralement sur toutes les parties blanches ou spermatiques, comme les appelaient les anciens (1).

---

(1) Je ne dois point parler ici du traitement de cette maladie ; j'observerai seulement que quand elle est nouvelle, et surtout quand on peut l'attribuer à quelque cause extérieure, on obtient souvent de très-bons effets d'une application de gomme ammoniaque dissoute dans du vinaigre. On dit qu'en Hongrie ce remède passe à peu près comme spécifique dans ces maladies. Selle dit qu'il a vu

De toutes les articulations, celle qui est exposée aux maladies les plus graves et les plus multipliées, c'est l'articulation de la cuisse avec l'os des hanches; et il est facile de voir, en effet, qu'à raison de la situation droite du corps, cette articulation est celle qui est la plus exposée : car quoique la nature ait employé différents moyens pour diminuer l'effet de la réaction du sol sur le tronc, et que ce soit principalement dans cette vue que l'articulation du fémur avec l'os des isles se fait sous un angle si oblique, ainsi que nous l'avons vu, cependant ces différentes ressources que la nature s'est ménagées pour fortifier cette articulation, n'empêche pas qu'elle ne soit plus exposée que toutes les autres, et d'une manière plus continue.

---

de bons effets de l'emplâtre résolutif de Schmuker, qui est composé de gomme ammoniaque, d'assa fetida et de savon de Venise, dans de fort vinaigre. Achemille applique un vésicatoire sur l'articulation, et donne de petites doses de . . . . . un ou deux grains chaque soir, et quelque décoction amère, surtout celle de kina. Il a vu de bons effets de l'usage de ces remèdes continués pendant longtemps. (*Comm. de Leipsic.*, t. 17, p. 201.)

Les anciens, qui employaient très-familièrement les frictions huileuses, étaient dans l'usage d'ajouter du vinaigre ou du sel, et quelquefois l'un et l'autre à l'huile dont ils se servaient pour frotter les articulations. (VALLESIUS, *Epid. lib.* 7, p. 837.)

Mais quelque spécieuses que soient les raisons tirées de la situation des articulations, pour les maladies auxquelles elles sont exposées, il faut encore, pour apercevoir ces maladies dans leur vrai jour, reconnaître dans l'ensemble des articulations une faiblesse relative, qui les soumet et les subordonne à l'action victorieuse et dominante des parties intérieures, et surtout des parties situées dans le bas-ventre; en sorte que les affections maladives établies foncièrement sur les viscères du bas-ventre, sont, par l'action prédominante de ces viscères, portées sur l'habitude du corps, et très souvent sur les articulations, et y sont soutenues pendant tout le temps qui est nécessaire à la destruction de la cause de ces maladies. Je pourrais citer une infinité de passages d'Hippocrate, qui viènent à l'appui de cette proposition, dont les conséquences s'étendent, pour ainsi parler, sur le système entier des maladies nerveuses ou spasmodiques; mais il vaut mieux rapporter quelques observations.

M. Reymar nous dit qu'une jeune femme de vingt-un ans portait une tumeur au genou, qui résista aux remèdes les mieux administrés. Cette tumeur se dissipa d'elle-même au bout d'un certain temps. Mais cette disparition fut suivie soudainement de tumeurs et de douleurs vives dans le bas-ventre. Il conseilla des vésicatoires aux

jambes, qui ne furent point appliqués, et au
bout de cinq mois de douleurs continuelles dans
le bas-ventre, et de fréquentes suppressions d'urine,
le corps fut pris d'une tumeur œdémateuse générale.

Il a vu aussi une femme, qui, ayant pris un
rhumatisme à la suite d'un froid violent, en fut
délivrée par une tumeur qui se forma à l'articulation du genou. Cette tumeur se soutint pendant
un an à peu près, sans que la santé fût notablement affectée. Mais cette tumeur ayant été dissipée
par l'application d'un emplâtre mercuriel, l'estomac se prit, l'appétit se perdit; les règles, qui
jusques-là avaient coulé convenablement, se sup-
primèrent. Cette femme ressentit fréquemment des
suffocations et des oppressions, contre lesquelles
tous les antispasmodiques furent sans effet, et tous
ces symptômes s'aggravant de jour en jour, la con-
duisirent à une phthisie mortelle.

Ce sont des observations de cette espèce, qu'il
est facile de multiplier, qui ont fait penser à
Clopton-Havers que la liqueur articulaire était préparée par la rate. Cette opinion est fausse, mais
les observations sur lesquelles il l'a établie méritent d'être notées et recueillies avec soin en preuve
de la sympathie qui existe entre les viscères du

bas-ventre et le système des articulations. Cette sympathie est un fait majeur, et qui donne moyen de concevoir une grande quantité de phénomènes de l'état maladif.

FIN DE L'OSTÉOLOGIE FRAÎCHE.

LEÇONS
DE PHYSIOLOGIE.

~~~~~~~~~~~~~~~~~~~~~~~~~~~~~~~~

MYOLOGIE.

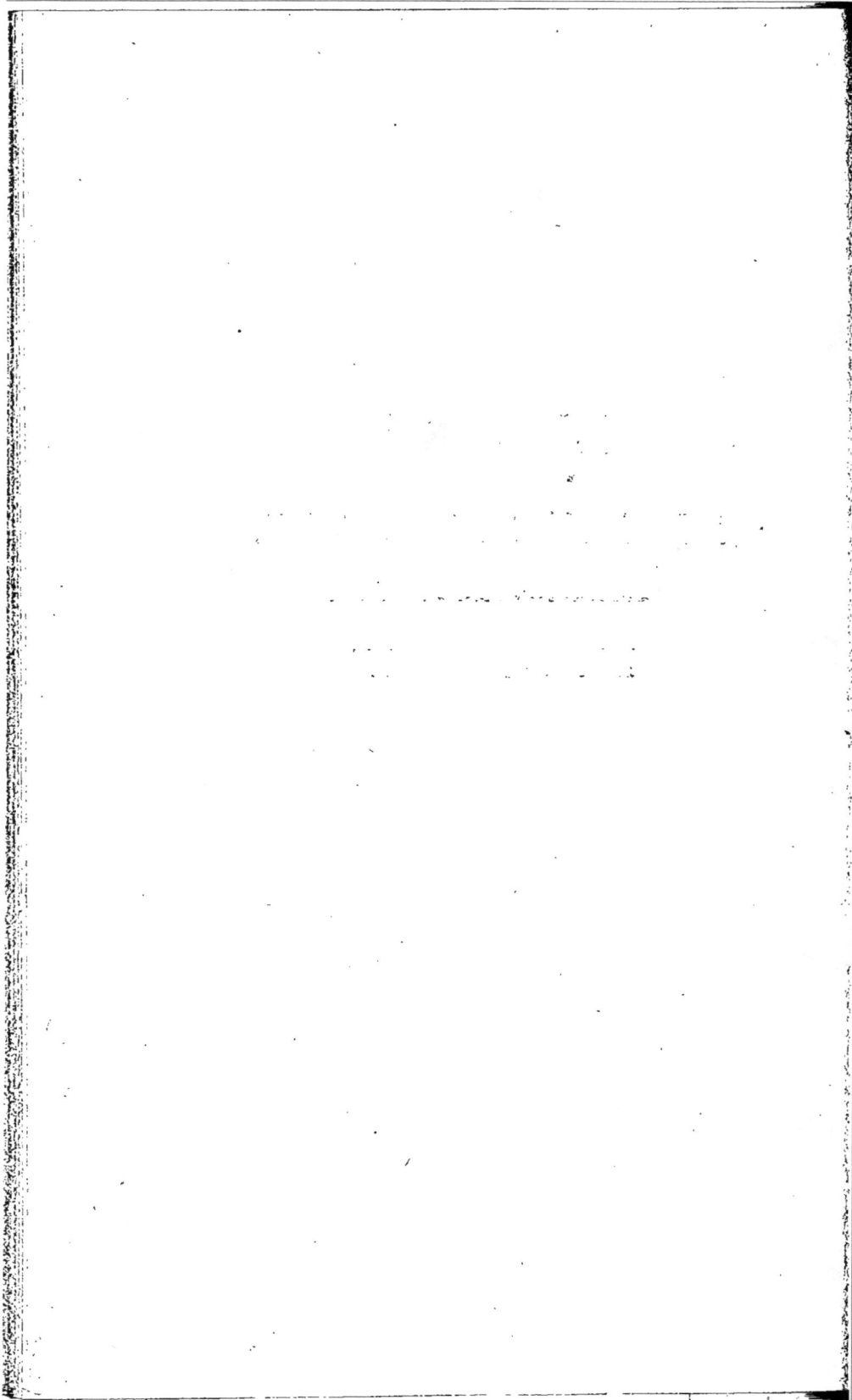

MYOLOGIE.

LEÇON PREMIÈRE.

Des facultés digestives et motrices comparées entr'elles.

LE corps animal se décompose dans toutes ses parties et se décompose par un mouvement non interrompu. De plus, l'animal se trouve parmi des êtres qui soutiènent avec lui des relations de convenance ou de disconvenance. Pour subsister, pour vivre, pour atteindre le terme que la nature a marqué à sa durée, il faut donc qu'il soit pénétré de deux facultés bien différentes; il faut qu'il ait une action pleine sur la matière, qu'il la travaille, qu'il l'altère, qu'il la forme, et qu'il finisse par l'assimiler complétement à sa substance : il faut aussi qu'il puisse imprimer à son corps des mouvements de locomotion, afin qu'il le place et qu'il le dispose d'une manière convenable au mode d'activité des objets qui l'environnent.

Cette distinction est évidente; et chacune des facultés qu'elle établit porte des caractères frappants qui ne permettent pas de les confondre.

La première faculté, ou la faculté digestive ou altérante, pénètre l'intérieur des corps; son action se développe pleinement sur la totalité de leur substance, et son objet ou sa fin est de changer leur mixtion, leur constitution physique, comme on dit communément, sans changer leurs rapports de distance.

Au contraire, la faculté locomotrice s'applique à l'extérieur des corps, et son unique objet est de changer leurs phénomènes de situation sans porter d'atteinte à l'ensemble des qualités qui les constituent ce qu'ils sont.

La faculté digestive s'exerce dans toute l'étendue des parties vivantes; et c'est par elle que ces parties, quoique agitées d'un mouvement de flux continuel, se reproduisent à chaque instant, et semblent ainsi subsister dans le même état pendant un intervalle de temps fort considérable; et, quoique cette faculté s'exerce d'une manière plus particulière dans certaines parties que dans d'autres, et que chez tous les animaux il y ait des organes dans lesquels les substances alimentaires commencent à éprouver une altération profonde, qui les prépare à toutes celles qu'elles doivent éprouver par la suite; cependant, ces organes, dans leur extrême mollesse, peuvent et doivent même prendre, d'un instant à l'autre, des configurations bien différentes; en sorte que par toutes ces considérations, il est bien solidement acquis que les actes de cette faculté digestive ne sont point subordonnés au phénomène d'organisation et de structure.

La faculté locomotrice, au contraire, se développe et se manifeste par l'intermède des organes, et surtout par l'intermède des organes situés à l'extérieur du corps, lesquels présentent, comme nous l'avons dit, une structure arrêtée d'une manière plus fixe que les organes recélés dans l'intérieur du corps; et c'est la manière dont l'organisation modifie, pour chaque animal, les effets de la faculté locomotrice; c'est cette manière, dis-je, qui détermine ses relations avec les objets qui l'environnent, qui fixe le nombre et l'espèce de ses sensations, et qui marque le rang qu'il doit occuper sur l'échelle des êtres vivants.

Je dis que la faculté locomotrice s'exerce principalement par le moyen des organes situés à l'extérieur du corps : elle s'exerce encore dans chacune des plus petites parties du corps vivant. Car les forces toniques, comme nous le dirons ailleurs, c'est-à-dire les forces qui arrêtent et fixent le ton de chacune des parties, et qui entretiènent habituellement, dans toute la masse vivante, des oscillations, des

motitations dirigées de différentes manières ; ces
forces, dis-je, sont bien évidemment des dépen-
dances de la force locomotrice, puisqu'elles agitent
et balancent la fibre en grand, qu'elles ont exclusivement pour objet de changer ses rapports de situation avec les fibres environnantes, sans porter aucune altération dans ses qualités intérieures et physiques.

Ces deux facultés, que nous examinons ici, la
nature nous les présente bien évidemment distinctes
et séparées dans ses productions différentes. En effet,
quoique les végétaux soient bien susceptibles de
quelque déplacement spontané, quoiqu'ils aient
des parties, qui, comme les racines, par exemple,
se portent, par un mouvement bien manifeste vers
les veines de terre qui leur conviènent, et qu'ils
soient même pénétrés en totalité d'une espèce de
force tonique, nécessaire pour la progression et la
distribution de la sève, ou des sucs nourriciers, il
n'en est pas moins vrai que, relativement à la faculté
de se mouvoir, les végétaux ne sauraient être comparés aux animaux. Il est évident aussi que la faculté
digestive s'y exerce d'une manière bien plus pleine
et bien plus vigoureuse, puisque non seulement les
végétaux s'assimilent les substances les plus pures,
les plus simples, les plus élémentaires, comme on
parle vulgairemeut, sur lesquelles les animaux ne

peuvent absolument avoir aucune action; mais encore les végétaux vivent et vivent très-bien des débris des animaux, tandis que les animaux sont réduits à tirer le fonds de leur nourriture des substances qui ont appartenu aux végétaux, soit médiatement, soit immédiatement : en sorte, qu'il n'est pas douteux que la sphère d'action de la force digestive chez les végétaux ne soit bien plus puissante et bien plus étendue, et que les végétaux peuvent être considérés comme le laboratoire dans lequel la nature prépare les matières qu'elle destine à la nutrition des animaux. Nous dirons dans la suite que la végétation entretient habituellement dans l'air la modification qui lui est nécessaire pour soutenir la vie des animaux; de même que les animaux jètent sans cesse dans l'atmosphère le principe le plus nécessaire à la végétation. C'est ainsi que la nature entretient l'animal par le végétal, le végétal par l'animal. C'est ainsi que tout est lié, tout est coordonné dans l'univers, et que les philosophes qui négligeront d'étudier les êtres dans leurs causes finales, dans les rapports qui les enchaînent, et qui, de tous les objets de la création ne composent qu'un unique et vaste système, ne donneront jamais que des théories vaines et incomplètes (1).

---

(1) C'est l'énergie puissante de la force digestive dans les végétaux qui est la cause de leur longue vie, car cette

Ce n'est pas seulement dans les animaux et les
vegétaux comparés entre eux , et opposés les uns
aux autres , que l'on peut saisir les différences
des forces digestives et locomotrices ou toniques.
Quoique ces différences s'y produisent d'une manière plus évidente et plus tranchée , ces deux
forces sont encore distribuées à mesure fort inégale
dans les différentes espèces d'animaux. En effet ,
si nous considérons l'ensemble ou le système des
animaux , nous en trouverons qui , relativement à
leur volume ou à la masse de leur corps , sont
capables d'efforts prodigieux , et dont les muscles
exécutent les mouvements les plus violents ; et nous
verrons que ces animaux sont décidément carnivores , ou qu'ils sont nécessités à vivre de chair ,
c'est-à-dire , que la faculté digestive se trouve réduite à un degré d'action si petit et si faible ,
qu'ils ne peuvent assimiler à leur corps que les
substances qui ont avec lui les rapports de nature
les plus multipliés , ou une identité presque complète. Nous en trouvons d'autres qui , proportionnellement à leur volume , sont plus débiles et
plus faibles , et ceux-là peuvent trouver , et trouvent effectivement , dans les végétaux , un fonds

---

force est vraiment la force première fondamentale , et la
plus essentielle de la nature vivante.

suffisant de nourriture ; en sorte que chez ces animaux, dont l'organe musculaire est relativement
affaibli, ou plutôt chez lesquels les forces motrices
sont dans un état de débilité relative, la faculté
digestive s'exerce avec tant de puissance, qu'elle
dénature profondément la matière qui est soumise
à son action, et qu'elle peut dès-lors assimiler à
la nature de l'animal des corps qui, par leurs
qualités physiques ou par leur ordre de composition ou de mixtion, comme on parle communément, en sont extrêmement éloignés. Voilà donc
un caractère de différence bien frappant entre les
espèces carnivores et herbivores ; c'est que les facultés digestives et locomotrices, deux facultés ma-
jeures fondamentales, sur lesquelles roulent et
s'établissent tous les phénomènes de l'économie
vivante, c'est, dis-je, que ces facultés sont assemblées, dans chacune de ces espèces, sous un
rapport absolument contraire ; en sorte que, dans
les espèces herbivores, la faculté digestive gagne
ce que perd la faculté locomotrice, et qu'elle supplée à l'état de faiblesse où se trouve cette seconde
faculté ; et qu'au contraire, dans les espèces carnivores, c'est la faculté digestive qui est affaiblie
relativement, et c'est la faculté locomotrice qui
est la faculté prédominante ; et cette force prodigieuse, dont l'organe musculaire est capable dans
les animaux carnivores, était bien nécessaire,

puisque ces animaux ne doivent subsister que de
déprédations et de carnages ; que leur instinct,
d'accord avec leur organisation, les met en guerre
avec tout ce qui a vie, et qu'ils ne peuvent subsister et se soutenir qu'en sortant victorieux des
combats auxquels la nature les appèle sans cesse.

Et, comme l'homme, à raison de sa force musculaire, se trouve placé entre les animaux carnivores et les animaux herbivores, il s'ensuit qu'il
est bien évidemment appelé à manger de tout, et
qu'il peut se nourrir également bien de substances
animales et végétales. D'un autre côté cependant,
comme l'homme paraît approcher beaucoup plus
de la force des carnivores que de la faiblesse relative des herbivores, et que les expériences de
M. Désaguilliers ont prouvé que le corps de l'homme,
relativement à son volume, pouvait supporter des
charges plus considérables que le corps du cheval,
par exemple ; et qu'il résistait beaucoup mieux à
des excès de fatigue et de travaux, il résulte de ce
fait d'anatomie comparée, que l'homme est plus
décidément carnivore que frugivore, et que la diète
animale paraît plus convenable à sa nature que la
diète contraire. Aussi voyons-nous que les nations
sauvages, qui sont plus livrées aux impulsions de
l'instinct, et chez qui les inclinations primitives
et naturelles se développent plus librement, et

ne sont pas contraintes et modifiées par des insti-
tutions ; nous voyons.que ces peuples vivent habituellement de chair; qu'ils la dévorent sanglante,
palpitante, sans aucune préparation , et comme
les animaux les plus éminemment carnassiers.

Et si , chez les peuples extrêmement civilisés,
l'usage habituel des végétaux semble de nécessité
première , c'est que d'après le peu d'exercice que
prènent la plupart des hommes dans l'état extrême
de civilisation , l'objet le plus important et le plus
urgent de la diète , n'est pas de nourrir , mais
d'exciter vivement le ton des organes , et de remédier , de cette manière , à l'affaiblissement général qui résulte de l'indolence et de la mollesse
continuelle où ils sont plongés. On peut rappeler
ici l'observation de Stahl, qui nous dit que les ou-
vriers éprouvaient beaucoup plus d'appétit et man-
geaient beaucoup plus les jours de fêtes , dans
lesquels ils suspendent leurs travaux journaliers.
Il faut bien distinguer, dans les aliments, leur qualité nutritive d'avec leur qualité tonique. Les aliments ne peuvent nourrir ou réparer les pertes
du corps, qu'après avoir été convenablement éla-
borés , c'est-à-dire , qu'après avoir éprouvé l'action
de la force digestive; tandis qu'antérieurement à
l'action de cette force , et par la seule impression
sur l'estomac, ils remontent tout d'un coup toute

la machine, comme on l'a très-bien dit. Or, cet
effet fortifiant et tonique (qu'il faut bien distinguer,
comme nous le verrons dans la suite, de celui qui
est attaché à la nutrition, lequel est bien plus
durable), doit être plus marqué de la part des aliments, qui résistent puissamment à la force digestive, et qui, restant long-temps sur l'estomac et
les intestins, doivent y entretenir une irritation
plus vive et plus long-temps soutenue. Nous verrons
ailleurs combien cette double manière de concevoir
l'action des aliments est importante pour l'établissement méthodique du régime dans les maladies,
qui la plupart, à raison des lésions de la faculté
digestive, contr'indiquent formellement les aliments comme nutritifs, et qui les demandent, au
contraire, à titre de toniques et de fortifiants, lorsque les forces ne sont pas suffisantes pour fournir
au développement total de la maladie (1).

Ces deux forces, motrices et digestives, qui,

_____

(1) Dans les affections bilieuses, Hippocrate donnait des
aliments de digestion plus difficiles que dans les affections
pituiteuses; ce qui semble annoncer qu'il reconnaissait
que dans les affections bilieuses, les forces digestives
étaient plus profondément altérées que dans les pituiteuses. (MARTIAN, *de Morbis, lib.* 4, *vers.* 93.) « *Pec-*
» *cante bile alimenta in suo genere paulo duriora eligere*

comme nous venons de le voir, sont réparties d'une
manière très-inégale, surtout dans les animaux
comparés aux végétaux, et ensuite dans les différentes espèces d'animaux comparées entr'elles, présentent, dans les différents âges, dans les différents
sexes de l'espèce humaine, une inégalité semblable,
quoique à un degré plus faible, mais qui mérite
cependant une grande attention. Dans le premier
âge de la vie, les forces digestives s'exercent bien
plus vigoureusement que dans les âges suivants,
et les forces toniques sont relativement affaiblies ;
aussi, chez les enfants, le besoin de la nourriture
est-il bien plus pressant, et revient-il plus souvent ;
et c'est un point qui demande la plus grande attention, par rapport à la diète dans le traitement des
maladies de cet âge. La même inégalité se retrouve
encore, et bien manifestement établie, dans la

» *solitus fuit, ut milium et pisen cartilaginosos; pituitâ*
» *vero dominante, leves cibos probat.*

Prosper Martian, un des plus excellents commentateurs d'Hippocrate, recommande les bouillons et les po-
tages dans la phthisie, et de donner des viandes de mou-
ton et de poisson. Il remarque qu'Hippocrate reconnaissait
dans les aliments deux qualités bien différentes ; la qualité
nutritive et la qualité fortifiante, antérieure à l'altération
digestive. « *Propterea existimo dari cibos non ut sim-*
» *pliciter corpus ulterius nutriatur* ». (*De Morbis, lib. 2,*
vers. 347.)

femme comparée à l'homme (1); et, par cette plus grande énergie de la faculté digestive, la femme peut fournir la quantité suffisante au nouvel être qui doit se former dans son sein, et qui doit y rester si long-temps; tandis que sa faiblesse relative devient un des nœuds les plus puissants de la société précieuse qu'elle doit contracter avec l'homme; car l'homme fort, se laisse toucher et émouvoir par toutes les marques de la faiblesse, et la femme faible est vivement intéressée par toutes les marques de la puissance et du courage.

Nous verrons ailleurs que c'est cette différence dans l'état habituel de ces forces, qui fait que les femmes sont si sujettes aux maladies nerveuses ou

_____

(1) A l'occasion de cette inégalité que nous établissons ici entre l'état des forces toniques et digestives chez la femme, Hippocrate disait que la femme, dont le corps est plus rare et plus épanoui, doit tirer une plus grande quantité de suc nourricier que l'homme, dont le corps est d'un tissu plus ferme et plus condensé. « *Mulier*, *velut* » *quæ rarior, et ampliorem a ventre corporis humidita-* » *tem attrahit et citius quam vir.*» (*De Morbis mul., l.* 1, *n.* 2, *cornaro.*) Ce qui présente une vue précieuse, et dont nous verrons ailleurs bien des applications, c'est que la dominance de la force expansive (un des grands éléments de la force tonique) se trouve liée le plus souvent avec l'état de vigueur et de pleine énergie de la force digestive.

spasmodiques, et qui fait que l'homme, au contraire, est beaucoup plus sujet aux maladies putrides ou inflammatoires, en donnant à ces mots une acception bien plus étendue qu'on ne fait communément, et en entendant, comme faisaient les anciens, toute maladie avec lésion, profondément établie dans la force digestive, lésion dont le caractère spécifique détermine ensuite les différentes espèces de maladies putrides ou humorales, comme parlent les anciens.

41

SECONDE LEÇON.

Suite de la considération des forces digestives et des forces motrices.

Avant de vous parler de la force musculaire , j'ai cru devoir vous présenter les caractères qui la distinguent de la force digestive ; et afin que ces caractères parussent d'une manière plus évidente, j'ai considéré ces deux forces d'une manière très-générale : je les ai observées dans les différentes productions de la nature , et j'ai fait voir qu'elles sont assemblées d'une manière très-inégale dans les animaux comparés aux végétaux , dans les différentes espèces d'animaux comparées entre elles, enfin dans les différents objets de l'espèce humaine et relativement à l'âge , et relativement au sexe.

Cette faculté digestive que vous pouvez appeler avec Vanhelmont, du nom de *Blas alterativum*, avec Bacon mouvement d'assimilation , *motus assimilationis*, et avec M. de Buffon du nom de *moule interieur.* (Car peu nous importe les noms, comme le répétait si souvent Galien et avec tant de raison, pourvu que nous soyons d'accord sur les

choses.) Cette faculté digestive est celle qui intéresse le plus véritablement le médecin et avec laquelle il nous importe de nous familiariser de bonne
heure.

Et en effet cette faculté est celle qui échappe ou
qui se dérobe le plus complètement à toutes nos façons de concevoir : car quoique la force locomotrice
nous soit bien aussi inconnue dans son principe, cependant si nous examinons un corps soumis à l'action
de cette force, nous apercevrons nettement et distinctement les différents phénomènes de situation
qui se présentent dans son mouvement; et comme
c'est de la suite de ces phénomènes observables que
résulte l'idée du mouvement de locomotion, il s'ensuit que nous concevons, ou que du moins, nous
croyons concevoir parfaitement ce mouvement.
Dès-lors ce mouvement ne nous étonne plus parce
que ces éléments se trouvent d'accord avec la nature
de nos sensations et que rien ne nous empêche de
les suivre et de les observer.

Au contraire si nous considérons une substance
qui éprouve l'action de la force digestive, il nous
est impossible de saisir distinctement toutes les
modifications que cette force lui imprime. Si nous
considérons les aliments dont nous nous nourrissons , et dans l'état de chyle et dans l'état de sang,

ces aliments nous présentent dans ces deux états, des différences bien évidentes et qui ne nous permettent pas de les confondre ; mais il est clair que nous ne pouvons suivre ou parcourir toutes les nuances ou tous les degrés par lesquels les aliments ont dû passer pour parvenir a ces états, dans lesquels ils nous offrent des caractères de distinctions très-multipliés et très-frappants ; dans l'exercice de la force digestive nous ne pouvons donc distinguer ou discerner les phénomènes, comme disait Leibnitz, nous ne pouvons les discerner que lorsqu'ils sont très-éloignés les uns des autres ; et comme nous ne pouvons remplir ces espaces par des intermédiaires et que nous ne pouvons établir entre ces phénomènes une gradation ou une succession non interrompue, il s'ensuit que ces phénomènes nous paraissent isolés, indépendants les uns des autres ; que dès-lors nous ne pouvons pas les rapporter à une force commune, c'est-à-dire que cette force par sa nature est absolument hors de la sphère de notre intelligence. Nous concevons, ou du moins nous croyons concevoir la force locomotrice, parce que ses phénomènes sont bien évidemment liés les uns aux autres, que nous apercevons nettement leur dépendance et qu'il n'y a point de coupure, d'interruption dans leur développement ou dans leur ordre de succession. Au contraire la force digestive nous est absolument inconcevable parce que les phéno-

mènes qui en dépendent sont unis entre eux par
des rapports que nous ne pouvons apercevoir.

Ce qui doit nous engager principalement à bien
étudier les effets de la faculté digestive, c'est qu'il
faut avouer que cette faculté a été presque entièrement négligée par presque tous les médecins modernes. Je crois pouvoir attribuer cette révolution à
la fortune prodigieuse qu'a faite dans ce siècle la
science mathémathique : car comme on a été frappé
des progrès vraiment étonnants que la science mathématique a fait faire à la physique générale, on a
voulu appliquer cette science à l'économie animale,
et pour le faire avec avantage il a fallu réduire tous
les faits à la force de locomotion. Or, il est facile
de démontrer que la science mathématique ne peut
s'occuper que des phénomènes de situation, et encore pour qu'elle le fasse avec fruit, faut-il que ces
phénomènes se succèdent selon des lois simples et
qui peuvent se prêter à des méthodes, ou à des for-
mules de calcul.

Je crois pouvoir observer encore que les écrits
de Stahl ont beaucoup contribué à accréditer et à
fortifier ces idées. On parle beaucoup de la théorie
de Stahl, et on lui reproche communément d'avoir
rapporté à l'âme toutes les opérations du corps ; ce
n'est pas assurément de ce côté que sa théorie est

répréhensible. Ce beau génie avait bien vu, comme Hippocrate et comme tous les autres philosophes théistes, que la raison d'individualité d'un être vivant ne pouvait être que dans l'unité du principe qui l'anime : il avait bien vu que les différentes parties qui le composent ne peuvent s'unir, s'accorder, concerter leurs opérations, et tendre à certaines fins, par des mouvements communs, qu'autant qu'elles sont sous la dépendance d'un être simple qui, à raison de sa simplicité, peut exister à la fois dans toutes ses parties, et les faire concourir à des fonctions qui ne se rapportent ni à telle partie ni à telle autre, mais qui se rapportent au tout formé par leur assemblage; il avait bien vu qu'en admettant dans le corps animal deux principes différents, comme on le fait si communément dans ce siècle, et même encore en le livrant à l'action rigoureuse et nécessaire des causes mécaniques, c'était introduire dans ce corps une opposition ou un conflit de mouvements que rien ne pourrait calmer, c'est-à-dire, que c'était rendre de tout point impossible l'existence de l'animal qui ne subsiste que par le concert, l'ordre et l'harmonie qui règnent dans ses fonctions.

Ce n'est pas parce que Stahl attribue à l'âme tous les mouvements du corps, que sa théorie est vicieuse, puisque d'ailleurs il distingue bien évidemment les connaissances qui se rapportent aux objets extérieurs et qui sont les seules qui puissent devenir le sujet de la réflexion, ou dont l'âme puisse prendre une connaissance réfléchie, et sur lesquelles la liberté puisse s'exercer, d'avec celles qui se rapportent à l'intérieur du corps et qui sont si simples que la réflexion ne peut avoir sur elles aucune prise, en sorte que ces connaissances *intellectuelles* ou *intuitives*, comme les appèle Stahl, sont en elle sans qu'elle les aperçoive, quoiqu'elles marquent de leur caractère tout le système des connaissances réfléchies, et que ce caractère indélébile devième le fondement des relations qui existent d'une manière nécessaire entre les affections physiques et les affections morales.

Encore un coup, ce n'est donc pas parce que Stahl a attribué à l'âme tous les mouvements du corps que sa théorie est défectueuse; mais un vice radical et essentiel de cette théorie, c'est que ce grand homme à trop borné la puissance de l'âme ou de la nature; qu'il l'a réduite à la seule force de locomotion; qu'il a cru qu'elle ne pouvait conserver le corps qu'elle anime, qu'en présentant par un progrès toujours soutenu aux divers organes secrétoires, les parties hétérogènes qui s'y forment, et qu'il n'a pas vu que le principe de la vie, ou la nature, présent à toutes les parties du corps, les couserve et les maintient dans l'état de santé, par des forces que nous ne pouvons absolument concevoir et qu'il les altère et les corrompt dans l'état de maladie, en les frappant d'un caractère de dégénération ou de dépravation qui n'appartient qu'à lui. Aussi est-il facile de s'assurer que la théorie de Stahl, semblable en cela à l'ancienne théorie d'Erasistrate, n'embrasse absolument que les maladies nerveuses ou spasmodiques, c'est-à-dire, que les maladies qui ne supposent qu'un désordre dans la distribution ou l'exercice du mouvement tonique, et qu'elle se refuse absolument à toutes les maladies qui dépendent de la faculté digestive, c'est-à-dire, à toutes les maladies qui supposent une altération profondément établie, soit dans les humeurs, soit dans la substance qui fait le fonds des organes; substance qui est absolument de même nature que les humeurs, dont elle ne diffère que par la circonstance légère d'être établie d'une manière plus fixe, au lieu que les humeurs cèdent librement à l'action de la chaleur.

On a dernièrement reproché à Galien d'avoir donné trop d'extension aux forces digestives, et d'avoir trop négligé la considération des forces toniques, dont il avait cependant une parfaite connaissance, ainsi que vous pouvez le voir dans son traité *de motu musculorum*. Ces reproches qu'on a faits à Galien paraissent fondés jusqu'à un certain point. Ce grand homme a donc parfaitement étudié la force digestive, et à l'aide de nombreux faits de pratique dont il était muni, il a tenté avec une sagacité et un ordre admirables de réduire à certains chefs majeurs, à certains points capitaux, toutes les lésions dont cette force digestive est susceptible, ainsi que nous le verrons dans le traité des fièvres. Stahl, d'un autre côté, a parfaitement suivi la force tonique, et il a présenté avec beaucoup de méthode tous les phénomènes qui en dépendent, et dans l'état de santé, et dans l'état maladif. Il n'est pas douteux que la vraie théorie de médecine qui doit marquer le département de chacune de ses facultés primitives et qui doit évaluer et calculer leur degré respectif d'influence dans la production des phénomènes, soit dans l'état de santé, soit dans l'état de maladie ; il n'est pas douteux que cette théorie ne doive retirer de puissants secours des travaux de Galien et de Stahl, qui, chacun, ont suivi parfaitement une des branches de cette théorie.

Les muscles sont les principaux agents de la faculté locomotrice. Aussi les muscles se trouvent-ils situés principalement à l'habitude du corps, et ce sont eux qui composent en grande partie son enveloppe extérieure. C'est donc par le moyen des muscles, ainsi que nous l'allons voir dans le cours

I. 42

de ces leçons, que l'animal s'ordonne avec les objets qui l'environnent, et qu'il imprime à son corps des mouvements dont les efforts, modifiés et déterminés par la structure de ces organes extérieurs, établissent l'ordre de ses relations avec les objets qui l'environnent.

Les muscles ne sont pas seulement situés à l'extérieur du corps, nous en trouverons encore en grande quantité recélés profondément dans l'intérieur. Et en effet on aperçoit à la première vue que le corps ayant nécessairement une certaine étendue, il faut que les aliments qui s'y introduisent pour le nourrir, ainsi que les sucs qui résultent de ces aliments soient animés d'un mouvement de locomotion afin d'être portés et distribués à chacun des points de la masse dont ils doivent effectuer la nutrition ou la réparation. On aperçoit aussi évidemment que les sucs hétérogènes, qui résultent des produits des différentes digestions et de la décomposition non interrompue de toutes les parties, doivent aussi être animés d'un mouvement de locomotion, afin d'être portés aux organes secrétoires qui sont distribués çà et là sur toute l'étendue de la masse du corps.

Nous trouverons donc des fibres musculaires bien évidentes dans les organes digestifs. Mais il est bien

clair, d'après ce que nous avons dit, que ce n'est pas
à ces fibres qu'on doit attribuer l'action de ces organes et l'altération profonde que les aliments y
éprouvent, et qui les prépare à toutes celles qu'ils
doivent éprouver ultérieurement. Car ces fibres se
trouvent dans des parties qui ne remplissent point
la même fonction. Galien disait à cette occasion,
avec beaucoup de vérité, que les fibres musculaires,
les veines, les artères, les nerfs et les membranes
intérieures se trouvant dans des organes chargés de
fonctions fort différentes, ce n'était pas à ces parties communes qu'il fallait attribuer l'exercice des
forces qui distinguent chaque organe de tous les
autres.

J'ai dit que les forces de locomotion qui s'exercent dans l'intérieur du corps sont subordonnées
principalement à la nécessité de purger le corps en
éliminant ou chassant les sucs étrangers qui s'y
forment sans cesse ; soit parce que les aliments ne
peuvent pas s'assimiler complètement à la substance
des organes, soit parce que ces organes s'usent, se
détruisent et se décomposent sans cesse. Aussi est-
il bien remarquable que les forces toniques, qui
ne diffèrent donc des forces musculaires que parce
qu'elles agissent d'une manière plus adoucie, il est
remarquable que ces forces toniques sont habituellement dirigées vers l'organe de la peau qui est l'or-

gane secrétoire le plus étendu. Les forces toniques
semblent donc s'appuyer sur le centre du corps ou la
région épigastrique, et de là elles rayonnent sur toute
la masse du corps et se terminent à chacun des
points de l'organe de la peau vers lequel elles portent, par un mouvement toujours soutenu, les vapeurs hétérogènes dont cet organe doit procurer
l'évacuation. Nous verrons dans la suite combien
le fait de cette distribution habituelle de forces toniques est importante dans l'histoire des maladies,
et combien de phénomènes peuvent s'y rapporter :
et en général dans l'étude de l'économie animale,
ce n'est pas à des phénomènes isolés qu'il faut s'attacher ; ce qu'il faut rechercher et étudier avec soin,
comme les seules choses qui nous intéressent véritablement, c'est leur ordre de succession et de dépendance.

LEÇON TROISIÈME.

Nous avons dit plusieurs fois que le système général des fonctions pouvait se diviser en deux grandes classes. Nous avons dit que les fonctions intérieures qui se rapportent exclusivement au corps même, étaient bien décidément hypermécaniques, parce que ces fonctions s'exercent sur des objets qui ont déjà éprouvé l'énergie de la force digestive, qui sont absolument changés dans leurs qualités, et ne présentent plus rien de commun avec les objets extérieurs, les seuls dans lesquels nos observations aient pu constater et démontrer l'existence de ces lois mécaniques (1). Au contraire, les fonctions exté-

(1) Et par exemple il est très-douteux que les liqueurs qui se meuvent dans le corps vivant obéissent à la pesanteur (qualité si généralement répandue sur la matière brute), et qu'elles gravitent vers le centre de la terre. Il y a au contraire toutes sortes de raisons de croire que cette gravitation , si elle existe , doit avoir pour terme le centre du corps. (*Voy*. VANHEL.) On peut se convaincre , en effet, comme l'a dit Bukelig, que les causes méca-

rieures se rapportent bien évidemment aux objets
extérieurs, et dès-lors elles doivent être soumises
aux lois qui règlent les affections de ces objets. Ce
n'est pas non plus que ces fonctions puissent être
rigoureusement et nécessairement mécaniques; mais
le principe dont elles dépendent se sert utilement
de ces lois mécaniques pour les produire; et les
organes qui les manifestent présentent dans leur
structure des avantages mécaniques très-sensibles
qui se multiplient d'autant plus que cette structure
nous est mieux connue, et que nous sommes plus
instruits de la science mécanique : mais quoi qu'il
en soit, ces lois mécaniques ne sont jamais que des
moyens dont la nature ou le principe de la vie se
sert utilement pour aller à ses fins. Mais tant que
l'animal vit, tant qu'il est parfaitement un, tant qu'il

niques ne sont que les lois que nous avons aperçues dans
l'ordre successif des phénomènes que nous présentent les
objets de la nature universelle. Or ces phénomènes se suivant dans un ordre tout différent de celui dans lequel se
suivent les phénomènes de l'économie vivante (puisque
les tendances ne sont pas les mêmes, qu'enfin les résultats de l'économie vivante ne sont pas les résultats
de la nature universelle), il s'ensuit que l'application
rigoureuse des lois mécaniques à l'économie vivante est
mal entendue, et que même elle implique contradic-
tion.

est en pleine vigueur, et qu'il jouit complètement de ses forces; ces lois sont toujours secondaires et subordonnées, et elles ne devièent victorieuses et prédominantes que lorsque la vie va s'éteindre, et que les lois du *macrocosme* ou du grand monde vont l'emporter sur les lois du petit, comme le disait si heureusement Hippocrate.

Les muscles sont les agents du mouvement que l'animal imprime à tout son corps ou à quelques-unes de ses parties; et comme ce mouvement a des relations bien évidentes avec les objets extérieurs, il n'est pas douteux que les muscles qui en sont les instruments ne présentent des avantages mécaniques très-sensibles, et que dès-lors le traité de *Myologie* ne soit un des traités les plus intéressants de l'anatomie philosophique; en sorte que quoique nous ne puissions pas nous promettre de parvenir à la connaissance de la cause ou du principe de leur mouvement, cependant nous pouvons connaître la quantité ou la valeur de ce mouvement, en le comparant avec les objets sur lesquels il s'applique. De plus, en recherchant, à l'aide de l'anatomie, la disposition des muscles et la manière dont ils s'attachent aux parties solides qu'ils sont destinés à mouvoir, nous pouvons, en appliquant la mécanique à ces connaissances, déterminer les avantages et les désavantages qui résultent de leur situation, et dès-lors nous pouvons calculer précisément la quantité de force que ces muscles doivent employer pour produire l'effet que nous leur voyons produire réellement; et si nous étendons le champ de nos recherches et que nous appliquions ces connaissances mécaniques à la distribution des muscles dans les différentes espèces d'animaux, nous verrons que les moyens qui tendent à augmenter leur action ont été prodigués dans les espèces qui doivent exécuter de grands efforts; en sorte que nous verrons des rapports bien évidents entre l'organisation de chaque animal et son instinct, ou le principe qui est appliqué à mettre en jeu cette organisation. Ce qui nous conduit bien évidemment à l'existence de l'être intelligent qui a ordonné ces rapports d'une manière si sûre, et qui ne se dément dans aucun être. Et si les animaux, qui ont reçu une si grande force musculaire et un instinct féroce et carnassier, sont les destructeurs nés des espèces plus faibles, ce qui semble introduire le désordre dans la nature, cependant il est aisé de sentir que cette destruction prématurée a dû nécessairement entrer dans son plan; que ces animaux féroces et destructeurs sont entre ses mains des instruments destinés à borner l'exubérance des espèces, et à arrêter d'une manière fixe le nombre des individus dans chacune. On ne peut nier qu'en jugeant des choses, d'après leurs rapports, avec tel ou tel être en particulier, il n'y ait beaucoup de

mal dans l'univers; mais ce mal s'évanouit et
disparaît dès que ces choses sont rapportées au
tout, comme elles doivent l'être. Chaque acte
de la nature porte à la fois sur tout ce qui est;
et pour être en état de pouvoir juger de cet acte,
il faudrait pouvoir tout embrasser et tout com-
prendre.

Si l'étude des muscles est extrêmement intéressante pour l'anatomiste philosophe, parce que les
muscles lui présentent dans leur structure et leur
disposition des rapports évidents et très-multipliés
avec les fonctions qu'ils doivent remplir, cette étude
n'est pas moins importante pour le médecin ; car il
est bien évident que les muscles étant situés à l'extérieur du corps, ils se trouvent exposés à des lésions
de la part des causes extérieures qui produisent des
accidents, lesquels ne peuvent être conçus, et
surtout traités d'une manière avantageuse, que par
celui qui connaît parfaitement la position des muscles, leur direction, et leur point d'insertion et
d'attache. Par ce que vous avez vu de myologie,
vous sentez que la plupart des muscles, embrassant
un espace fort étendu, et prenant leur origine d'un
endroit fort éloigné de la partie qu'ils sont appliqués
à mouvoir, ces lésions dans l'exercice du mouvement
peuvent se faire sentir dans des parties fort éloignées
de celles qui sont réellement affectées, et qu'en

appliquant les moyens curatifs sur la partie où se fait sentir cette difficulté ou cette impuissance de mouvement, on ne fait absolument rien pour la guérison, et qu'on ne peut l'obtenir qu'en portant les topiques convenables sur le muscle, ou sur la partie du muscle qui est vraiment affectée. On pourrait multiplier à l'infini des observations qui viennent à l'appui de ce principe; mais ce travail serait fort inutile, et il n'est question que de jeter les yeux sur la disposition des muscles pour sentir de combien de façons ces observations peuvent se diversifier. La connaissance exacte et précise de la distribution des muscles est donc absolument nécessaire pour le traitement des lésions auxquelles ces parties sont exposées par l'impression des causes extérieures : et Galien avait bien raison de critiquer les sophistes de son temps, qui donnaient beaucoup de temps à la dissection des parties intérieures, qui comptaient le nombre des membranes dont ces parties intérieures étaient recouvertes, qui examinaient très-soigneusement le nombre et la direction des fibres dont les membranes étaient tissues, et qui négligeaient et ignoraient absolument l'étude de la myologie. Ce grand homme nous cite nombre d'exemples malheureux, suites nécessaires de cette ignorance.

Les muscles sont composés de fibres, c'est-à-

dire, de petits filaments cylindriques, disposés lon-
gitudinalement (1), et qui paraissent partout semblables. Ces petites fibres sont pénétrées d'une couleur
rouge fort vive dans l'homme et dans les animaux
à sang chaud. Cependant cette couleur rouge ne leur
est pas essentielle, et elle dépend absolument du
sang contenu dans le tissu spongieux qui les enveloppe. Aussi est-il facile de s'assurer qu'en exposant
un muscle à des lotions dans l'eau chaude, répétées
une assez grande quantité de fois, cette couleur
rouge s'efface entièrement, et la fibre musculaire
reprend la couleur blanche qu'elle avait dans le fœtus avant la formation du sang, et qu'elle a toujours
dans les insectes, dont les liqueurs ne sont pas colorées. Car les muscles des insectes sont absolument
blancs; et peut-être de tous les animaux, les insectes sont-ils ceux dont les muscles, relativement
à leur volume, jouissent de la plus grande force.

On a cherché à déterminer la grosseur, ou plutôt
l'extrême ténuité de la dernière fibre musculaire;
c'est-à-dire, de celle qui n'est plus susceptible de
subdivisions. Muys a fait trois ordres de fibrilles
plus petites les unes que les autres, et qui, par leur

---

(1) *Via recta vel serpentim progrediuntur.* (*Comm:*
Leipsic. t. 23, p. 275.)

réunion, forment la première fibre que l'œil nu puisse apercevoir. Leuwenhoeck lui donnait pour diamètre la cent millième partie du diamètre d'un grain de sable, et Leuwenhoeck se contre disait lui-même autant de fois qu'il faisait de nouvelles recherches microscopiques. Il n'est pas douteux qu'on ne trouve sur cet objet une grande quantité de variétés dépendantes, et de la portée des instruments qu'on emploie, et des circonstances différentes où se trouve l'animal dans l'instant qu'on le soumet aux expériences; outre qu'il est fort gratuit de supposer que la nature se soit prescrit la loi de donner une grandeur uniforme à la fibre musculaire de tous les animaux, comme le prétendait Leuwenhocek (1).

La fibre musculaire paraît solide, non pas cependant d'une solidité absolue, mais percée de pores distribués irrégulièrement, comme tous les corps de la nature; en sorte que tout ce qu'on a dit de toutes ces cavités sphériques, cylindriques, ou rhomboïdales, dont on a supposé que la fibre était

---

(1) Bochaska s'est convaincu qu'il y avait de très-grandes variétés sur la grosseur de la fibre musculaire, dans les différents animaux, et surtout dans les poissons. (*Comm. de Leipsic.*, t. 23, p. 274.)

composée, ne mérite absolument aucune attention ; d'autant plus que ces hypothèses absolument gratuites étaient seulement imaginées pour faire concevoir le mouvement de contraction de cette fibre, et que les circonstances de ce mouvement ne peuvent absolument se concilier avec cette structure, ainsi que nous le verrons dans la suite.

Le muscle, dans toute sa longueur, n'est pas composé d'une seule et même fibre ; mais cette fibre est formée de différentes portions, d'un pouce de longueur tout au plus, et qui sont unies par leurs extrémités. On a beaucoup disputé sur la manière dont se fait cette réunion des petites parcelles dont la fibre totale est composée. Les uns ont prétendu que ces petites parties se touchaient seulement par leurs extrémités ; d'autres, que ces extrémités se distribuaient en différents filaments, et que leur réunion se faisait par le tissu de ces filaments. Quand on voit les hommes se livrer à des questions de cette espèce, on n'a pas lieu de s'étonner du peu de progrès que font les sciences, malgré le nombre de ceux qui les cultivent, et malgré leurs travaux suivis avec ardeur.

Ces petites fibres, enveloppées chacune d'un tissu spongieux ou parenchymateux extrêmement fin, s'assemblent entr'elles dans un ordre constam-

ment parallèle; et d'abord elles forment des faisceaux enveloppés d'un tissu cellulaire ou spongieux
plus épais et plus considérable; et ces faisceaux
forment, par leur assemblage, le muscle total, lequel n'est aussi enveloppé à l'extérieur que d'un
tissu cellulaire. Car ce que plusieurs anatomistes
ont décrit sous le nom de membrane commune des
muscles, n'est que le plan le plus externe du tissu
cellulaire, absolument de même nature que les productions qui plongent dans le corps même du muscle, et qui fournissent des enveloppes d'abord aux
grands faisceaux, ensuite à chacune des plus petites
fibrilles, dont chacun de ces faisceaux est formé;
en sorte que faisant abstraction des vaisseaux et des
nerfs qui se distribuent diversement dans la sub-
tance du muscle, et dont nous ne parlons pas encore, le muscle n'est absolument composé que de
fibres disposées parallèlement les unes aux autres,
et distribuées dans un tissu spongieux ou parenchymateux, qui fait le fond et la chaîne de toutes les
parties du corps, et qui établit entr'elles une communication qui rend le corps perméable en entier,
comme l'avait dit Hippocrate.

Cette espèce de tissu cotonneux ou spongieux,
interposé entre les fibres musculaires, prend l'apparence d'un assemblage de filaments qui traversent
le muscle dans le sens de sa largeur; et c'est ce qui

fait penser à quelques anatomistes que tous les muscles étaient formés de deux plans de fibres, les uns qui suivent sa longueur, et les autres qui coupent transversalement ces premières. Il est bien évident au moins que ces prétendues fibres transversales ne remplissent point un usage aussi important que l'ont cru Willis, Tauvry, Verreheyen et beaucoup d'autres; et que le mouvement du muscle en sa contraction ne dépend pas de l'action de ces fibres, comme l'ont pensé ces auteurs. Car si, selon l'expérience de Vesale et de Sanctorius, qui avait déjà été faite très-anciennement par Galien, on coupe un muscle par des sections répétées, et qui soient faites dans le sens de la longueur du muscle, les différents lambeaux dans lesquels le muscle est divisé se contractent encore, et avec autant de force et de liberté que le muscle entier. En sorte qu'il est bien démontré par cette expérience que la contraction des muscles ne s'exécute pas par des fibres qui les traversent dans le sens de leur largeur, puisque cette contraction subsiste encore en entier, lorsque ces prétendues fibres sont entièrement coupées.

On voit combien cette expérience de Galien et de Vesale est importante pour la pratique de la chirurgie; et on voit que dans les cas où il est nécessaire de faire des coupures dans un muscle, il faut, autant qu'il est possible, les faire dans le sens des

fibres longitudinales. Ainsi, pour travailler sûrement
sur les muscles, il ne suffit donc pas de connaître
leur situation ; mais une circonstance absolument nécessaire, et qui doit diriger constamment l'opérateur,
c'est la connaissance de la manière dont les fibres sont
dirigées : car si on ignore cette direction, et qu'on
coupe transversalement les fibres longitudinales, on
détruit absolument l'exercice du mouvement qui
dépend de ce muscle ainsi coupé ; et si la section
n'est pas complète, les fibres qui sont coupées et
qui se retirent par l'effet de leur contractilité naturelle, exercent un tiraillement continuel sur les
fibres qui sont encore entières, ce qui peut déterminer des accidents graves et des convulsions souvent mortelles.

Les muscles ne sont donc composés que d'un
seul ordre de fibres situées parallèlement, et dès-
lors les muscles ne sont capables que d'un mouvement à direction simple et unique ; et la variété des
mouvements qu'un membre peut exécuter, dépend
du nombre de muscles qui s'y attachent et qui sont
situés diversement : et voilà une très-grande différence entre les muscles qui exécutent des mouvements volontaires, et les organes creux recélés dans
l'intérieur du corps, et qui exécutent des mouvements naturels, comme on dit communément,
c'est-à-dire, des mouvements qui ne dépendent pas

aussi complètement de la volonté ; car les fibres musculaires qui entrent dans la composition de ces organes
creux, s'assemblent sous toutes sortes de directions ;
en sorte que ces organes peuvent exécuter des mouvements en tous sens et extrêmement variés.

~~~~~~

LEÇON QUATRIÈME.

Composition du muscle, tendons, graisse, onc-
tions huileuses dans le spasme de lassitude.

JE n'ai parlé encore, Messieurs, que du ventre du
muscle ou de sa portion charnue, laquelle est pénétrée d'une couleur plus ou moins rouge dans
l'homme et dans les animaux à sang chaud, et qui
est la seule susceptible de mouvements de contraction, comme nous le dirons dans la suite. Les muscles
présentent encore une partie différente qui est blanche, plus dure, plus resserrée, et qui, dans un âge
plus avancé, a un éclat ou un luisant particulier :
cette portion est ce qu'on appèle le tendon.

Le tendon observé, au microscope, offre une
structure absolument analogue à celle des parties
charnues du muscle, c'est-à-dire, qu'on y aperçoit
également des filaments extrêmement déliés, disposés en long, homogènes dans toute leur étendue,
et qui sont distribués parallèlement les uns aux
autres dans une substance spongieuse, plus intimement rapprochée et plus condensée que dans le ventre
du muscle.

Une grande différence qui se trouve entre le tendon du muscle et sa portion charnue, c'est que le tendon reçoit une beaucoup moindre quantité de nerfs. Car, quoiqu'il ne soit pas démontré que chaque fibrille musculaire reçoive un rameau nerveux, et qu'il ne soit pas du tout croyable que la nature s'asservisse à une précision aussi rigoureuse, cependant il est bien constaté que les muscles, dans leur portion charnue, reçoivent une quantité considérable de nerfs et beaucoup plus relativement à leur volume que toute autre partie du corps; au lieu que les tendons n'en reçoivent que très-peu, si toutefois ils en reçoivent aucun.

D'après ce fait d'anatomie, il ne faut pas croire cependant, comme l'a fait M. Haller, que les tendons soient absolument insensibles; car non seulement il n'est pas encore bien démontré que les tendons soient complétement dépourvus de fibrilles nerveuses, mais surtout il est faux que les nerfs soient les seules parties du corps auxquelles la sensibilité soit attachée d'une manière exclusive; et ce qui le démontre bien, c'est que les tendons ont quelquefois, souvent même, été trouvés sensibles par un grand nombre d'observateurs. Et comme le fait de la distribution des nerfs est un fait stable, constant, et qui n'est pas susceptible de changement, il s'ensuit que ce n'est pas aux nerfs qu'on doit attribuer les variétés que les tendons présentent dans l'exercice de leur sensibilité, variétés qui ont été constatées par quantité d'expériences, et dont il est impossible de douter.

Les tendons par leur consistance forment, pour ainsi parler, la nuance entre les os et la partie charnue des muscles, et dès-lors les tendons peuvent unir convenablement ces deux parties, lesquelles à raison de leurs qualités trop opposées ne peuvent pas subir immédiatement entre elles une union aussi ferme et aussi solide qu'il importe à la sûreté des mouvements; et ce qui confirme cet usage que Galien donne aux tendons, c'est que, généralement parlant, ils ne se trouvent guère que dans les muscles qui s'attachent à des os, et qu'ils manquent assez communément dans les autres, par exemple, dans le cœur, dans la langue, dans la matrice, dans la vessie, dans l'estomac, dans les intestins, dans les sphincters des lèvres; et d'un autre côté, c'est que les muscles qui s'attachent immédiatement aux os par leur partie charnue, le sont toujours par une étendue très-considérable, afin de remédier par la multiplicité des points d'attache ou de contact à la faiblesse qui résulte de ce mode d'union.

Une chose très-remarquable dans la distribution des tendons, c'est qu'ils se trouvent très-multipliés

vers les extrémités, par exemple, aux pieds et aux
mains. Par là, non seulement ces parties, plus exposées que toutes les autres, résistent avec beaucoup d'effet aux impressions de causes extérieures
de lésion, comme l'a très-bien dit M. Morelli; mais
encore ces parties sont rendues plus légères, ce qui
est un avantage très-considérable, puisque ces parties
agissent au bout d'un très-long levier. On voit, d'après
les notions les plus simples de la mécanique, que
leur pesanteur réelle est notablement augmentée par
l'effet de leur situation.

Nous avons vu que les fibres musculaires étaient
distribuées dans un tissu spongieux ou parenchima-
teux; ce tissu spongieux est habituellement pénétré
d'une substance huileuse ou graisseuse, qui se ré-
pandant sur ces fibres entretient leur souplesse et
les met en état de se prêter librement aux alternatives rapides de contraction ou de dilatation que la
nature ou le principe de la vie leur imprime dans
le mouvement des muscles, ainsi que nous le dirons dans la suite.

Aussi la graisse se trouve-t-elle rassemblée en
grande quantité dans le voisinage des muscles et
surtout de ceux qui doivent exécuter de grands et
violents mouvements; et ces plans graisseux qui se
trouvent entre ces muscles, forment un des princi-

paux caractères qui guident l'anatomiste et qui lui servent à les distinguer les uns des autres.

Et ce qui prouve bien qu'un des principaux usages de la graisse est de faciliter le mouvement des fibres musculaires, et que ce mouvement, et la production de la graisse, sont deux effets corrélatifs dans le système animal, c'est que, comme l'a bien remarqué M. Haller, la graisse ne commence à se former dans le fœtus qu'au quatrième mois, et que c'est à cette époque que les sucs, qui jusques-là avaient été muqueux ou gélatineux, prènent évidemment un caractère graisseux ; et c'est aussi à cette époque du quatrième mois à peu près que le fœtus entre en jouissance de ses muscles et qu'il commence à s'agiter sensiblement dans le sein de sa mère. Nous avons déjà eu occasion d'observer que la circonstance qui détermine ainsi les phénomènes à paraître précisément à tel instant de la durée de l'animal et non pas à tel autre, était une circonstance extrêmement remarquable, en ce que c'est une de celles qui se dérobent le plus complètement à toute explication mécanique.

Parmi plusieurs autres usages de la graisse, dont nous aurons occasion de parler ailleurs, un usage bien évident encore que remplit cette substance animale, c'est de défendre le corps de l'action du

froid. Aussi est-il bien connu que les personnes
fort maigres sont beaucoup plus sensibles à l'impression du froid (1), qu'elles le supportent plus difficilement qce ceux qui sont plus fournis d'embonpoint; et une chose bien remarquable, c'est que
les pays extrêmement froids sont précisément ceux
où l'homme et les animaux se couvrent d'une plus
grande quantité de graisse, et qu'au contraire ils
sont beaucoup plus maigres dans les pays chauds,
et d'autant plus que la chaleur est plus vive. Galien
nous apprend que les Arabes, les Lybiens, les Egyp-
tiens, les Ethiopiens, qui habitent des climats brû-
lants, sont tous d'un tempéramment extrêmement
sec; et qu'au contraire les Gaulois, les Thraces, les
Bythiniens, les Galates, qui habitent des pays froids,
sont extrêmement gras et d'autant plus que le tempérament de chaque individu porte une plus forte
teinte du [tempérament affecté généralement au
climat.

Un fait analogue, c'est que la fin de l'automne ou

---

(1) Voilà pourquoi Hippocrate disait que les personnes
qui ont beaucoup de chaleur naturelle sont bien plus sensibles à l'impression du froid; car il est d'observation que
ces personnes sont moins chargées de graisse. « *Frigidior
in frigido tempore ac regione calidior est*. (*Epid.* 6,
Prosp. Mart. p. 247.)

l'approche de l'hiver est la saison de l'année la plus
propre à la préparation ou à la collection de cette
humeur ; en sorte que la nature de chaque animal
est alors très-évidemmment occupée des moyens de
le défendre des intempéries auxquelles il va être
exposé. C'est ainsi que plus on médite sur les phénomènes de l'économie animale, plus les rapports
se multiplient, et plus on vient à reconnaître la faiblesse et l'inanité des hypothèses dont on a dé-
duit ces phénomènes.

Et comme il nous importe surtout de nous bien
convaincre du peu de fondement de ces hypothèses,
et que nous ne devons pas tant chercher à accumu-
ler les faits qu'à prendre des idées justes qui puissent
nous diriger sûrement dans toutes nos études, je
crois devoir observer qu'en admettant, selon les
opinions reçues, que la graisse est toute formée dans
le sang, ainsi que M. Morgagni et quelques autres
ont cru le voir, et que cette graisse se dépose habituellement dans le tissu cellulaire en suintant à
travers les pores des artères, comme le fait une
substance graisseuse que l'on injecte dans les vaisseaux d'un cadavre, il faudrait que la graisse s'amas-
sât uniformément dans toutes les parties du corps,
et il n'y aurait d'autre différence dans la quantité
affectée à chaque partie que celle qui résulterait du
nombre des vaisseaux de cette partie : car le sang

se porte également à chaque partie du corps, et les artères sont partout également percées de pores. Or cette conséquence qui suit si nécessairement de la théorie est absolument démentie par les faits qui démontrent qu'il est des parties dans lesquelles il ne se forme jamais de graisse ; telles sont le poumon , le cerveau et le cervelet, qui , dans l'état naturel, ne présentent pas un atôme de graisse. Il est bien étonnant que M. Haller, qui a connu ces faits et qui a eu la bonne foi de les rapporter, n'ait pas vu qu'ils détruisaient nécessairement la théorie qu'il a adoptée avec tous les auteurs de la secte mécanique.

Il faut donc reconnaître qu'indépendamment de la force productive de la graisse, cette humeur, après sa production ou sa formation, est portée ensuite et déposée vers certaines parties déterminées. Or cette collection de la graisse dans certaines parties et non dans telle autre se rapportant bien évidemment aux besoins de l'animal, il est clair qu'elle ne peut être expliquée par des causes mécaniques. Nous devons observer ici que ce que nous appelons causes mécaniques ne sont que les lois que nous apercevons dans l'ordre des phénomènes que nous présentent les objets de la nature universelle. Or , ces phénomènes se suivant dans un ordre tout différent de celui dans lequel se suivent les phénomènes de

l'économie animale, puisque les tendances ne sont
pas les mêmes, et qu'enfin les résultats de l'économie animale ne sont pas ceux de la nature universelle, il s'ensuit que l'application rigoureuse des
lois mécaniques à l'économie animale est mal entendue, et même qu'elle implique évidemment con-
tradiction. Ce sont des idées sur lesquelles je crois
à propos de revenir souvent, et que je tâche de présenter de toutes les manières, parce que les préjugés contraires sont extrêmement répandus et fortement enracinés. Stahl dit à peu près dans le même
sens : « *Ubique interim conceditur quod con-*
» *fermentatio chimica et animalis vitalisque*
» *quam maxime in productis differant. Quem-*
» *admodum enim aer, æther, calor, aliter as-*
» *sumuntur ab agenti illo universali microcos-*
» *mico ad transformanda sibi subjecta, aliter-*
» *que proportio combinabilium, ut plurimum*
» *fortuita cadit, præcipue vero aliis productis,*
» *ad conservationem specierum à suâ directione*
» *pendentium, agens illud universale opus habet:*
» *ita sanguis semel in generatione productus,*
» *et viscera aliter assumuntur ab agente speciali*
» *microcosmico, et materia sub justâ propor-*
» *tione aliter combinatur, prout aliis productis*
» *ad conservationem singularum corporis par-*
» *tium agens hoc speciale opus habet.*» (*Dis-*
sertatio de sanguificatione.)

J'ai dit que le tissu spongieux dans lequel se distribuent les fibres musculaires est toujours rempli d'une substance huileuse qui se répand sur ces fibres, et qui y entretient ce degré de souplesse nécessaire à la liberté et à la facilité de leurs mouvements. Pour produire cet effet avec plus d'avantage, la graisse se mêle naturellement avec une liqueur mucilagineuse, fournie par des glandes qui sont dispersées en très-grande quantité sur la surface des muscles, et surtout dans le voisinage des tendons.

Nous avons dit ci-devant qu'il existe dans les cavités articulaires et dans les membranes qui enveloppent les articulations, qu'il existe, dis-je, des glandes qu'on appelle communément du nom de Clopton-Havers, non pas que cet anatomiste anglais les ait découvertes, mais parce qu'il est celui qui les a décrites avec le plus d'exactitude, et qu'il les a suivies dans les plus grands détails. Nous avons dit que ces glandes versent dans les cavités articulaires une humeur mucilagineuse qui se mêle avec la moelle qui transsude à travers les os; en sorte que du mélange de cette humeur mucilagineuse et de la moelle, il résulte une liqueur onctueuse et pénétrante, extrêmement propre à faciliter les mouvements des os, en adoucissant et modérant leur frottement.

La même chose arrive donc par rapport aux muscles; et Clopton-Havers a démontré dans le voisinage des muscles une grande quantité de petites glandes de même nature que celles qu'il avait démontrées dans les cavités articulaires. La liqueur mucilagineuse que séparent ces petites glandes musculaires, se combine donc avec la graisse du tissu cellulaire, et il en résulte une humeur plus propre à s'attacher aux fibrilles musculaires et à y entretenir une souplesse plus durable. Car on peut concevoir, comme le dit Clopton-Havers, que le mucilage mêlé avec l'huile augmente sa fluidité et la rend plus coulante et plus pénétrante, et que d'un autre côté, l'huile intimement battue avec le mucilage, le conserve et l'empêche de se concréter. (GAL. *De simpl. f. med. facult. l.* 2, *c.* 5, 6, 25; *l.* 2, *c.* 9.)

Les lassitudes, les malaises qu'on éprouve dans les parties musculaires, à la suite d'exercices trop violents ou trop long-temps continués, ne dépendent, comme nous le dirons ailleurs, que de spasmes ou d'une roideur établie et fixée dans les fibres musculaires, et qui les empêche de se prêter facilement aux alternatives de contraction et de dilatation que le principe de la vie tend à leur imprimer. D'après les moyens que la nature emploie habituellement pour entretenir la mobilité des fibres musculaires, on voit donc que ces lassitudes doivent être combattues avec beaucoup d'avantage par le moyen des huiles et des humectants. C'était aussi la pratique habituelle des athlètes qui faisaient un usage habituel de bains tièdes et d'onctions huileuses. J'ai déjà eu occasion de remarquer que cette excellente pratique des onctions huileuses, qui avait déjà été attaquée par d'anciens sophistes, est entièrement tombée aujourd'hui en désuétude, et je reviendrai ailleurs sur les préjugés qui ont décidé cette révolution.

~~~~~~

LEÇON CINQUIÈME.

Force de contractilité, force tonique. — Idée des anciens sur la distribution de la chaleur.

Après avoir exposé la structure des muscles, il nous reste à considérer les forces qui s'y exercent habituellement; et d'abord je ferai ici parfaitement abstraction des forces digestives ou altérantes, qui, comme nous l'avons déjà dit tant de fois, décident les qualités intérieures et spécifiques du muscle qui s'exercent dans toute son étendue, et qui, assimilant complétement à sa substance les sucs nourriciers qui y abondent, reproduisent ce muscle par un acte non interrompu, et le conservent pendant très-long-temps sans aucune altération dans ses qualités, malgré les déperditions qu'il éprouve continuellement, comme toutes les autres parties vivantes, et principalement, comme nous le dirons ailleurs, par l'action combinée de l'air et du feu.

Je ne parle donc absolument que de la force motrice et de locomotion, laquelle, sans changer ses qualités intérieures, ou ses qualités de tempérament, comme disaient les anciens, agite et balance la fibre musculaire, et tend exclusivement à changer sa situation par rapport aux fibres environnantes.

Et quoique ces deux forces soient constamment subordonnées, qu'elles s'accordent et concourent dans la production de chaque phénomène, et qu'elles dépendent dès-lors d'un seul et même principe, il importe cependant, pour la facilité de la méthode, de les considérer séparément, et de les distinguer l'une de l'autre, pourvu que nous ne regardions pas cette distinction comme réelle et absolue, mais seulement comme relative à notre manière de concevoir, et comme devant nous servir seulement à suivre les phénomènes avec plus de facilité. C'est bien évidemment pour n'avoir pas compris Galien, que des médecins modernes lui ont tant reproché l'usage qu'il avait fait de ces facultés. Ce grand homme avait répondu d'avance aux objections qu'on a répétées si souvent : il s'était bien positivement expliqué sur la nature de ces facultés, qu'il ne considérait point comme des êtres réels et distincts, mais seulement comme des modifications d'une seule et même substance, c'est-à-dire, comme la forme même du corps vivant, ou le principe de la vie considéré successivement sous différents aspects, et appliqué à la production de différents ordres de phénomènes, comme vous pouvez le voir dans son traité de *Facultatum substantiis*, où il se moque très-plaisamment des mêmes opinions que presque tous les médecins modernes lui ont prêtées. Il semble, disait-il, que ces gens considèrent les facultés dans une substance, comme les hommes dans une maison.

Les muscles sont pénétrés d'une force de contractilité, c'est-à-dire, que les molécules qui composent chaque fibre musculaire tendent sans cesse à se rapprocher les unes des autres, et que cette tendance n'est arrêtée que parce qu'elle est balancée dans une tendance semblable dans des muscles qui sont situés en sens contraire. Cette force de contractilité se démontre en ce que, si on coupe un muscle transversalement, c'est-à-dire, par une direction qui soit perpendiculaire à la direction de ces fibres, chacune de ces portions de fibres se retire d'une quantité très-considérable vers le point de leur attache; et de plus, si on détache d'un cadavre des fibres musculaires, et qu'on y suspende des poids, ces fibres cèdent, s'alongent, et reviènent ensuite à leur grandeur première, quand elles cessent d'être soumises à l'action de ces poids. Muschembrock et M. de Sauvages ont beaucoup multiplié ces expériences sur différentes parties animales, et il en est résulté que toutes sont douées de contractilité; qu'elles le sont inégalement, et que de toutes ces parties les cheveux sont celles qui sont capables de soutenir sans se rompre les poids les plus considérables.

Cette force de contractilité et cette force d'adhésion, entre les molécules, se retrouvent donc dans tous les corps de la nature, et s'y retrouvent à mesure très-inégale.

Mais il ne faut pas perdre de vue que tant que les muscles font partie d'un animal, tant qu'ils sont pénétrés de vie, leur force de contractilité, c'est-à-dire, la force qui détermine la tendance de leurs molécules les unes vers les autres, est bien différente dans son principe, de la contractilité de tous les autres corps de la nature, et quelle dépend exclusivement de l'action immédiate du principe qui anime le corps. Car on ne saurait trop répéter que la raison d'individualité d'un animal, la raison de son unité, de sa simplicité, ne peut être que la subordination rigoureuse et absolue de tous les phénomènes à un seul et même principe.

Et, ce qui prouve bien démonstrativement que la force de cohésion des fibres musculaires dépend exclusivement de l'action que le principe de la vie y déploie, c'est que tant que le muscle fait partie de l'animal, tant qu'il est pénétré de vie, il résiste à des efforts bien supérieurs à ceux qu'il

46

peut supporter dans l'état de cadavre. Nous verrons
bientôt que d'après les calculs de Borelli, réduits à
leur juste valeur, les muscles, pour produire des
effets même ordinaires, doivent déployer des forces
très-considérables, tandis que les muscles, après
la mort, se déchirent quand on y suspend des poids
beaucoup moindres. C'est pour n'avoir pas connu
ce fait de l'augmentation de la cohésion des muscles,
par l'action directe et immédiate du principe de la
vie, que Libertus a prétendu faussement que les travaux de Borelli ne méritaient aucune considération,
et que les muscles n'étaient pas capables des efforts
que cet habile géomètre leur prête.

Une autre preuve évidente de l'influence directe
du principe de la vie sur la force de cohésion
des parties vivantes, c'est que le rapport de force
et de ténacité des différentes parties, est sujet à
des variétés très-multipliées qui se présentent soudainement, et auxquelles on ne peut attribuer
aucune cause physique. Ainsi, quoiqu'ordinairement le degré de ténacité des tendons, soit de
beaucoup supérieur au degré de ténacité des
parties charnues et vraiment musculaires, il arrive
cependant quelquefois, et par des circonstances
qui ne peuvent être déterminées à priori, et qu'on
ne peut connaître que par l'observation, il arrive,
dis-je, que le même effort appliqué à la fois et

au tendon et au muscle, rompra le tendon sans
rompre la portion charnue du muscle. C'est ainsi
qu'il faut concevoir, comme l'a dit l'illustre M. de
Barthez, la rupture du tendon d'Achille, dans des
efforts que les muscles gastroenemiens ont dû nécessairement supporter sans rupture ; tandis qu'après la
mort, le tendon d'Achille peut supporter, sans se
déchirer, des poids de beaucoup supérieurs à ceux
que peuvent soutenir les muscles gastroenemiens,
par leur partie charnue.

Les forces toniques, ne doivent donc être re-
gardées que comme modifications de la force de
contractilité et de cohésion, avec cette seule différence que la force de cohésion tend à retenir les
molécules d'une manière fixe, au lieu que la force
tonique les agite sensiblement, et leur imprime de
légers frémissements continuels, et les rapproche
ou les éloigne alternativement, mais par des mouvements peu considérables, et qui se suivent avec
une extrême rapidité. Les forces toniques ne sont
pas bornées exclusivement aux muscles, quoiqu'elles
s'y exercent à un degré plus marqué. Tout le
monde convient que ces forces existent également
dans les vaisseaux, dans les membranes, dans le
tissu cellulaire ; et c'est surtout dans différentes
affections maladives qu'elles s'y développent bien
évidemment, lorsqu'elles sont augmentées au point

de se changer en véritables mouvements convulsifs
ou spasmodiques. Nous avons déjà remarqué que
c'était à raison de la force tonique qui agite sans
cesse chacune des molécules des os, que leur solidité pouvait présenter, dans des temps différents, de très-grandes variétés, sans aucune cause
apparente ; et, en parlant du crâne, j'ai dit que
c'était un fait auquel il fallait faire beaucoup d'attention dans les phénomènes des contre-coups dont
il ne paraît pas qu'on puisse nier l'existence, mais
qu'on ne peut pas expliquer non plus d'après des
considérations déduites de la structure du crâne,
mais bien d'après les différents degrés de solidité
que peuvent présenter ces différentes parties, en
vertu de la manière dont les forces toniques y sont
distribuées; en sorte que cette distribution peut être
si inégale, qu'un coup porté sur une portion très-
forte, n'a point d'effet sur cette partie, tandis que
la seule commotion ou le seul ébranlement peut
faire éclater une partie éloignée qui se trouve actuellement dans une faiblesse relative très-considérable. Je rapporterai ailleurs des faits qui cons-
tatent aussi bien évidemment l'existence de la force
tonique dans la substance du cerveau et des nerfs,
et non pas seulement dans les membranes qui les
enveloppent, ainsi que l'a avancé Morgagni (1).

_____

(1) Je remarquerai seulement ici qu'il est beaucoup

Les forces toniques sont distribuées, dans les muscles d'une manière inégale ; et une circonstance remarquable dans cette distribution inégale, c'est que très-généralement les muscles fléchisseurs sont plus forts que les extenseurs ; en sorte que l'état d'une flexion légère est l'état le plus naturel et celui qu'affecte constamment l'animal dans le repos. Voilà pourquoi, dans le sommeil, presque toutes les articulations sont légèrement fléchies,

---

d'apoplexies et de paralysies qui ne dépendent que de spasme ou de contraction fixe, établie dans la substance du cerveau et dans celle des nerfs, et non pas seulement dans les membranes qui les enveloppent, ainsi que l'ont avancé MM. Morgagni et Lecat, qui faisaient toujours dépendre l'apoplexie de la contraction spasmodique de la dure-mère.

Ce que nous disons ici d'après l'observation, et non d'après de vaines hypothèses, se trouve confirmé par l'autorité de l'homme du monde qui a le mieux écrit sur la médecine; Hippocrate a connu que l'apoplexie pouvait dépendre d'un mouvement convulsif dans le cerveau, mouvement convulsif qui, le plus souvent, était excité par différentes causes irritantes. « *Cerebrum autem cla-* » *dem perfert etiam ipsum sanum existens*......... *Sed si* » *quidem rodatur turbationem multam substinet et hunc* » *decipit et cerebrum convellit ac distrahit totum homi-* » *nem qui in se ipso vocem non edit ac suffocatur. Hœc* » *affectio sideratio ac grœcè apoplexia appellatur.* » (*De Glandulis cornaro, n.* 9, *Martian, vers.* 103, *p.* 48.)

et pourquoi tous les fœtus, dans le sein de leur mère, ont le corps courbé constamment en avant. C'est encore par la même raison que dans la paralysie incomplète des extrêmités supérieures qui suit certaines coliques ou certaines affections spasmodiques ou nerveuses des entrailles, la paralysie est très-communément ressentie par les muscles extenseurs des doigts et supinateurs du poignet; c'est que ces muscles étant habituellement affaiblis relativement à leurs antagonistes, ils éprouvent plus fortement et ressentent davantage une impression maladive qui frappe à la fois, et avec une égale quantité d'action, et sur les uns et sur les autres.

Je remarque que les anciens appelaient assez communément du nom de principe de chaleur, ce que nous nommons forces toniques; en sorte que pour peu que l'on soit versé dans l'étude des anciens, on voit qu'on peut attribuer réellement aux forces toniques, ce qu'ils attribuaient au principe de la chaleur (1). Cependant la manière dont les anciens considéraient la chaleur par rapport à

---

(1) Cette dénomination des anciens était vicieuse en ce que la chaleur est plutôt l'effet que la cause des mouvements toniques; et surtout elle est vicieuse en ce que les forces toniques ne sont pas appliquées exclusivement à la production de la chaleur.

tout le corps, présente des choses vraiment précieuses ; car c'est surtout à considérer l'ordre, le
rapport et la succession des phénomènes que nous
devons nous appliquer. Le corps entier doit toujours
être le but de nos études, parce que le corps entier
est toujours le sujet qu'embrasse et que saisit en
grand chaque acte de la nature vivante. L'excellent
M. de Bordeu disait avec beaucoup de vérité,
que c'est parce que les modernes étudiaient les
phénomènes dans leur état isolé et solitaire, et
qu'ils ne cherchaient point à en saisir toute la
chaîne, que les travaux de la plupart ont fait si
peu pour le progrès de la science.

Les anciens (1) considéraient donc le principe

---

(1) Je vais vous citer un passage de Galien qui me
paraît celui dans lequel il a le plus clairement exposé ces
idées sur le principe de vie, considéré sous le rapport de
ces forces toniques. « Innatus *namque calor ut qui sem-*
» *per mobilis est, neque intro solum neque extra move-*
» *tur ; verum, alterum ipsius motum semper excipit alter ;*
» *cito enim is qui intro fit solus desineret in cessationem ;*
» *qui vero extra, dispergeret, atque sic corrumperet ip-*
» *sum ; quum autem moderate extinguitur, ac moderate*
» *accenditur, velut Heraclitus dixit, hoc modo semper*
» *mobilis manet. Incenditur itaque nutu deorsum versus*
» *facto alimentum appetens. Ubi vero attollitur ac un-*
» *dique dispergitur, extinguitur. Gæterum sursum et*

de la chaleur comme agissant sur tout le corps, et plus précisément comme partant du centre du corps, et se distribuant librement sur toute la masse ; ils s'imaginaient que l'état, *habitus*, de chacune des parties vivantes, était le produit d'une espèce d'équilibration entre la chaleur ou le principe qui tendait du centre à la circonférence, et le froid ou le principe qui tendait de la circonférence vers le centre. Il paraît même, par quelques passages d'Hippocrate (si toutefois ces ouvrages sont de lui, et s'ils ne sont pas plutôt d'Héraclite), il paraît, dis-je, que ces deux forces de chaud et de froid, ou d'expansion et de condensation, qui se balancent et s'alternent réciproquement, avaient été prises, par Hippocrate, pour fondement de sa philosophie; ensorte que ce grand homme donnait une extension vicieuse à ces deux forces, qui méritent effectivement beaucoup d'attention, et qui donnent le moyen de concevoir bien des phénomènes (1).

» *extra, expansionem a proprio principio, eo quod* » *calidus est, habet. Intro vero et deorsum, hoc est* » *ad proprium principium viam eo quod frigiditatis* » *cujusdam particeps est, ex caliditate enim ac frigi-* » *ditate mixtus est.* » (GAL., *de rigore et convul. t.* 3, *p.* 206.)

(1) Mais ces idées sont bien rectifiées dans d'autres ou-

Lorsque ces deux forces opposées, qui s'alternent sans cesse dans toutes les parties, et qui y entretiennent ces motitations ou ces frémissements continuels ; lorsque ces deux forces étaient balancées dans un rapport convenable, chaque partie exécutait librement et facilement ses fonctions, et l'animal jouissait facilement d'une santé pleine et entière (1). Si, au contraire, la force expansive ou le principe de chaleur était affaibli

---

vrages ; par exemple, dans le traité *De veteri medicinâ.* Cependant le livre qui a pour titre *De veteri medicinâ* présente des idées bien plus saines. L'auteur prétend que le chaud et le froid par eux-mêmes produisent des maladies assez légères, « *Frigiditatem autem et caliditatem ego* » *omnium facultatum minime potentes esse in corpore* » *existimo.* » à moins qu'elle ne se trouve compliquée avec quelque altération profondément établie dans la matière. L'auteur prouve, dit Prosper Martian, que le chaud et le froid sont des causes peu actives de maladies tant qu'elles n'ont point décidé d'altérations humorales. « *Probat Hippocrates frigiditatem et caliditatem absque* » *humore non esse potentes in corpore.* »

(1) C'est en donnant une extension vicieuse à ces forces qu'il disait que la santé consistait exclusivement dans l'état d'équilibration du chaud et du froid. « *Sanum est* » *animal cum caliditas et frigiditas moderatum inter se* » *habuerint temperamentum.* » (GAL., *ibid.* n. 14 *de rigore et convulsione.)*

1.   47

relativement, et que la force de condensation ou
le principe du froid fût prédominant *et vice versâ*,
cette inégalité, dans l'action de ces deux forces
primitives, établissait une constitution maladive,
que les anciens appelaient du nom de rhumatismale (1), et que les modernes ont appelée nerveuse, *affection nerveuse* ; laquelle peut s'annoncer sous toutes sortes de formes, et simuler
toutes les maladies, selon que le spasme ou l'atonie,
produit par la dominance du principe de condensation sur le principe de raréfaction, est établi
dans telle partie ou dans telle autre.

D'après ces idées des anciens sur la nature du
principe de la chaleur et sur l'essence des maladies
nerveuses, on voit comment tous les remèdes doivent avoir pour objet de relever et de fortifier
le principe de la chaleur, et porter uniformément
l'action sur toutes les parties du corps (2). On

---

(1) L'affection rhumatismale dépend de l'affaiblissement radical dans l'exercice des mouvements toniques,
affaiblissement radical qui est réellement une des maladies primitives et élémentaires. « *Hujus modi quâpiam*
» *ratione rheumaticos vocatos affectus provenire cito toto*
videlicet corpore infirmo (quæ una est mali habitûs spe-
» *cies.* ») (GAL. *de curand. Rat. per san. miss.*, *n.* 7.

(2) Après avoir cependant combattu d'une manière

voit donc l'avantage de l'exercice, des bains, des frictions, dont l'effet est bien évidemment de porter les mouvements vers l'habitude du corps; on voit l'avantage de tous les moyens qui tendent à solliciter doucement tous les organes secrétoires, car ces organes secrétoires se trouvant distribués çà et là, sur toute l'étendue du corps, les remèdes qui les mettent en jeu multiplient les foyers d'irritation, et les établissent successivement sur différents points du corps; par là, la nature est invitée à étendre ces forces d'une manière uniforme; et, en suivant ces moyens assidûment et par reprises fréquemment répétées, elle perd peu à peu l'habitude des spasmes qu'elle avait contractée (1); on voit encore que les vrais remèdes toniques, c'est-à-dire, ceux qui tendent à établir et à arrêter,

---

convenable le spasme ou l'atonie qui peuvent se présenter comme éléments dominants de ces affections nerveuses, par les remèdes tempérants et par les excitants, et le plus souvent par la combinaison des uns et des autres, ou par leur alternative.

(1) Hippocrate, après avoir parlé des pleurésies et péripneumonies avec matière, et avoir reconnu qu'elles doivent nécessairement, pour se terminer heureusement, passer par voie de coction, parle d'une espèce purement nerveuse, avec dominance de spasme, sous le nom de *pleurésie sèche (pleuresiæ sine sputo)*, il dit que l'objet

d'une manière fixe , la distribution des forces
toniques au degré où elle est lors de leur usage ;
on voit , dis-je , que ces toniques (1) ne doivent être employés qu'à la fin du traitement , et
lorsque , par des moyens convenables, suivis pendant assez long-temps, la nature commence à ré-
partir et distribuer les forces d'une manière égale,

---

qu'on doit se proposer, c'est de distribuer la maladie sur
tout le corps. « *Ita ut morbus per totum corpus disperga-*
»-tur. » *(De morbis , lib.* 1 *, n.* 44*, Cornaro.)*

　　C'est ce qu'il tentait de faire par des saignées qui,
comme nous le verrons ailleurs , sont puissamment révul-
sives ; par des applications échauffantes et irritantes sur la
poitrine. *Huic venam secare conducit . . . .*
per medicamenta et potiones diffunditur et à calefac-
toriis extrinsecus adhibitis ita ut morbus per totum cor-
pus dispergatur (Cornaro de morbis, lib. 1*, n.* 14.*)*

　　(1) Ce que je dis ici de l'action des vrais toniques est
parfaitement d'accord avec l'idée qu'avait Hippocrate sur
la vertu de ces remèdes (Hippocrate, que citent si souvent
et si fastidieusement les esprits paresseux qui voudraient
bannir toute espèce de raisonnement de la médecine, en
sorte qu'on pourrait dire comme le faisait le chancelier
Bacon, que c'est un colosse à l'ombre duquel tous les ânes
viènent se ranger.) Hippocrate est le médecin qui a le plus
généralisé les faits, et qui possédait l'esprit le plus réellement systématique. Hippocrate , en parlant du traitement des fièvres intermittentes, absolument nerveuses,
et dépouillées de toute complication humorale, dit que le

ou affecte au moins une tendance de distribution
analogue à celle qui doit se trouver et se trouve
dans l'état de santé.

---

but que l'on doit se proposer, c'est d'arrêter d'une manière fixe l'état des forces, dé sorte qu'elles ne souffrent aucune altération dans leur mode de chaud et de
froid ; c'est-à-dire, d'après les idées que nous venons d'exposer, dans leur mode d'expansion, ou de condensation,
ou leur modé d'atonie ou de spasme. « *Vim porro ha-*
» *bent hæc medicamenta ut epotis corpus in loco fit in con-*
» *sueta caliditate et frigiditate ac neque præter modum*
» *calefiat neque frigefiat.*» Pour remplir cette indication,
nous ne savons pas bien précisément quels sont les remèdes
dont Hippocrate faisait usage, parce qu'il recourait à un
formulaire qui est perdu. Nous employons aujourd'hui le
quinquina, qui, de l'aveu général, est le tonique le plus
actif. Avant la découverte de cet excellent remède, on
employait familièrement les grandes compositions phar-
maceutiques et surtout la thériaque d'Andromaque, dont
le sage Sydenham faisait tant de cas dans les maladies
nerveuses. Mais ce n'est pas l'objet dont je dois m'occuper ici.

LEÇON SIXIÈME.

Nous avons vu que la solidité ou la force de cohésion de chacune des parties vivantes dépendait exclusivement de l'action immédiate que le principe de la vie y exerce, et j'ai rapporté en preuve de cette assertion, des faits qui ne peuvent laisser aucun doute sur sa vérité.

Nous avons dit de plus que toutes les parties vivantes sont habituellement pénétrées de forces toniques c'est-à-dire, qu'elles sont sans cesse agitées de mouvements de contraction et de dilatation qui se succèdent si rapidement, mais à un degré si léger et si faible, qu'ils sont absolument insensibles dans l'état de santé; et qu'ils ne se développent bien manifestement, et ne prènent un caractère bien évident que dans l'état maladif où ils peuvent augmenter au point de se changer en véritables spasmes ou mouvements convulsifs; et il n'est point de partie, quelque molle et délicate que soit sa consistance, qui, dans des constitutions nerveuses profondément établies, dont nous parlions hier, ne puisse devenir le sujet d'affections spasmodiques.

Le principe de la vie, en faisant abstraction de ses forces digestives, et ne le considérant que dans le rapport de ses forces locomotrices, entretient donc habituellement dans toutes les parties qu'il pénètre un certain degré de cohésion entre leurs molécules constitutives ; et de plus il agite sans cesse ces molécules et les approche ou les éloigne les unes des autres par des mouvements qui se succèdent avec une extrême rapidité. Car il ne faut pas croire que les forces toniques ou plutôt le principe de la vie ne puisse agir sur les fibres qu'en les contractant et qu'il ne peut rien sur la dilatation. La dilatation est un effet aussi vital et aussi actif que la contraction et qui l'alterne sans cesse dans le corps des animaux; et nous verrons dans la suite qu'il est beaucoup de phénomènes tels que la dilatation du cœur, celle des artères, l'ouverture de la prunelle, l'érection de la verge, qui ne peuvent s'expliquer ou se concevoir, qu'en supposant dans le principe de la vie le pouvoir de dilater les fibres d'une manière active et d'une quantité très-considérable. (1)

(1) Et vous vîtes hier, par l'exposition que je vous fis des idées des anciens sur la nature du principe de la chaleur ou du principe du mouvement, qu'ils regardaient les phénomènes d'expansion et de dilatation, comme aussi actifs que les phénomènes de condensation et de contraction. *Frigiditate et caliditate mixtus*, disait Galien, c'est-à-

Au reste, j'observe que les auteurs, qui, comme Willis par exemple, et beaucoup d'autres, se sont représenté le principe de la vie sous la forme d'une masse spiritueuse, subtile, éminemment susceptible d'expansion, ont dû nécessairement lui attribuer la propriété de dilater d'une manière active les fibres qu'il pénètre et qu'il anime.

Les forces toniques s'exercent dans les muscles à un degré plus marqué que dans toutes les autres parties du corps; cependant comme elles sont sans cesse opposées les unes aux autres et que les muscles qui sont distribués autour d'une articulation, agissent les uns contre les autres avec des efforts à peu près égaux; il s'ensuit que les forces toniques ne peuvent se produire avec évidence que lorsqu'on vient à détruire cet équilibre en coupant ou en affaiblissant l'un des muscles qui sont opposés l'un à l'autre, ou antagonistes l'un de l'autre. Ainsi si on coupe un muscle extenseur, le fléchisseur dont la force tonique n'est plus contrebalancée, entre en action et fléchit le membre auquel il s'attache sans

---

dire qu'il est susceptible de deux grandes modifications qui en forment comme les éléments; l'une qui se marque par un mouvement dirigé du centre vers la circonférence, l'autre marquée par un mouvement qui se dirige de la circonférence vers le centre.

que cette flexion puisse être prévenue et empêchée par aucun effort de la volonté. Les forces toniques se manifestent encore lorsque quelqu'un des muscles est très-affaibli ; car alors le muscle qui lui correspond se contracte et entraîne le membre de ce côté ; et c'est parce que les mucles fléchisseurs sont généralement plus forts que les extenseurs, que dans les affections paralytiques qui affectent à la fois et les extenseurs et les fléchisseurs, les membres sont fléchis ; pourquoi aussi, comme je l'ai déjà dit, tous les membres restent fléchis dans le sommeil, et d'autant plus que le sommeil est plus profond, et que les forces que l'état de veille ajoute aux forces toniques sont plus complètement suspendues. Aussi Hippocrate qui observait tout avec tant de soin, recommandait d'observer la manière dont les malades prenaient leur sommeil, et il disait que ceux qui dormaient ayant les membres fortement étendus, étaient dans un état de convulsion : (sont convulsés) ce qui est vrai en prenant le mot de convulsion dans une acception très-étendue, et en entendant généralement toute distribution vicieuse des forces toniques, c'est-à-dire, une distribution différente de celle qui a lieu pendant l'état de santé.

Indépendamment des forces toniques qui s'exercent dans les muscles comme dans toutes les autres parties du corps, quoique à un degré beaucoup plus

marqué , le muscle est de plus susceptible d'alternatives, de fortes contractions et de dilatations qui
se suivent avec une très-grande rapidité : et ces
contractions sont assez considérables pour réduire
le muscle à une très-petite partie de sa longueur.

Il faut remarquer , contre ce qu'on dit communément , que ces alternatives rapides de violentes contractions et de dilatations n'appartiènent pas exclusivement à la fibre musculaire, et qu'elles n'en forment
pas le caractère distinctif. D'abord c'est qu'il est
des muscles qui se crontractent et restent contractés
assez long-temps sans se dilater. Tels sont la plupart
des muscles creux , comme les intestins , l'estomac,
la vessie, qui étant irrités par différens moyens , se
contractent fortement par une contraction fixe et permanente et qui n'est pas alternée de dilatations. De
plus, c'est qu'il est des parties dans lesquelles on n'a
point découvert de fibres musculaires, dans lesquelles
on peut bien assurer qu'il n'y en a pas , et qui fournissent d'une manière assez sensible des alternatives
de contraction et de dilatation. Telle est par exemple,
la vésicule du fiel, (1) et le canal cholédoque dans
lequel on aperçoit quelquefois un mouvement pé-

_____

(1) MORGAGNI , *De sed. et caus. morb.* ep. 20 , n. 32.—
Metzger, t. 1 , *p.* 147.

ristaltique bien marqué, quoiqu'ils ne soient pas pourvus de fibres véritablement musculaires ; et il n'est
pas douteux que l'irritabilité n'étant qu'une nuance
de la force tonique, et la force tonique existant dans
toutes les parties du corps, il n'est pas douteux que
cette force tonique ne puisse se transformer en force
d'irritabilité, et que chaque partie (1) ne puisse
être battue de mouvements de contraction et de dilatation bien apparents, selon les divers besoins de
l'animal. Car tant que l'animal est bien ordonné,
ses besoins sont toujours ce qui détermine exclusivement les phénomènes qui s'y reproduisent (2).

---

(1) que les parties qui, dans l'état ordinaire, ne sont
agitées que de mouvements très-faibles et presque insensibles, ne puissent, etc.

(2) Il ne faut pas croire, disait l'illustre M. Schroeder
(M. Schroeder, que je vous ai déjà cité comme un des auteurs modernes qui ont porté le flambeau de la philosophie
vraiment médicinale dans l'étude des maladies qui depuis
long-temps était si étrangement défigurée par l'esprit d'hypothèse qu'on affecte de confondre avec l'esprit systématique, et qui lui est diamétralement opposé), que les
véritables forces de la nature vivante puissent être toujours rendues sensibles par nos moyens d'expérience. Cette
prétention a porté de nos jours dans la médecine une infinité de fausses vues. « *Maxime vero notatu dignum cen-*
» *semus, latius patere virium vitalium potestatem, quam*
» *ex irritabilitate et sensibilitate, per experimenta vulga-*

Cette force d'irritabilité qui se manifeste donc principalement dans les fibres musculaires, et qui se marque par de fortes contractions alternées communément de dilatation, au moins dans les muscles composés de fibres longitudinales, cette force d'irritabilité subsiste. dis-je, après la mort; en sorte que si on applique différents moyens d'irritation sur un muscle détaché du corps d'un animal; par exemple, si on applique du sel, différents poisons chimiques, et mieux encore si on l'expose à l'impression de l'électricité, ce muscle se contracte et se dilate alternativement, et ces alternatives qui se suivent pendant un temps plus ou moins long, diminuent graduellement avant de se suspendre tout-à-fait. Il y a dans l'exercice de cette force des phénomènes qui méritent d'être connus. On aperçoit donc sur la surface du muscle des oscillations qui d'abord paraissent incertaines; le muscle semble s'essayer au mouvement; il oscille des extrémités vers le centre et du centre vers les extrémités; enfin l'incertitude cesse, les oscillations vers le centre prédominent sur les

---

» ria et evidentiora declarandis innotescit. Negandum
» enim haud est vim illam vitalem pluribus in partibus,
» quas cultri apex in motum icere non valuerit, aliis sub
» conditionibus in producendis motibus efficacem se
» præstare posse». (SCHROEDER, t. 2, p. 92, de Viribus natura debil. in fib. decursu recte æstimandis.)

oscillations contraires, et les chairs sont rapidement entraînées vers le centre du muscle.

Il faut remarquer que ces alternatives de dilatation et de contraction sont quelquefois spontanées et paraissent d'elles-mêmes dans l'état de cadavre et sans être excitées par aucune impulsion étrangère ; ce fait est très-remarquable contre l'opinion vulgaire, qui attribue constamment l'exercice de cette force d'irritabilité à des impressions faites par des agents extérieurs. Ce fait est très-remarquable surtout contre la théorie de M. Haller, qui a cru pouvoir rapporter au principe d'irritabilité une partie des mouvements de l'animal, et qui a cru que l'irritation portée par le sang sur le cœur et sur les artères devenait la cause nécessaire du mouvement de ces organes, et par conséquent la cause de la circulation du sang. On aperçoit d'abord que l'irritation ne se peut rapporter absolument qu'à la partie qui en éprouve immédiatement l'effet, et il est évident dès-lors qu'on ne voit pas comment le mouvement qui suit cette irritation se lie et s'ordonne avec les mouvements exécutés par des parties fort différentes et fort éloignées. Il est clair que la circulation du sang est une fonction qui dépend de l'action du cœur et de toutes les parties du système vasculaire, dont les mouvements sont disposés et dirigés de manière à la produire dans tel ou tel ordre et avec tel ensemble de

circonstances. On conçoit bien que l'irritation portée
sur le cœur, peut déterminer un mouvement de cet
organe : mais il est impossible de démontrer comment ce mouvement doit se faire , avec toutes les
circonstances qu'il présente réellement et surtout que
ce mouvement doive se rapporter à celui qu'exerce
chacune des parties du système vasculaire. Il n'est
pas douteux que l'impression que fait le sang
sur le cœur et sur les artères ne puisse disposer avantageusement ces organes à exécuter leur fonction.
Mais l'ordre que présente cette fonction, comme
toutes les autres, ne peut être rapporté qu'aux lois
primordiales de vitalité assignées au principe dont
elles dépendent, et qui les produit.

On a dernièrement singulièrement multiplié les
expériences sur l'irritabilité ; mais il faut avouer
que ces expériences ne portent que sur des sujets
assez éloignés, et qu'elles ne peuvent nous donner
que des résultats peu intéressants ; car ce qu'il
nous importe d'étudier, c'est le corps entier ; et,
s'il nous importe de considérer chaque partie, c'est
seulement dans ses rapports avec le tout. Ce n'est
qu'autant qu'elle concourt avec toutes les autres
à produire des fonctions, qui ne se rapportent
ni à telle partie, ni à telle autre, mais seulement
au tout formé par tout l'assemblage. Il est donc bien
évident que des parties détachées du corps animal

perdent, par le fait de cette séparation, le seul caractère qui nous intéresse véritablement, et qu'elles entrent dans un ordre de choses qui nous est entièrement étranger; et, quoique les expériences démontrent bien, par exemple, des marques de sensibilité encore subsistante dans les parties irritables, et qu'elles établissent dès-lors une dépendance bien évidente entre l'irritabilité et la sensibilité (1), la sensibilité ne peut pas en être regardée comme une émanation; car le principe sensitif de l'animal est bien essentiellement un, et n'est susceptible d'aucune division; et, par rapport à l'expérience de M. Whitt, il est évident que la sensibilité qui anime cette partie, n'est pas celle de l'animal, et ses effets ou ses résultats sont très-différents; car les moyens d'irritation appliqués dans l'animal sur ses muscles extenseurs, ne décideraient pas seulement la rétraction de la patte, par la contraction des fléchisseurs, mais décideraient, dans l'organe

_____

(1) Ainsi M. Whitt, professeur d'Edimbourg, ayant détaché la patte d'une grenouille vivante, a vu que les moyens d'irritation appliqués sur les muscles extenseurs décidaient la contraction des fléchisseurs; et il a conclu, avec raison, que le mouvement de flexion de la patte ne pouvait pas être attribué à l'impression nécessaire portée sur les muscles extenseurs; mais ce principe sensitif n'a rien de commun avec le principe sensitif de l'animal.

musculaire, tout l'appareil des mouvements ten-
dants à écarter le corps entier de l'impression
de la cause irritante; et ce qui prouve bien que
cette sensibilité partielle n'est pas dépendante de
la sensibilité de l'animal, qu'elle ne doit pas en être
regardée comme une émanation ou une partie; et
que le *moi* est essentiellement un et incapable de
toute division, c'est qu'après la perte de quelques-
unes des parties, le moi de l'animal ou son principe sensitif, éprouve encore des affections relatives aux parties dont il est privé. C'est ainsi
qu'après l'amputation de quelques membres, on
ressent encore des douleurs dans ce membre, et
d'une manière aussi vraie, aussi forte, aussi soutenue que si ce membre appartenait au corps et
qu'il en fît partie.

Les différents moyens appliqués à mettre en jeu
le principe d'irritabilité, varient par leur degré
d'intensité, et de tous ces moyens d'irritation, un
des plus puissants, celui qui porte sur la fibre
musculaire les mouvements les plus vifs, et celui
dont l'action se fait ressentir le plus long-temps
après la mort, c'est l'électricité. Il ne faut pas en
conclure que le fluide électrique soit le moyen
dont la nature se serve pour mouvoir le muscle
au gré de la volonté; seulement faut-il remarquer
que le principe de la vie produit habituellement

des phénomènes d'électricité dans toutes les parties
qu'il anime ; ainsi que nous le verrons en traitant
de la chaleur ; et , d'après la dépendance où sont
toutes les fonctions les unes des autres ; il n'est pas
douteux que l'état d'électrisation que le principe
de la vie entretient habituellement dans tous les
organes , ne les dispose puissamment à exécuter
les mouvements auxquels ils sont destinés.

L'irritabilité est beaucoup plus durable dans les
animaux à sang froid que dans les animaux à sang
chaud. Rhedi a observé que la morsure de la vi-
père est encore dangereuse douze jours après sa
mort apparente. Perrault a vu les muscles de la
queue d'une tortue si fortement contractés, qu'à
peine put-elle être étendue par les efforts réunis
de deux hommes.

Une chose bien remarquable dans l'irritabilité ;
c'est qu'elle se développe plus pleinement ; et avec
plus d'énergie ; à l'instant de la mort. MM. Fontana
et Haller ont observé dans des animaux encore vivants ; dont le ventre était ouvert et dont les intestins étaient à nu , que ces intestins, qui avaient
été assez long-temps immobiles, se soulevaient fortement et s'agitaient de mouvements convulsifs
très-considérables à l'instant même où la mort se
consommait, et qu'alors ; et quelque temps après ;

ces intestins répondaient mieux aux différents moyens d'irritation que pendant la vie de l'animal. C'est à ce principe qu'il faut rapporter les mouvements convulsifs qui terminent la vie de presque tous les animaux, au moins de tous ceux qui ne sont pas épuisés de vieillesse ; comme si, selon l'idée de Stahl, chaque animal avait reçu de la nature la somme ou la quantité de mouvements nécessaires au développement de sa vie entière, et que ces mouvements se pressassent rapidement, tumultueusement, vers la fin de sa vie, lorsque le terme en est rapproché par des causes accidentelles. Nous verrons dans la suite, que M. de Haen a observé qu'assez souvent, à l'instant de la mort, la chaleur montait brusquement, et qu'elle se soutenait à ce degré d'élévation pendant un temps assez long. On doit donc admettre alors, dans la force génératrice de la chaleur, un état convulsif analogue à celui qui bat tout le système musculaire de mouvements si rapides et si violents.

LEÇON SEPTIEME.

Mouvement musculaire.

Nous avons vu, Messieurs, que les muscles étaient pénétrés d'une force d'irritabilité ou de vive contraction ; nous avons vu que les mouvemens que cette force produit dans un muscle détaché du corps animal, sont bien évidemment dépendans d'un principe sensitif, puisque ces mouvemens sont réglés, ordonnés et rapportés constamment à des fins déterminées et prévues, comme le prouve bien l'expérience vraiment frappante de M. Whytt, sur une pate de grenouille (1). Mais nous avons remarqué que ce nouveau principe sensitif, séparé du corps de cet animal, ne pouvait point être regardé comme une émanation ou une dépendance du principe sensitif de l'animal ; d'abord parce que ce principe sensitif de l'animal est nécessairement un, et qu'il n'est pas susceptible

(1) Ces phénomènes de sensibilité qui paraissent dans une partie détachée du corps ont été rapportés par M. Whytt à un principe sensitif actif qu'il a distingué de l'âme raisonnable. (*Essai de Physiologie.*)

de division ; ensuite parce que les résultats de ces divers principes ne sont pas les mêmes ; et, enfin, parce que dans un animal qui a subi le retranchement de quelques-unes de ces parties, le principe sensitif est encore susceptible d'affections relatives aux parties qu'il n'a plus, ce qui démontre clairement qu'après cette mutilation ou ce retranchement des parties, ce principe sensitif reste toujours un, et qu'il n'a souffert réellement aucun partage, aucune division.

Les muscles sont les instruments du mouvement que l'animal imprime à ses membres, et c'est pour n'avoir pas su que le principe de la vie peut augmenter la force de cohésion des molécules à un degré extrême, et qui ne peut être connu que par l'observation, que Libertus a rejeté cet usage des muscles et qu'il a prétendu que le mouvement des os dépendait des membranes et du périoste. En effet, il est facile de voir, en partant des considérations les plus simples de mécanique, et d'après les effets que les muscles produisent réellement et d'après leur situation, que ces muscles, dans l'état vivant, doivent résister à des efforts infiniment supérieurs à ceux qu'ils peuvent supporter sans se rompre après la mort, et lorsqu'ils ne sont plus pénétrés de l'action du principe de la vie. Mais cet usage des muscles, que Libertus a donc rejeté d'après cette fausse vue, cet usage est évidemment démontré par des expériences faciles à faire. Ainsi, comme l'ont fait Galien et Vesale, si on coupe les muscles d'une partie, cette partie perd absolument l'exercice des mouvements qui se font dans le sens de ces muscles; en sorte qu'il est bien acquis par ces expériences, que les muscles sont les instruments et les instruments exclusifs des mouvements que les pièces osseuses peuvent exécuter les uns sur les autres.

Les phénomènes que présente un muscle qui se contracte par l'action de la volonté de l'animal, sont absolument les mêmes que ceux que présente un muscle qui se contracte sous l'impression d'un stimulus étranger. On peut également apercevoir, sur sa surface, des oscillations qui, dans un animal très-affaibli, s'établissent lentement et par une succession bien évidente, et qui, dans un animal plein de vigueur, frappent à la fois tous les muscles et les contractent par un seul et même effort. Cette contraction ne s'exerce absolument que dans les parties charnues, et les tendons qui se trouvent à leurs extrémités obéissent à ce mouvement, sans présenter aucun changement sensible dans leur longueur.

Le muscle perd, en se contractant, une portion considérable de sa longueur, et d'autant plus, qu'il est pénétré d'une force plus vive, et qu'il se contracte avec plus d'effort. Ce fait est extrêmement remarquable relativement à la structure, que l'on a supposée dans la fibre musculaire, pour rendre raison de son mouvement; car on a imaginé que cette fibre était composée d'une suite de petites vésicules qui s'ouvrent les unes dans les autres, et on a cru que le raccourcissement de la fibre musculaire dépendait du gonflement de chacune de ces vésicules, remplies et distendues par un fluide qui y coule au gré de la volonté. Il est facile de démontrer que la longueur du diamètre qui mesure la longueur de chacune de ces vésicules ne peut diminuer que d'un tiers, lorsque cette vésicule s'arrondit et devient sphérique; en sorte que la fibre musculaire ne pourrait perdre qu'un tiers de sa longueur dans son effort de contraction, poussé aussi loin qu'il peut aller; et encore, cette diminution ne serait-elle pas aussi considérable, puisque M. Bernouilli a démontré que chacune des vésicules supposées, ne pouvait s'arrondir en sphère parfaite. Or, cette conséquence, qui suit donc si nécessairement de la structure supposée dans la fibre musculaire, est évidemment démentie par les faits. Ainsi, la mesure du rapprochement de deux côtes voisines, a prouvé que les muscles intercostaux pouvaient perdre dans leur contraction, plus de la moitié de leur longueur; le dia-

phragme, les sphincters, les lèvres ont démontré
la même vérité. Les intestins peuvent se contracter
au point que leurs parois se touchent de toutes
parts, et que leur canal est complètement effacé.
Wepfer a vu l'estomac s'être contracté par l'effet
du spasme, au point que sa cavité était entièrement effacée; et c'est à tort que Boerrhave en
niait la possibilité. Le polype, qui est extrêmement irritable, est réduit par la contraction, à la
douzième partie de sa longueur.

Le muscle ne peut se raccourcir dans sa contraction, sans que les parties solides auxquelles s'attachent ses extrémités ne se rapprochent les unes
des autres, et ce rapprochement sera également
partagé par chacune d'elles, si elles ont un même
degré de fixité; et, au contraire, elles s'approchent
inégalement si leur degré de fixité est établi d'une
manière inégale; et, en général, la mesure de leur
mouvement sera en raison inverse de leur degré de
solidité : et comme cette solidité de chaque partie
n'est pas une quantité constante et absolue, mais
qu'elle peut éprouver d'un instant à l'autre des variations très-considérables par l'action des puissances musculaires qui s'appliquent à cette partie;
il s'ensuit que, pour déterminer avec précision
l'action d'un muscle, il ne faut pas seulement avoir
égard à sa position et à ses points d'insertion et

d'attache, mais encore à la solidité variable de ces points, et à la manière inégale dont ils peuvent être assujétis par l'action diversement combinée des muscles qui s'y attachent. Cette considération qui est très-importante pour apprécier justement l'action des muscles, est due principalement à M. Winslow.

Dans l'état de contraction, la surface du muscle paraît coupée de rides très-pressées qui le traversent irrégulièrement dans le sens de sa largeur, et sa substance présente alors un degré de dureté et de solidité très-considérable. On a demandé si alors le volume total du muscle était augmenté ou diminué. Il est clair que le muscle est diminué dans le sens de sa longueur, il est clair qu'il est augmenté dans le sens de son épaisseur. Pour se décider sur cette question, qui, d'ailleurs, est très-peu intéressante, il faut donc déterminer si le muscle gagne plus en épaisseur qu'il ne perd en longueur, ou au contraire; et pour cela il est évident que l'expérience doit être faite sur un muscle unique, et qu'on ne peut rien décider de l'expérience de Sténon, qui consiste à plonger le bras, par exemple, dans un bassin plein d'eau, à contracter fortement tous les muscles du bras dans ce bassin, et à noter si l'eau a haussé ou baissé; car il est clair que l'effet d'abaissement ou d'élévation peut dépendre de circonstances qui n'appartiènent point exclusivement aux muscles qui agissent alors, et qu'on n'en peut donc rien conclure pour l'état d'augmentation ou de diminution du volume des muscles.

Pour que la contraction des muscles se fasse convenablement, ou plutôt pour que l'animal puisse faire usage de ses muscles, il faut que ces muscles se trouvent dans certaines circonstances dont nous allons faire l'énumération.

1° Il faut qu'il y ait une communication bien établie entre le cerveau et les muscles, et que les nerfs qui établissent cette communication, et qui ne sont, comme nous le verrons ensuite, que des productions du cerveau, soient libres dans toute leur étendue (consultez une dissertation de M. Metzger), en sorte que le cerveau agisse sur les muscles, que les muscles agissent sur le cerveau, et que cette action réciproque et continuelle ne soit interrompue par aucun obstacle. Ce fait est acquis par des expériences très-multipliées, et qu'on a répétées sur presque tous les muscles en particulier. On a donc vu qu'en coupant ou en liant fortement un nerf qui se distribue à un muscle, on décide brusquement la paralysie de ce muscle; en sorte que, par ce moyen, ce muscle est aussi parfaitement étranger à l'animal que s'il était réellement détaché de son corps. Car, quoiqu'il conserve encore des mouvements, et qu'il s'agite et se contracte diversement par des irritations portées soit sur son corps même, soit sur la portion du nerf qui lui appartient, cependant ces mouvements ne dépendent plus de l'animal, et ne se rapportent plus à ses besoins. On s'est assuré qu'en déliant ces ligatures, le mouvement volontaire ou animal se rétablissait dans ce muscle, et qu'on pouvait ainsi, à plusieurs reprises, donner ou ôter à un animal l'usage de ses muscles, en répétant ces alternatives de ligature et de relâchement, pourvu que ces ligatures n'eussent pas été assez fortes pour détruire ou corrompre le tissu ou la composition du nerf.

Une circonstance bien remarquable dans cette compression des nerfs, c'est qu'elle peut être très-considérable, et portée même au point de détruire absolument l'organisation des nerfs, sans que l'animal éprouve aucune lésion dans l'exercice des muscles dans lesquels ces nerfs se répandent et se distribuent. Ceci est prouvé par une observation très-curieuse de Morgagni, *de sedib. et causis morb.; ep. 26, n° 23. Barthez, p.* 222, qui vit que le tronc des nerfs brachiaux était absolument comprimé par la compression qu'avait faite, sur ce bras, une tumeur anévrismale de l'artère sous-clavière, sans que le sujet de cette observation eût éprouvé, pendant sa vie, aucune altération dans l'exercice de ses forces sensitives et motrices. Il s'ensuit donc que l'influence ou l'action du cerveau sur les muscles n'est pas rigoureuse et absolue, et que les moyens qui l'établissent peuvent être détruits entièrement sans que l'animal s'en ressente, pourvu que cette destruction se fasse lentement, par des gradations bien ménagées, bien adoucies, dont la nature puisse suivre les progrès, et auxquelles elle puisse, pour ainsi dire, s'habituer (1).

(1) « *De anevrismate autem quo subclavia arteria dextra nulla re interposita nervos premebat artum proximum adeuntes quærebam cur ejus compressionis nullum unquam in eo artu vivente muliere extitisset indicium, et quæro adhuc an igitur compressionem quæ sensim fiat sensimque augeatur nervie assuescentes impune ferunt*» (*Epit. anat. prat.* 26, *n.* 23. *Advers. anat.* 5, 24.)

A l'occasion d'un anevrisme de la sous-clavière droite qui comprimait immédiatement le nerf du bras voisin, je demandais comment il avait pu arriver qu'il ne parût pendant la vie aucun symptôme de cette compression, et je le demande encore, pourrait-on dire que ces nerfs s'habituent à une compression faite graduellement et qu'ils la supportent impunément?

D'après ce que nous venons de dire, vous voyez qu'il faut, autant qu'il est possible, dans l'opération de l'ane-

2° Une seconde circonstance nécessaire au mouvement musculaire, c'est que les muscles doivent être coordonnés avec le cœur, par le moyen des artères; en sorte que si on lie fortement l'artère principale d'un muscle, et qu'on intercepte ainsi la communication qui existe entre le cœur et ce muscle, le mouvement s'affaiblit dans ce muscle, et ce muscle devient décidément paralytique au bout d'un temps plus ou moins long. Stenon a fait cette expérience sur l'aorte descendante; et, en liant fortement cette artère au-dessus de sa bifurcation en artères iliaques, il a vu qu'on décidait promptement la paralysie dans les extrémités postérieures. Cette expérience de Stenon a été répétée par d'autres anatomistes avec le même succès. On ne peut pas l'attribuer, comme l'a fait M. Astruc, à ce que la partie inférieure de la moelle épinière reçoit alors moins de sang, et ne peut pas fournir la quantité d'esprits animaux qui est nécessaire à l'exercice du sentiment et du mouvement

vrisme, éviter de lier le nerf avec l'artère (t. 3 , p. 243, de HAEN, rat. med.), comme l'a recommandé M. Guattani, qui croit avec raison que c'est par là que les opérations qu'il a faites à l'artère poplitée ont été suivies d'une guérison plus prompte que celles de M. Olinelli, qui négligeait cette précaution.

dans les extrémités postérieures; car outre que
cette explication ne satisfait pas sur la rapidité avec
laquelle la paralysie suit quelquefois la ligature de
l'aorte, comme il arriva même dans l'expérience
que fit M. Astruc, il faut remarquer que cette expérience réussit, par rapport aux autres artères,
comme l'ont vu plusieurs anatomistes, et comme
l'avait déjà vu Galien; tandis que l'explication de
M. Astruc n'est applicable qu'à l'aorte sur la paralysie dépendante de ces différents systèmes. (Voyez
Etmuller.)

L'action du cœur sur les muscles est donc nécessaire pour entretenir dans les muscles la propriété de se contracter convenablement au besoin
de l'animal, quoique la continuité de cette action
ne soit pas d'une nécessité aussi pressante que celle
du cerveau; que la paralysie ne suive quelquefois
la ligature des artères qu'assez long-temps après
cette ligature; et que très-souvent cette paralysie se
dissipe d'elle-même au bout d'un certain temps,
quoique les artères principales restent détruites.

3° Une troisième circonstance nécessaire, au
moins utile, pour le mouvement des muscles, c'est
qu'ils soient liés. avec le système veineux par le
moyen des veines qui s'y distribuent. En effet,
Kaau Boerrhave et beaucoup d'autres ont vu cesser

le mouvement des extrémités postérieures après avoir lié la veine cave au-dessus de sa bifurcation en veines iliaques. Mais la paralysie ne suit pas aussi promptement qu'après la ligature de l'aorte, et dès-lors la continuité d'action du système veineux sur les muscles n'est pas aussi nécessaire à leur mouvement que celle du système artériel.

4° Enfin, il paraît qu'une quatrième circonstance nécessaire, c'est la liberté du tissu cellulaire dans lequel nous avons dit que les fibres musculaires se distribuaient. En effet, Baglivi ayant passé un fil autour du ventre d'un muscle dans un animal vivant, et ayant serré ce fil assez légèrement pour ne comprimer ni les artères, ni les veines, ni les nerfs, il observa que la contraction du muscle faiblissait sensiblement et qu'elle se rétablissait dans toute sa vigueur lorsque ce fil était détaché. Nous avons dit que le tissu cellulaire était susceptible de spasme comme toutes les autres parties du corps, et il paraît qu'il y a des difficultés de mouvement qui ne dépendent que d'un spasme établi d'une manière forte et durable dans le tissu cellulaire. Haller, dans ses observations pathologiques, ouvrage précieux dont je vous conseille beaucoup la lecture, dit avoir vu un état de roideur et d'inflexibilité dans un membre, qui dépendait bien évidemment du tissu cellulaire, et dans lequel les muscles ne pré-

sentaient aucune lésion (1) ; c'est de cette espèce
que devait être l'ankilose du genou que M. Malouin,
guérit par les bains tièdes long-temps continués.
De Haen observe aussi avec raison (2), qu'il est
beaucoup d'accidents qui ne dépendent que de ces
spasmes dans le tissu cellulaire, et qui, après avoir

(1) *Cellulosæ telæ etiam tantam duritatem vidi fieri
posse, ut crus attractum ad corporis truncum in flexionis
sii immmobile maneret. Cum in causamavide inquirerem,
nulla præter duram et penetendinosam cellulositatem ap-
paruit.* Observ. 62.

(2) M. DE HAEN, *ibid.*, observe, avec raison, que dars
les maladies de la peau, qui ne cédaient point aux remèdes
ordinaires, les anciens étaient dans l'usage d'employer
assidûment des fomentations avec de l'eau tiède, altérée
avec des plantes émollientes, comme la mauve, la parié-
taire, l'althéa, etc. ; addition qu'ils faisaient plutôt dans
la vue de s'accommoder aux idées du peuple, que dans
celle d'augmenter la vertu émolliente de l'eau. « *Ne forsan*
» *pauperes aquam calidam puram præ simplicitate ni-*
» *mia negligant repudientve. Ibid p.* 177 ». Vous pouvez consulter aussi avec avantage, sur les fomentations
aqueuses, l'ouvrage de M. de Morgagni qui, d'après
Sanctorius, les a beaucoup vantées pour résoudre les
concrétions goutteuses. *(Epit.* 57, *n.* 5.)

Nous venons de voir que la fonction du mouvement
musculaire dépend de l'action du cerveau et des nerfs,
de celle du cœur et des artères, de celle des veines, et
enfin de celle du tissu cellulaire. C'est ainsi que les fonctions d'un système vivant deviènent les unes pour les

résisté assez long-temps à des moyens de traitements
fort recherchés, cèdent au simple usage de lotions

---

autres des causes puissantes d'excitation ; c'est ainsi
qu'elles se soutiènent les unes par les autres, et que la
somme des forces radicales de ce système se conserve et
se répare assidûment par l'exercice libre et facile de
toutes ses fonctions. Cette importante loi de la nature
vivante, qui attache ainsi la conservation des forces à
l'exercice libre et régulier des fonctions, a paru d'une manière bien évidente dans une observation curieuse consignée dans les *Mémoires de la Société des médecins de
Londres pour l'année* 1758. (Observation dont il me paraît
qu'on peut déduire des conséquences bien importantes.
M. Gowin Knight, auteur de cette observation, rapporte
qu'une femme de trente ans, qu'une longue fièvre avait
extrêmement affaiblie, éprouvait, toutes les fois qu'elle se
livrait au sommeil, des suffocations qui la mettaient en
danger de mort ; il soupçonna que cet effet pouvait dépendre de ce que, à raison de la faiblesse générale, les
muscles de la respiration, ne pouvaient exécuter convenablement cette fonction, quand ils n'étaient point se-
condés de l'action de quelque muscle volontaire, que
suspend l'état de sommeil, et qui pendant la veille concourent, suivant le besoin, au mouvement de la poitrine.
(Les muscles qui s'attachent au bras, à la colonne cervi-
cale et à la poitrine, dont les mouvements dépendent de
la volonté, et qui sont appliqués quand la respiration est
difficile et qu'elle ne peut se faire par l'action de ses muscles propres.)

D'après cette idée, il se tint auprès de la malade

avec l'eau tiède, continuées pendant un temps suffisant (DE HAEN, t. 5, p. 176).

---

toutes les fois qu'elle prenait son sommeil, et l'éveillait
dès que l'état du pouls et la respiration lui annonçaient
que la suffocation allait s'établir. En prévenant ainsi la
suffocation, il vit que les retours s'en éloignaient de plus
en plus, et par ces précautions soutenues, il parvint à
dissiper complètement cet accident, et à détruire la faiblesse qui l'entretenait. (*Comm. de Leipsic.*, *t.* 8, *p.* 298.)
Vous voyez que la faiblesse ne fut pas combattue autrement que par la précaution d'éviter les obstacles qui sus-
pendaient une des fonctions les plus essentielles, et qu'il
n'y eut pas d'autre fortifiant employé que l'exercice libre
des fonctions.

LEÇON HUITIÈME.

Nous avons vu, Messieurs, que l'action musculaire supposait que les muscles étaient liés avec le système des veines, le système des artères, et principalement le système des nerfs. Nous avons dit aussi que le tissu spongieux dans lequel se distribuent les fibres musculaires devait être entretenu dans un certain degré de raréfaction, afin que les fibres mollement embrassées pussent se prêter librement à l'alternative répétée de contraction et de dilatation dans laquelle consiste toute leur action. Nous avons insinué qu'il y avait beaucoup de lésions ou de difficultés de mouvement qui dépendaient d'un spasme établi dans le tissu cellulaire, lequel, contracté d'une manière fixe, serrait et étranglait, pour ainsi dire, les fibres et nuisait à la liberté de leur mouvement; de cette espèce devaient être les roideurs des articulations observées par MM. Haller et Malouin, et qui ont cédé à l'usage des lotions émollientes continuées assez long-tems.

Les propositions que j'ai énoncées, et qui sont

très-rigoureusement déduites des faits, nous mènent
à voir que la vie ou le système total des forces peut
être distribué ou partagé en différents foyers ou
centres principaux qui s'y soutiènent par l'action
réciproque qu'ils exercent les uns sur les autres,
et dont l'irradiation portée sur toutes les parties les
enchaîne, les coordonne, et y entretient la disposition qu'elles doivent avoir pour se prêter à l'exercice de leurs mouvements; de manière que cette
nécessité où sont toutes les parties vivantes d'être
liées entre elles et de se soutenir mutuellement, est
une loi primitive de la vitalité, dont il est dès lors
absolument vain de rechercher la cause. Et, en
effet, quoique les centres principaux de vitalité
fournissent différentes productions qui se distribuent ensemble et qui s'unissent par des ramifications extrêmement déliées, il est clair cependant
que, quelque déliées que soient ces dernières ramifications, elles ne peuvent jamais que s'appliquer
les unes contre les autres et se toucher par leurs
surfaces; il est clair qu'elles ne peuvent point se
confondre intimement, puisque la matière est im-
pénétrable; et dès lors, si ces parties composent un
seul système, si elles jouissent d'une même existence, qu'elles se prêtent à des mouvements communs, et qu'elles tendent à une même fin, la raison
ne peut en être que dans un principe qui, par sa
simplicité, peut exister dans toutes ses parties et

les appliquer à produire des fonctions dont l'ordre est essentiellement déterminé par la nature de ce principe ou par les idées primitives, archétypes, qu'il a reçues de son auteur.

Si nous considérons les hypothèses qu'on a imaginées sur la cause du mouvement musculaire, nous trouverons que la plupart de ces hypothèses peuvent être rapportées à deux principales ; l'une, qui attribue la contraction du muscle à l'action d'un fluide porté par les nerfs, soit que ce fluide agisse en distendant les vésicules dont on a supposé chaque fibre composée ; soit qu'il agisse en irritant la fibre musculaire. L'autre hypothèse fait dépendre la contraction musculaire de l'action du sang. (PRO-VASCHA, *Comm. Leips.*, t. 23, p. 275). Un défaut radical qui se présente donc à la première vue dans ces hypothèses, c'est que chacune ne considère qu'une seule circonstance du mouvement musculaire, et qu'elle néglige le concours que nous avons vu être nécessaire à la production de ce phénomène.

Un autre défaut considérable de ces hypothèses, c'est que la plupart font dépendre la contraction du muscle du gonflement des vésicules dont on suppose chaque fibre composée. Or il est facile de démontrer que chaque vésicule, en s'arrondissant même

en sphère parfaite (ce dont MM. Keil et Bernoulli
ont démontré l'impossibilité), ne peut perdre qu'un
tiers de sa longueur, en sorte que le muscle ne
pourrait diminuer que d'un tiers dans sa contraction la plus forte ; or, la fausseté de cette conséquence est évidemment démontrée par l'expérience
qui fait voir que la quantité de diminution du muscle
est de beaucoup plus considérable.

Mais un vice fondamental et majeur de toutes les
hypothèses qui établissent donc des moyens, de
quelque nature qu'ils soient, entre l'action de l'âme
et le mouvement des parties musculaires, c'est que
ces hypothèses mènent à un cercle vicieux et qu'elles
supposent bien évidemment une pétition de principe. Et en effet, Messieurs, on n'a imaginé toutes ces
hypothèses que pour n'être pas forcé de reconnaître
l'âme répandue et diffuse dans toute l'étendue du
corps, parce qu'on ne voyait pas comment cette
ubiquité pouvait se concilier avec son *unité*, son
immatérialité. Aussi Stahl remarque-t-il très-bien
que ces hypothèses sont dues à des idées théolo-
giques, mal entendues et qu'elles ont pris faveur
dans un temps où il fallait ménager des gens qui
avaient plus de zèle que de lumières. (1) Or il est

_____

(1) *Sopire hoc scandalum aggressi sunt medici et in*

facile de démontrer, Messieurs, que ces moyens interposés entre l'âme et le corps ne sauvent pas la di??c?té de son ubiquité, et pour parler seulement ici du fluide nerveux, puisque ce que j'en dis peut également s'appliquer aux autres moyens intermédiaires d'a?tion, il est facile de voir que le fluide nerveux formant une masse uniformément répandue dans tout l'ensemble des nerfs, pour que l'âme produise dans quelques parties du corps un mouvement déterminé, il ne suffit pas qu'elle donne un choc quelconque à la portion de ce fluide qui touche le *sensorium commune* (endroit du cerveau où l'on suppose que l'âme est arrêtée d'une manière fixe) : car ce choc se bornerait à élever des mouvements d'ondulation dans toute la masse du fluide spiritueux et toutes les parties du corps seraient mues : il faut donc que l'âme dirige elle-même la portion de fluide qu'elle destine à mouvoir un muscle ; il faut qu'elle la porte jusqu'à ce muscle même et qu'elle soit ainsi incessamment présente à toutes les parties du corps qui se meuvent.

---

omnem alienam messem onros magis suos quam falces mittere paratos monacos verborum sono et speciationis vanitate satiare spirituum termine et figmento interposito. (*Phisologia de scopo seu fine corporis, n.* 16.) Il y a peu de gens qui sachent qu'en défendant les esprits animaux ils défendent la cause de la superstition et de l'ignorance.

Mais le plus grand défaut de toutes ces considé-
tions mécaniques sur le mouvement musculaire, c'est
qu'elles nous empêchent d'apercevoir la circonstance la plus importante de ce phénomène ; je veux
dire son rapport avec des destinations arrêtées et
prévues, son rapport nécessaire avec la conservation
du corps. Il est évident en effet que le corps animal
se trouvant placé parmi des êtres qui entretiènent
avec lui des relations fort différentes ou même opposées, parmi des êtres dont les uns sont absolument
indispensables au maintien de son existence , et
dont les autres sont capables de le détruire promptement, il est évident qu'il ne pouvait vivre et subsister
parmi ces êtres , si la nature ne l'avait fourni de
moyens à l'aide desquels il pût sûrement s'ordonner avec eux. Pour vivre parmi les objets qui l'environnent , il faut donc que l'animal applique ses
organes à ces objets, qu'il les aperçoive , qu'il juge
de leurs rapports avec son corps , et que d'après
ces jugements il s'approche des uns et s'éloigne des
autres par des mouvements dont toutes les circonstances doivent nécessairement être déterminées par
le principe qui aperçoit , qui sent et qui juge.

On objecte contre les philosophes animistes ;
c'est-à-dire , les philosophes qui font dépendre les
actes du corps d'un seul et même principe, qu'il
est dans le corps une infinité de mouvements qui se

dérobent complètement à la volonté , et dès lors
on conclut victorieusement que ces mouvements
ne peuvent donc pas dépendre de l'âme (1).

Ce fait est incontestable; et si les philosophes
animistes et Sthal principalement, contre lequel se
dirige cette objection , avaient étendu la volonté à
tous les actes de l'âme, et qu'ils eussent prétendu
que les mouvements du cœur fussent aussi volontaires que ceux de la main, ces prétentions seraient
d'une absurdité évidente et qui ne mériterait pas la
plus légère considération. Il se présente ici une réflexion bien importante : c'est que quand on fait à
un homme d'un mérite connu, des difficultés si tri-
viales et si simples, on doit croire qu'on l'attaque sans
l'entendre et que les idées qu'on combat ne sont pas
les siennes.

Stahl a donc bien distingué dans l'âme les sensations, ou plutôt les perceptions qu'elle doit à
l'exercice des sens extérieurs, et qui sont les seules

(1) Et cela parce qu'il a plu à Locke de regarder le sentiment intérieur comme le caractéristique nécessaire des
opérations de l'âme. Je n'ai jamais pu concevoir comment
M. Barthez avait cru pouvoir combattre avec avantage le
Sthallianisme d'après cette opinion de Locke. (*Nouv. el.*
p. 29.)

qui puissent devenir les sujets de la réflexion, du raisonnement, de la conscience et de la volonté; les seules qui composent tout le système de connaissances réfléchies dont elle peut se rendre compte, et qu'elle peut vraiment s'approprier dans l'ordre de son existence actuelle; il les a bien distinguées des idées simples purement intellectuelles, intuitives, comme il les appèle, qui sont en elle sans qu'elle puisse les apercevoir, parce qu'elle ne peut les détacher, pour ainsi dire, du fonds de sa substance même, les réfléchir au dehors et les mettre d'accord avec l'organisation extérieure de son corps, dont les objets sont les seuls qui puissent l'affecter d'une manière sensible, d'après une loi de la nature dont nous ne pouvons rendre raison.

Pour exposer sous son vrai point de vue le système de Stahl, qui était celui d'Hippocrate (*qualia patitur corpus*, *talia videt anima visione occultatâ*) et de tous les anciens philosophes théistes, il faut partir d'un fait d'une évidence frappante: c'est que la raison d'individualité d'un animal ne peut être que dans l'unité et la simplicité du principe qui l'anime et qui règle ses mouvements; puisqu'en admettant deux principes, ces deux principes différents ne pourront avoir entr'eux aucun moyen d'union; ce qui détruit absolument tout ordre, tout concours, toute tendance commune dans les mouvements ; et comme le sentiment intérieur nous annonce qu'il est des actes dont nous pouvons nous rendre compte , et qu'il en est d'autres que nous ne pouvons apercevoir, il faut en conclure dès-lors qu'il est de l'essence de l'âme d'avoir des idées ou des perceptions dont elle ne peut absolument prendre connaissance, ou plutôt dont elle ne peut avoir conscience, au moins dans certains ordres de circonstances. Nous verrons des preuves évidentes de cette vérité, en parlant des organes des sens, et nous tâcherons de faire voir que les sensations ne sont que des développements d'idées déjà contenues dans le principe qui les éprouve, et que ces idées ou ces connaissances anticipées des objets de nos sensations sont absolument nécessaires pour disposer les organes des sens convenablement à toutes les circonstances où se trouvent les objets sensibles à apercevoir.

Mais qu'il y ait effectivement dans l'âme des idées dont elle n'a aucune conscience, c'est une vérité qui est démontrée par des phénomènes qui reviènent journellement. Par exemple, si on nous présente des odeurs ou des saveurs, nous pouvons tout d'un coup les connaître et les distinguer les unes des autres. Or, cette reconnaissance ne peut se faire que parce que nous rapportons ces odeurs à celles que nous avons ci-devant éprouvées, et dont, par conséquent, nous portons l'idée, quoique nous ne puissions absolument rien sur cette idée, et que, dans l'absence des odeurs et des saveurs, tous nos efforts pour nous les rappeler et les reproduire soient absolument inutiles.

Que nous voulions sauter un fossé ou jeter une pierre à une certaine distance; pour peu que nous soyons exercés, nous franchissons le fossé et nous frappons sûrement le but; et, dès-lors, nous avons bien évidemment proportionné l'intensité et la durée de nos mouvements à la largeur du fossé et à l'éloignement du but proposé, quoique nous n'ayons assurément aucune idée réfléchie de l'un ni de l'autre de ces deux objets. Si nous voulons descendre la marche d'un escalier d'une certaine hauteur, nous commençons par déterminer cette hauteur, et par fixer très-précisément l'éloignement du point que nous voulons atteindre, et c'est d'après ce calcul que nous déployons la quantité des mouvements qui doivent nous y porter; et ce calcul est si réel, que, si nous avons commis quelque erreur, et que le pied ne trouve point à s'asseoir ou à s'établir dans l'endroit où nous avions imaginé le sol ou le point d'appui, l'étonnement qu'excite en nous cette erreur produit les désordres les plus marqués, et qui même peuvent devenir funestes. Ce fait, qui se présente très-souvent, est

peut-être un de ceux qui, bien médités dans toutes
les circonstances qui l'accompagnent, démontre
sensiblement que toutes nos actions sont prévues
par un principe qui agit sûrement, mais sans pouvoir prendre aucune connaissance de ses opérations.

Les faits que je viens de rapporter, et qu'il serait
très-facile de multiplier, prouvent donc bien clairement qu'il est dans l'âme des idées qui ne se
manifestent et ne se produisent que par la justesse
et la précision des actions qu'elles dirigent, mais
dont elle ne peut se rendre compte, sur lesquelles
elle ne peut absolument rien, qui ne peuvent devenir le sujet ni du raisonnement, ni de la mémoire,
ni de la volonté, et qui ne peuvent pas entrer dans
le système de nos connaissances réfléchies. C'est
d'après des idées ou des perceptions de cette espèce, que l'âme, présente à toutes les fibres musculaires, produit dans ces fibres, lorsqu'elles sont
disposées convenablement et qu'elles se trouvent
dans les circonstances dont nous avons fait l'énumération, tous les mouvements qui se rapportent aux besoins de l'animal, et les produit tout
d'un coup très-sûrement, et sans avoir aucun besoin
des secours de l'instruction et de l'expérience.
Galien nous cite un exemple dont les conséquences
sont extrêmement importantes contre les préten-

tions des philosophes modernes qui veulent rapporter tout le système du mouvement des animaux
à l'éducation , c'est-à-dire à l'ensemble des moyens
extérieurs qui agissent sur l'animal. Il nous dit
qu'il tira un chevreau du ventre de sa mère, et ce
petit chevreau, emporté loin de sa mère, sans la
voir, renfermé, isolé, privé de toute communication avec ceux de son espèce, exécuta aussi sûrement qu'aucun d'eux, et avec autant d'assurance,
tous les actes tracés pour l'espèce entière. Il se
soutint donc tout d'un coup sur ses pates, et se
secoua pour se débarrasser de l'humidité dont sa
peau était couverte. On lui présenta différentes liqueurs, il les flaira toutes, et se décida, sans ba-
lancer, pour le lait. Deux mois après on lui offrit
de jeunes pousses de végétaux , il rejeta les uns,
admit les autres, et son choix s'arrêta constamment
sur ceux qui font la nourriture des individus de
son espèce. Galien et ses amis, témoins de cette
expérience, se récrièrent avec admiration sur la bonté
et l'intelligence de la cause première, qui a déterminé d'une manière si précise, si absolue, si nécessaire pour chaque animal, la suite des actes qu'il
doit exécuter pendant le tout cours de sa vie.

LEÇON NEUVIÈME.

Force musculaire.

J'ai déjà dit que l'animal est pénétré de deux grandes facultés ; l'une par laquelle il travaille, transforme la matière et l'assimile complètement à son corps ; c'est ce que j'apèle *faculté digestive*, et dont nous verrons ailleurs que la considération est de la plus grande importance relativement aux maladies ; l'autre, par laquelle il imprime des mouvements de déplacement à son corps entier, ou à quelqu'une de ses parties sans en changer ou altérer les qualités intérieures ; c'est ce que j'appèle *faculté locomotrice*. Et quoique ces deux facultés concourent essentiellement à la production de chaque fonction, il nous importe cependant de les distinguer et de les considérer séparément, afin de suivre avec plus de méthode et de facilité, les différents ordres de phénomènes qui en dépendent.

La force locomotrice peut se considérer sous deux aspects, ou dans ses rapports exclusifs avec le corps même, ou dans ses rapports avec les objets extérieurs.

La force motrice considérée comme se rapportant exclusivement au corps même, s'exerce dans
chacune de ses parties, quoiqu'avec des degrés très-
différents ; c'est ce qu'on peut appeler *force tonique*. Son objet principal et majeur est de distribuer
sur toute l'étendue du corps, les sucs nourriciers
qui doivent en réparer les pertes (1). Elle contribue
aussi très utilement à conserver les humeurs en les
présentant successivement aux différents organes
secrétoires qui les dépurent, et les dépouillent des
sucs hétérogènes et étrangers qui s'y développent
habituellement. Ces mouvements toniques qui se
passent dans l'intérieur du corps, et qui s'y rapportent exclusivement, sont subordonnés au sens
vital intérieur dont les actes échappent complètement à sa conscience, et sur lesquels notre volonté
ne peut absolument exercer aucun empire.

La force motrice qui se rapporte aux objets ex-

---

(1) Voilà pourquoi les affections nerveuses profondément établies portent si essentiellement sur la fonction
de la nutrition, et que ces affections, quand elles se prolongent, décident presque toujours, ou la consomption,
ou l'hydropisie. (*Comm. prop. de glandulis* MART., *vers.*
123, *p.* 49.) Un des meilleurs commentateurs d'Hippocrate, qui a la qualité précieuse et si rare de s'attacher
aux choses qui ont besoin d'être éclaircies, et de ne s'attacher qu'à celles-là.

térieurs, et qui a communément plus d'intensité, s'exerce principalement dans les fibres musculaires. Cette fibre est subordonnée aux sensations extérieures ou animales, comme on les appèle, c'est-à-dire, aux sensations que nous devons à l'exercice des sens extérieurs ; et son objet est d'ordonner le corps et de le situer convenablement par rapport aux objets du dehors.

Je dis que la force motrice appliquée aux objets extérieurs, et qui communément a beaucoup plus d'intensité, s'exerce principalement dans les fibres musculaires. Cette distinction est nécessaire, car il ne faut pas s'attendre dans la division que nous établissons ici, seulement pour régler nos idées, il ne faut pas s'attendre, dis-je, à trouver une précision rigoureuse et absolue. Nous avons déjà eu occasion d'observer que la nature ne connaît pas ces méthodes de division et de distribution qui sont si commodes pour notre faiblesse, et qui, comme on le dit, doivent être considérées comme les échafaudages de la science. En effet, la force tonique et la force musculaire, sont des modifications différentes d'une seule et même force ; et la force tonique la plus insensible, celle par exemple qui s'exerce principalement dans la substance du cerveau et des nerfs, et la force qui contracte avec le plus d'énergie le muscle le plus fort, sont deux

termes extrêmes qui comprènent entr'eux un très-
grand nombre d'états différents ; mais unis entr'eux
par des rapports si multipliés, par des nuances si
fines et si bien ménagées, qu'il est impossible de
tirer entr'eux aucune ligne de séparation. Aussi
est-il certain, contre l'opinion de M. Haller, qu'il
est des parties qui ne sont pas musculaires, et qui
cependant, sont susceptibles de mouvements de
contraction presqu'aussi marqués que la fibre musculaire même.

La force musculaire se trouve distribuée à mesure fort inégale dans les différentes espèces d'animaux. Les animaux carnivores sont fournis de ce
côté, d'une manière plus avantageuse que les autres
animaux. Baglivi a observé dans le lion, que la
fibre musculaire avait presque la dureté et l'éclat
des fibres tendineuses (1). Les pièces osseuses sont
aussi et beaucoup plus fortes et plus dures ; car
quoiqu'il ne soit pas vrai que ces os soient d'une
solidité pleine et entière dans toute leur épaisseur
(comme l'ont avancé quelques anciens ; c'est à tort
cependant qu'on a attribué cette opinion à Aris-

---

(1) BAGLIVI, *p.* 267, *Specimen de fibra motrice*, ouvrage qui contient quantité de faits intéressants sur les
altérations des forces toniques, mais dont l'auteur a tiré
cependant des conséquences beaucoup trop générales.

I. 53

tote), il est sûr cependant, que la cavité médullaire qui les perce intérieurement, est peu considérable : il est sûr aussi que leur substance est extrêmement serrée, extrêmement compacte, et qu'à tout prendre, ces os sont d'une pesanteur spécifique bien plus considérable que les os des herbivores. Dans la vue de la nature, la force dont les muscles sont capables, supplée à l'état habituel de faiblesse de la faculté digestive, qui ne peut s'exercer avec avantage que sur un petit nombre d'objets; en sorte que ces animaux qui sont doués de cette grande force musculaire, ne peuvent se nourrir que de corps qui ont déjà avec le leur des rapports de nature très-multipliés, ou plutôt une identité presque complète (1).

---

(1) En rendant compte des thèses de MM. Richard et Dumas, on a demandé quelle raison il y avait de croire qu'un morceau de bœuf fût plus facile à digérer qu'une laitue. Je ne m'arrête à cette objection que d'après la malheureuse nécessité où nous sommes de nous occuper de tout ce que le journaliste aurait dû savoir, que les animaux les plus décidément herbivores peuvent vivre de chair, tandis que les plus réellement carnivores ne peuvent vivre de végétaux.

C'est une chose qui peut même être prouvée par l'expérience; et M. l'abbé Spallanzani a vu que dans les animaux bien décidément carnivores les sucs gastriques n'ont point d'action sur les végétaux, tandis que dans les

Les expériences de M. Desaguilliers ont prouvé, que relativement à son volume, le corps de l'homme pouvait porter des charges plus considérables que le corps du cheval, et qu'il pouvait aussi fournir à des fatigues plus continues; et nous avons dit que ce fait d'anatomie comparée, semblait prouver que l'homme était plus près des carnivores que des herbivores, et que la diète animale était plus convenable à sa nature que la diète contraire; mais nous avons remarqué en même temps, que cette conséquence ne pouvait être vraie que de l'homme qui vit dans toute l'indépendance de la nature, et dont tous les moyens et toutes les facultés se déploient librement et sans aucune contrainte, et non pas de l'homme énervé par la mollesse où le plonge l'état extrême de civilisation.

Pour connaître la quantité d'action que la nature déploie dans les muscles, il ne faut pas seulement avoir égard aux effets que ces muscles produisent réellement, et l'on serait bien loin de connaître cette véritable action, si l'on prenait seulement pour sa mesure, la pesanteur absolue des charges que nous pouvons porter. Les anciens avaient dit

---

animaux frugivores ces sucs peuvent agir à peu près également sur les substances animales.

que la machine animale était construite de manière qu'elle pouvait produire les plus grands effets
avec les plus petits moyens possibles. Borelli est le
premier qui fit voir combien cette opinion était
dénuée de fondement. Il démontra que les muscles,
par leur situation, devaient éprouver des déchets
considérables, et qu'il n'y avait que la plus petite
partie de leur action qui fût employée efficacement
contre les résistances à vaincre. C'est au développement et à la preuve de ce fait, que ce grand
homme a employé les premiers livres de son bel
ouvrage (*de motu animalium*), et l'on peut dire
qu'il mérita l'immortalité par l'application heureuse
qu'il fit du principe le plus simple des mécaniques;
car si on y prend garde, on verra que c'est toujours aux hommes de génie qu'il appartient de découvrir des rapports, dont la simplicité frappe tous
les yeux, quand une fois ces rapports sont décou-
verts.

Borelli considéra donc les os comme des leviers
dont les points d'appui sont dans les articulations,
et plus précisément à la partie centrale et intérieure
de l'éminence arrondie reçue dans la cavité articulaire; en sorte que le point d'appui du fémur est le
point central de sa tête, reçue dans la cavité cotyloïde de l'os des isles, et que tous les mouvements
du fémur s'exécutent sur ce point central de sa

tête articulaire ; il considéra aussi les muscles comme autant de cordes ou de puissances appliquées à mouvoir ces leviers.

Or on sait, Messieurs, qu'une puissance appliquée à un levier agit avec d'autant plus d'avantage, qu'elle est plus éloignée du point d'appui, puisqu'il est clair que dans le mouvement circulaire de ce levier, cette puissance décrit un arc de cercle plus étendu, et que dès-lors sa vitesse est plus grande ; et l'on sait que la quantité de mouvement est égale à l'action absolue multipliée par la vitesse. Deux puissances dont l'action absolue est égale, et qui agissent à des distances différentes du point d'appui, ont des effets qui sont directement comme la distance de chacune de ces deux puissances au point d'appui.

Or, l'anatomie démontre que l'insertion de la plupart des muscles est très-voisine et très-rapprochée du point d'appui. D'après cette première considération, les muscles sont donc placés avec d'autant plus de désavantage par rapport à la résistance, que cette résistance agit à une plus grande distance du point d'appui.

2°. La mécanique démontre qu'une puissance appliquée à un levier, a d'autant plus d'effet, que

sa direction par rapport à la direction du levier ;
approche plus de la perpendiculaire, en sorte qu'une
puissance a un effet plein et entier quand elle
tombe perpendiculairement sur le levier, et qu'elle
est absolument nulle quand elle lui est parallèle ;
et dans les différents degrés d'inclinaison sous lesquels la puissance coupe la direction du levier, son
action est d'autant plus affaiblie, que cette inclinaison est plus considérable. On exprime ce rapport
avec précision en disant que, dans le cas où la direction de la puissance fait un angle avec la direction de ce levier, l'effet réel est à l'effet produit,
comme le sinus total est au sinus de l'angle d'in-
cidence. Or, comme la plupart des muscles s'in-
sèrent aux os dans une direction fort oblique, il
s'ensuit qu'il y a d'autant plus de déchet dans leur
action, que cette obliquité est plus considérable ;
et que l'angle qu'ils interceptent avec l'axe de longueur de l'os, est plus aigu ou moins ouvert.

De plus, dans la plupart des muscles, les fibres
tendineuses et les fibres charnues ne sont pas disposées sur une même ligne, mais elles se rencontrent sous des angles plus ou moins ouverts ; comme
il arrive dans les muscles *penniformes*, ainsi appe-
lés parce que les fibres charnues sont disposées
par rapport aux fibres tendineuses, à peu près
comme le sont les barbes d'une plume par rapport à

la tige de cette plume. Or, dans cette disposition des fibres tendineuses et des fibres charnues, les forces perdues sont d'autant plus considérables que les angles sont plus ouverts, et cela dans le rapport des sinus. La réalité de ce déchet a été prouvée par les expériences de Sturmius.

Lorsqu'on a trouvé la force absolue d'un muscle, il faut doubler cette quantité, puisqu'il est clair que la quantité d'action qu'un muscle déploie, se partage également à chacun des points auxquels il s'attache, c'est-à-dire que ce muscle agit avec autant d'action sur son point fixe, que sur la partie qui cède, et sur laquelle on conçoit que la résistance est appliquée. Ce fait, qui a été nié par Pemberton, a été confirmé par les expériences de Sturmius.

D'après ces considérations et d'autres semblables que vous pouvez voir exposées dans Borelli, dans Garent, dans Pemberton, dans M. Haller, si on fait le calcul sur le muscle deltoïde, on trouve que ce muscle, pour élever un poids de cinquante livres, doit employer une force qui équivaut à 2568; et encore faut-il remarquer que l'on suppose l'équilibre entre la résistance et l'action musculaire employée contre cette résistance; supposition qui est fausse, puisque la résistance est surmontée et qu'elle est surmontée avec une extrême facilité. Or, cette facilité extrême suppose une prépondérance ou un excès de forces qui ne peut entrer dans le calcul, parce que c'est un élément que nous ne pouvons rapporter à rien d'extérieur qui nous soit connu.

Le muscle deltoïde peut donc supporter, et supporte effectivement dans l'état vivant, des poids énormes; et comme si on attache des poids à ce muscle après la mort, il se rompt et se déchire sous des puissances qui sont infiniment moindres, selon les expériences qui en ont été faites; ou il faut soutenir avec Libertus que les muscles ne sont pas les instruments des mouvements des membres, c'est-à-dire, qu'il faut contrarier formellement des faits acquis par les expériences les plus simples et les plus décisives; ou il faut reconnaître, comme nous l'avons déjà dit, que le principe de la vie, par son action immédiate, peut augmenter la cohésion des muscles par un degré indéterminable *a priori*, et qui ne peut être connu que par l'observation. Voyez de Barthez, *pag.* 81 et 82.

On peut demander ici pourquoi la nature, dont la sagesse tend constamment à multiplier les effets en simplifiant les moyens d'opération, a distribué les muscles et les os de manière qu'il n'y a que la plus petite partie de leur action qui soit utile, et pourquoi elle n'a pas employé les moyens que nous employons dans nos machines, et à l'aide desquels nous savons dispenser les forces avec tant d'économie. Il est facile de remarquer que tous les moyens qui tendent à ménager les forces, se réduisent toujours à faire parcourir un grand espace à la puissance, tandis que la résistance n'en parcourt qu'un très-petit ; en sorte que dans nos machines, nous perdons nécessairement en temps ce que nous gagnons en forces. Or, dans cette alternative de perte de forces ou de perte de temps, la nature a dû se décider pour la perte des forces, parce qu'elle peut tout sur les forces, et qu'elle ne peut rien sur le temps.

LEÇON DIXIÈME.

Mouvement musculaire.

Nous avons vu, Messieurs, que les muscles sont placés de manière qu'ils perdent la plus grande partie de leur action, et qu'ils doivent employer des efforts prodigieux, pour produire des effets assez faibles. Ces pertes extrêmes, qui paraissent un mal à la première vue, devaient cependant nécessairement entrer dans son plan, parce que la nature, maîtresse absolue des forces, devait les prodiguer pour ménager le temps ; car nous avons remarqué que tous les moyens qui placent les forces avec avantage, le font toujours aux dépens du temps, en sorte que ces moyens font constamment perdre en temps ce qu'ils font gagner en forces.

Quoique les forces coûtent si peu à la nature et qu'elle ait pu les prodiguer impunément, cependant elle s'est ménagé bien évidemment des avantages mécaniques, et elle a employé les procédés que nous employons nous-mêmes, autant que ces procédés ont pu entrer dans son plan.

Nous avons vu qu'une puissance appliquée à un

levier a d'autant plus d'effet , qu'elle se trouve placée à une plus grande distance du point d'appui.
La nature n'a nulle part attaché les muscles plus loin
du point d'appui que n'en est la résistance , contre
laquelle ces muscles sont employés; en sorte qu'elle
nous présente partout des leviers de la seconde
espèce, comme parlent les mécaniciens, c'est-à-
dire , des leviers dans lesquels la puissance se
trouve placée entre le point d'appui et la résistance.
Cependant elle a employé différents moyens qui
tendent bien évidemment à écarter l'insertion du
muscle du point d'appui.

De cette espèce sont différentes productions ou
apophyses, qui s'élèvent sur le corps de l'os, et
qui donnent attache aux muscles, écartent ces
muscles du point d'appui beaucoup plus que si
l'insertion de ce muscle se faisait au corps même
de l'os. Telle est l'apophyse coronoïde de la mâchoire inférieure , qui place l'insertion du muscle
releveur à une grande distance de son articulation
ou de son centre de mouvement, et qui , dès-lors,
donne à ce muscle un grand avantage. Aussi
remarque-t-on que cette apophyse coronoïde de la
mâchoire inférieure, est surtout extrêmement saillante chez les animaux qui sont destinés à exécuter
de puissants efforts avec la mâchoire inférieure ,
comme le sont les animaux carnassiers.

Tel est encore le grand trochanter, auquel viennent s'attacher les muscles jumeaux, pyramidaux, l'abducteur interne, le quarré, lesquels peuvent, avec plus ou moins de dépense, imprimer à l'os de la cuisse, des mouvements plus libres et plus étendus, à raison de la distance où leur insertion se trouve.

Telle est l'utilité sensible de la structure du calcanéum, qui se porte en arrière par un prolongement très-considérable, et qui dès-lors donne une très-grande action aux muscles extenseurs du pied, qui, s'attachant à l'extrémité de cette production du calcanéum, se trouvent très-éloignés de l'articulation de la jambe avec l'os de l'astragal, c'est à-dire, du point fixe sur lequel s'exécutent les mouvements du pied. On a remarqué que dans le singe le calcanéum fait beaucoup moins de saillie, et que la faiblesse qui en résulte pour les muscles extenseurs du pied ne permet pas à cet animal de se tenir debout aussi facilement que l'homme, et d'une manière aussi continue et aussi assurée.

Il faudrait parcourir en détail toute l'ostéologie pour voir toutes les applications de ce principe; mais une application frappante, et que nous pouvons encore remarquer, c'est celle qu'offre l'os de la clavicule, c'est-à-dire, cette pièce osseuse qui se trouve placée transversalement entre le sternum et l'articulation du bras, et qui dès-lors, écartant cette articulation du centre du corps, lui donne beaucoup plus de jeu et permet au bras des mouvements plus libres, plus variés, plus étendus : aussi cet os se trouve-t-il plus considérable dans l'homme, dont il importait surtout que les extrémités supérieures pussent jouir d'une grande mobilité. Cet os se trouve aussi, mais moins grand proportionnellement, dans les animaux dont les pieds de devant doivent avoir beaucoup de mouvement, et qui s'en servent à peu près comme l'homme de ses mains, quoique d'une manière infiniment plus bornée. On a remarqué que dans la femme cet os a moins d'étendue que dans l'homme, d'où il résulte pour la femme une faiblesse relative bien marquée dans les mouvements du bras : aussi observe-t-on que lorsque les femmes veulent exécuter de grands efforts avec le bras, par exemple, quand elles veulent lancer une pierre à une certaine distance, elles impriment un mouvement circulaire à tout leur corps, afin d'agrandir par là le cercle peu étendu que le bras peut décrire à raison de sa moindre distance à l'axe du corps.

Nous avons dit, Messieurs, qu'une puissance appliquée à un levier agit avec d'autant plus d'avantage, que sa direction approche plus de la perpendiculaire par rapport à la direction de ce levier, ou autrement, que l'angle que la direction de cette puissance intercepte avec la direction du levier est plus ouvert et approche plus de l'angle droit. Or, Messieurs, dans la distribution des muscles la nature a employé bien des moyens qui tendent à agrandir l'angle que les muscles font avec les os, et par conséquent qui tendent à placer plus convenablement et avec moins de déchet l'action de ces muscles. Une utilité bien évidente de cette espèce est celle qui résulte du gonflement que les os souffrent à leurs extrémités ; car par ce gonflement, non seulement les os qui s'assemblent et s'articulent se répondent par de larges surfaces, en sorte que leur articulation est solidement assujétie, et qu'ils peuvent exécuter sans danger de déplacement ou de luxation les mouvements auxquels ils sont destinés ; mais encore ce gonflement écarte la direction des muscles de l'axe de l'os et détermine l'insertion de ces muscles avec l'os sous un angle plus ouvert : par là la quantité des forces perdues est d'autant moindre que ce gonflement des extrémités articulaires est plus considérable ; et, sous ce rapport, l'effet produit est aux forces employées, comme la moitié de la ligne qui mesure l'épaisseur ou la profondeur de l'articulation est à la distance qui se trouve entre l'insertion des muscles et le centre de l'articulation, ou le point d'appui.

C'est d'après ce principe qu'il faut expliquer l'utilité de l'os de la rotule, qui non seulement sert, comme nous l'avons dit dans l'ostéologie, à affermir l'articulation du genou, en graduant sa flexion (en sorte que cette flexion se fait d'une manière peu sûre et très-incertaine dans ceux qui ont éprouvé la fracture transversale de cet os, ou son déplacement), mais qui sert encore bien évidemment à écarter la direction des muscles extenseurs de la jambe de son centre d'appui et d'articulation, et qui agrandit l'angle que ces muscles font avec l'os de la jambe auquel ils s'attachent. Telle est encore l'utilité des différents os sésamoïdes qui se trouvent principalement aux doigs des mains et des pieds, et qu'il ne faut pas regarder, ainsi que l'ont fait quelques anatomistes, comme des produits nécessaires et imprévus de frottement; car ces os ont une structure tout aussi bien décidée que les autres, et ils servent d'attache à plusieurs muscles, par exemple, au fléchisseur du pouce sur le métacarpe; et dans le pied il servent d'attache à l'abducteur du pouce et à son fléchisseur.

Un avantage très-considérable que la nature s'est ménagé pour le mouvement musculaire, c'est l'avantage qui résulte de ces gaînes tendineuses, ou de ces bandes aponévrotiques qui embrassent dans toute leur étendue les muscles d'une certaine longueur. Telle est par exemple, l'aponévrose connue sous le nom de *fascia lata*, qui naît du muscle grand oblique du bas-ventre, du très-large du dos, du muscle fessier et d'un autre muscle qui lui est propre, qui s'attache à tous les os du bassin, qui embrasse exactement chacune des extrémités inférieures, et qui de son plan interne fournit différentes productions lesquelles donnent des gaînes particulières à différents muscles. Telle est l'aponévrose qui embrasse aussi tous les muscles des extrémités supérieures, celle qui embrasse les muscles droits du bas-ventre, celle qui contient les muscles longs du dos.

Or ces aponévroses qui enveloppent donc généralement tous les muscles d'une certaine grandeur, ces aponévroses sont d'une très-grande utilité pour diriger le mouvement des muscles, et aussi pour les retenir solidement et pour empêcher ou leur déplacement total, ou le déplacement de quelqu'une de leurs parties (1). Et ce qui confirme cet usage,

---

(1) Ces bandes que la nature a ainsi jetées autour des muscles contribuent aussi très-efficacement à les affermir d'une manière convenable. L'art a imité d'une manière heureuse ce procédé de la nature, en employant les bandages pour combattre ces états de faiblesse. Boerrhave employait fréquemment cette méthode de bandages dans les maladies

c'est que Boerrhave à très-bien vu que les hommes qui font de grands efforts et qui sont sujets aux crampes, préviènent sûrement cet accident en se serrant fortement les membres avec de larges bandes. Il n'y a pas d'apparence que ces affections convulsives ou ces crampes dépendent, comme l'a cru Boerrhave, du déplacement des parties tendineuses. Car il est certain, comme l'observe M. Haller, que ces crampes se font surtout ressentir vers le gras des jambes, dans le voisinage duquel il n'y a point de parties tendineuses. Il est plus probable que ces affections dépendent du déplacement de quelques fibres charnues et de leur torsion spasmodique, comme l'a dit M. de Barthez. Or, ce déplacement et cette torsion sont prévenus très-efficacement par ces bandes aponévrotiques qui sont jetées autour des muscles et qui étant serrées par des puissances

---

nerveuses. M. Vanswieten rapporte qu'il guérit une jeune dame la plus mobile qu'il eût jamais vue, chez qui les impressions les plus légères décidaient des mouvements convulsifs avec un sentiment de déchirement dans le bas-ventre, en enveloppant avec des bandes toute l'extrémité inférieure du corps jusqu'aux mamelles et la retenant dans cet état pendant plusieurs mois. (*t.* 1, *p.* 33.) Mais c'est surtout l'illustre M. Theden qui paraît avoir tiré le plus grand parti de cette méthode, sur laquelle il a fortement insisté.

(Sur les ligatures, voyez GAL. *Meth. med. lib.* 14, *n.* 3.)

particulières compriment fortement ces muscles en
même temps que la liqueur mucilagineuse et graisseuse, qui suinte continuellement de leur surface
intérieure, entretient dans leurs fibres toute la souplesse qu'elles doivent avoir pour l'alternative de
leurs mouvements de contraction et de dilatation.

Un moyen bien remarquable que la nature s'est
ménagé pour faciliter le mouvement musculaire,
ce sont ces tas ou ces collections de tissus graisseux
que M. Albinus a décrits sous le nom de bourses et
qu'il a suivis dans un très-grand détail. Or, ces tas
de graisse ou ces bourses décrites par Albinus remplissent deux usages bien importants. Ils contiènent
habituellement une substance graisseuse et une
substance mucilagineuse, c'est-à-dire, une véritable
liqueur synoviale analogue à celle que nous avons
vue dans les cavités articulaires : et cette liqueur ex-
primée par l'action des muscles et versée sur la fibre
musculaire y entretient un degré de souplesse plus
durable que la graisse seule, parce que cette liqueur
est plus coulante, comme nous l'avons déjà fait observer, plus pénétrante, et qu'elle s'attache plus intimement à la surface de ces fibres. D'un autre côté
ces tas de tissus graisseux ou cellulaires sont placés
sous les muscles, entre ces muscles et les os ; dès-
lors ils contribuent à agrandir les angles sous lesquels les muscles coupent les os, c'est-à-dire, qu'ils

appliquent leur action avec plus d'avantage, comme
nous l'avons déjà dit tant de fois.

L'exercice du mouvement musculaire commence
très-généralement entre le quatrième et le cinquième
mois de la vie du fœtus ; c'est aussi à cette époque
que la graisse commence à se former, en sorte qu'il
paraît que la production de la graisse et le mouvement musculaire sont deux phénomènes qui sont
coordonnés dans le système animal, et qui se rapportent l'un à l'autre. On pourrait dire que le mouvement musculaire qui commence vers le cinquième
mois du fœtus, a pour objet de faciliter le mouvement et la distribution des humeurs et des sucs
nourriciers. En effet, Messieurs, le mouvement
tonique et le mouvement musculaire sont essentiellement du même ordre ; et quoique le plus communément, le mouvement musculaire se rapporte
aux objets extérieurs, et que le mouvement tonique
vital se rapporte aux objets contenus dans l'intérieur
du corps, cependant ces destinations ne sont pas
arrêtées d'une manière si fixe qu'elles ne puissent
changer et que le mouvement musculaire ne se rapporte aussi à des modifications du sens vital intérieur. Tel est le principe de ces inquiétudes ou de
ces nécessités de mouvement que nous ressentons
si souvent et qui se rapportent bien évidemment à
des besoins intérieurs que nous n'éprouvons que

d'une manière extrêmement vague, mais que le principe de la vie distingue d'une manière bien nette et bien sûre. Cela est vrai surtout des mouvements convulsifs qui ont lieu dans l'état maladif, et dans lequel l'organe musculaire est si vivement ébranlé par des objets qui sont contenus dans l'intérieur du corps et qui n'affectent que le sens vital intérieur.

Ainsi, quoiqu'on puisse dire, Messieurs, que les mouvements musculaires du fœtus, depuis le cinquième mois de sa vie jusqu'au moment où il vient à la lumière, ont pour utilité d'aider la distribution et les mouvements des humeurs; cependant on ne voit aucune raison de ce que l'apparence de ces mouvements est précisément attachée au cinquième mois, de même qu'on ne voit pas pourquoi ces mouvements commencent à éprouver un affaiblissement bien marqué vers la cinquantième, ou plutôt la quarante-neuvième année de la vie. Nous avons déjà dit que rien ne se refusait plus complètement à toutes nos conceptions mécaniques que les lois, qui attachent fixement les phénomènes à tel point de la durée et non pas à tel autre.

Nous avons vu, d'après les idées de Borelli, que la nature emploie habituellement dans les muscles, des quantités d'action extraordinaires, pour produire des effets assez faibles ; et nous avons ajouté que cette quantité d'action ne pouvait jamais être déterminée complètement, parce qu'il y avait un excès ou une prépondérance de forces pour vaincre la résistance, et que cette prépondérance est un élément qui ne peut entrer dans le calcul. Mais la nature est capable d'efforts bien plus considérables, en sorte que sa puissance, à cet égard, paraît absolument sans bornes. On sait de quoi une passion vive peut nous rendre capables, et ce n'est pas sans raison qu'on a dit, *volenti nil difficile*, que rien n'est difficile à qui veut fortement. C'est surtout dans l'état de manie que la puissance musculaire se développe avec une intensité et une continuité qui passent toute conception. On a attribué cet étonnant effet à des puissances surnaturelles, et cela devait être, parce que, d'après les principes d'explication qu'on avait adoptés, on était bien loin de saisir la nature dans toute son étendue, et de pouvoir apprécier tous ses moyens, toutes ses ressources.

~~~~~~

LEÇON ONZIÈME.

Muscles du bas-ventre.

JE parlerai, dans cette leçon, des muscles du
bas-ventre. Vous avez vu, Messieurs, que ces
muscles présentent des portions ou des expansions
tendineuses très-étendues et très-multipliées. Or,
ces portions tendineuses remplissent bien des
usages intéressants, et qui méritent d'être remar-
qués. D'abord vous avez vu qu'il y a deux feuillets
aponévrotiques, qui renferment, comme dans une
gaîne, chacun des muscles droits. Or, ces feuillets
contribuent bien évidemment à assujétir ces muscles droits avec la solidité convenable, et empêchent
le déplacement, soit du muscle entier, soit de
quelqu'une de ses parties. J'ai prouvé cet usage de
toutes les gaînes aponévrotiques qui enveloppent
généralement tous les muscles qui ont beaucoup
d'étendue, par la pratique des gens qui sont sujets
aux crampes, et qui s'en garantissent sûrement,
comme l'a vu Boerrhave, en se serrant fortement les
membres avec de larges bandes, et nous avons dit
qu'il était extrêmement probable que ces crampes
dépendaient de quelques fibres charnues.

Un autre usage des larges portions tendineuses qui se trouvent çà et là dans les différents muscles du bas-ventre, c'est que les fibres charnues ont, par là, moins d'étendue, et que dès-lors elles peuvent supporter plus aisément le poids des viscères contenus dans la cavité du bas-ventre ; car il est facile de démontrer que si ces fibres charnues occupaient toute la longueur de chacun des muscles du bas-ventre, ces fibres, vu leur partie moyenne, éprouveraient une charge plus considérable de la part de ces viscères du bas-ventre, puisque cette charge porterait à une grande distance du point d'appui. Ces portions tendineuses, en coupant la longueur des fibres charnues, contribuent donc à diminuer le poids qu'elles ont à supporter, et ce sont bien évidemment des masses de points d'appui que la nature s'est ménagés sur toute l'étendue du bas-ventre ; et ce qui confirme cet usage des parties tendineuses, c'est que les muscles droits sont coupés par des élévations tendineuses, qui sont très-fortement attachées au feuillet aponévrotique, qui les recouvre intérieurement. Vous avez vu que le muscle droit, dans sa moitié supérieure, c'est-à-dire dans toute la portion comprise entre le bas du nombril et son attache au sternum, présente des élévations tendineuses, qui le coupent tranversalement, et ce sont ces élévations qui contractent une adhésion très-intime avec le

feuillet aponévrotique antérieur ; et dans ces adhésions, comme le dit Bertin, les fibres des muscles obliques trouvent des points d'appui très-
solides. Ces adhésions des muscles avec l'aponévrose des muscles obliques, sont d'autant plus
multipliées, que ces muscles ont plus de longueur
et une partie plus considérable, comme Sérape l'a
remarqué sur le cheval.

Une observation intéressante de Barbaut, c'est
que les portions tendineuses et les portions charnues des différents muscles du bas-ventre sont tellement distribuées, qu'elles se correspondent mutuellement, et qu'elles s'appliquent les unes sur les
autres. Or il n'est pas douteux que, par cette distribution, les parois du bas-ventre ne soient beaucoup plus solides, puisque les fibres charnues, par
leur contraction vive, soutiènent les aponévroses,
et que les aponévroses, à leur tour, soutiènent les
fibres charnues par leur plus grand degré de ténacité.

La respiration dépend, comme nous le verrons
par la suite, des mouvements de dilatation et de
resserrement de la capacité de la poitrine ; de manière que le poumon, en recevant l'air, ou en le
chassant au dehors, ne fait, en grande partie,
qu'obéir à ces mouvements de la poitrine, et les

suivre. Ces mouvements de dilatation de la poitrine
dépendent en grande partie de l'élévation des côtes,
parce que nous avons vu dans le traité d'ostéologie
que ces pièces osseuses sont placées si obliquement,
qu'elles ne peuvent s'élever sans que leur partie
antérieure ne se porte en avant, et que leurs côtés
ne se portent en dehors, c'est-à-dire, sans que la
poitrine soit agrandie, et dans le diamètre qui mesure sa profondeur, et dans le diamètre qui mesure
sa largeur. Nous parlerons dans la suite des muscles
qui opèrent cette élévation des côtes, et qui contribuent, par conséquent, à augmenter la capacité
de la poitrine.

Le mouvement de resserrement de la poitrine
dépend au contraire de l'abaissement des côtes et
du sternum, et aussi du mouvement qui porte ces os
vers la colonne vertébrale. Or, les muscles du bas-
ventre s'attachent, comme on vous l'a démontré,
au sternum et à plusieurs côtes inférieures. Il n'est
pas douteux que ces muscles n'abaissent les côtes,
puisque, quand elles cessent d'être soutenues et
relevées par leur puissance musculaire, elles offrent
un point d'appui infiniment plus mobile que les os
du bassin et la colonne vertébrale auxquels s'attachent aussi les muscles du bas-ventre. Il est clair
aussi, par leur situation, que ces muscles, s'attachant à la colonne vertébrale, doivent, en tirant

leur point mobile vers cette colonne, rapprocher les côtes les unes des autres, et porter le sternum en arrière; et ce resserrement total de toute l'extrémité inférieure de la poitrine, opéré par l'action des muscles du bas-ventre, est surtout très-manifeste dans les grands efforts d'expiration.

Il n'est donc pas douteux que l'action des muscles du bas-ventre ne tende à diminuer la poitrine en tous sens, et que, dès-lors, ces muscles ne soient antagonistes des muscles inspirateurs dont nous parlerons dans la leçon suivante. Nous verrons dans la suite qu'un de ces principaux muscles, c'est le diaphragme. Or, ce grand muscle, situé transversalement entre la poitrine et le bas-ventre, et qui fait la séparation de ces deux cavités, ce muscle, dans l'inspiration, s'aplanit; il descend profondément dans la cavité du bas-ventre, et presse devant lui tous les viscères contenus dans cette cavité, pourvu que les muscles qui composent les parois de cette cavité cèdent alors, et se trouvent dans un état de faiblesse relative. Dans l'instant suivant, ou dans l'acte de l'expiration, les muscles du bas-ventre entrent en action, ils s'appliquent uniformément sur tous les viscères, et les poussent vers le diaphragme, qui faiblit à son tour, et qui se porte vers la cavité de la poitrine, dans laquelle il forme une voûte très-considérable.

La nature, en opposant ainsi les muscles de la poitrine et ceux du bas-ventre dans l'exercice de la respiration, a donc attaché à cette grande fonction un balancement continuel qui agite et ébranle profondément tous les viscères contenus dans cette cavité du bas-ventre; et quoiqu'on ne puisse pas attribuer à ce balancement le mouvement progressif du sang et des sucs nourriciers, comme on le fait si communément, parce que ce balancement agite tous les viscères d'une manière absolument uniforme, et que ce mouvement a nécessairement une direction déterminée, cependant il n'est pas douteux qu'il ne contribue puissamment à exciter ces viscères, à les électriser, pour ainsi dire, et que cet état d'excitation ne les dispose convenablement à exécuter leurs mouvements, dont l'ordre ne peut être dirigé et soutenu que par le principe appliqué constamment à produire ces mouvements (1).

Et c'est parce que la compression, que le dia-

(1) Aussi les compressions répétées, portées sur les viscères du bas-ventre, peuvent-elles être employées avec beaucoup d'avantage; et les frictions appliquées sur le bas-ventre offrent un des moyens le plus généralement utile contre les affections nerveuses hypocondriaques qui dépendent si souvent d'un état de faiblesse et d'inertie dans

phragme et les muscles du bas-ventre, portant alternativement sur les viscères de cette cavité, les
dispose convenablement au jeu de leurs fonctions,
que, dans l'état de langueur de ces viscères, nous
éprouvons la nécessité des bâillements, des pandi-
culations, de longs et de profonds soupirs; mouvements qui, dès-lors, sont bien évidemment appliqués à des besoins intérieurs, qui n'affectent d'une
manière claire que le sens vital intérieur, et que
nous ne ressentons que d'une manière confuse,
vague et indéterminée.

Les muscles du bas-ventre présentent dans leurs
fibres toutes sortes de directions. Les unes coupent
le ventre dans le sens de sa longueur, d'autres le
coupent transversalement, et enfin d'autres le coupent obliquement; et, par cette disposition, les
muscles du bas-ventre sont donc capables de mouvements variés en tous sens, et, dans leur contraction, leur effort se distribue d'une manière égale
sur toute la capacité du ventre; en sorte qu'eu égard

---

les organes du bas-ventre. C'est au même principe que
tient la grande utilité de l'exercice à cheval dans les
affections de cette espèce.
Nous avons souvent eu occasion de remarquer que jamais l'art n'agit plus sûrement que lorsqu'il emploie les
moyens de la nature.

à la seule action des muscles du bas-ventre, les
matières mobiles contenues dans la capacité du
ventre tendent également à se porter en haut comme
en bas. Aussi, dans l'état d'expiration, et lorsque
le diaphragme est complètement relâché, et qu'il
n'offre plus de résistance, les muscles du bas-ventre
étant vivement contractés, et s'appliquant sur l'estomac, concourent puissamment à évacuer la matière contenue dans sa cavité. Il est très-facile de
constater cette action des muscles du bas-ventre
dans le vomissement, et il est facile de voir que
tout le ventre est contracté d'une manière convulsive, au point de présenter à l'extérieur une excavation plus ou moins sensible.

Car, quoique le vomissement dépende principalement de l'action de l'estomac, et qu'il consiste
dans un renversement de son mouvement ordinaire
et naturel, en sorte que, selon l'observation de
Wepfer, le vomissement peut s'effectuer de la part
de l'estomac seul, indépendamment des muscles
du bas-ventre, et que, d'un autre côté, dans la
contraction la plus vive de ses muscles, il faut nécessairement que tout se prête à leur action; il n'est
pas douteux cependant que, dans l'état le plus ordinaire, la contraction si grande des muscles du
bas-ventre ne contribue puissamment à évacuer
l'estomac, et à opérer le vomissement.

Il est donc bien acquis qu'à raison de la situation des muscles du bas-ventre, la pression qu'exercent ces muscles sur le bas-ventre se distribue uniformément, et que les matières qui y sont contenues tendent à s'évacuer en haut comme en bas; mais il se présente ici une circonstance de structure vraiment bien remarquable; car, comme c'est dans les viscères du bas-ventre que se font les premières digestions, celles qui donnent les résidus les plus grossiers et les plus abondants, il importait que ces résidus fussent habituellement dirigés vers les parties inférieures par lesquelles il convenait que se fît leur évacuation. Or, cette tendance est due à la manière dont le diaphragme est situé; car le diaphragme est situé obliquement, de devant en arrière, il est très-élevé dans sa partie antérieure, et très-incliné dans sa partie postérieure, où ses piliers descendent très-profondément. Lorsque les muscles du bas-ventre et le diaphragme se trouvent en opposition, et qu'ils agissent de concert, ce qui constitue l'état d'effort dont nous parlerons dans la suite, les forces de pression agissent sur deux plans inclinés qui se touchent supérieurement, et qui s'écartent d'autant plus qu'ils deviennent inférieurs; de manière que, par la doctrine de la composition des forces, ces forces de pression agissent dans le sens de la diagonale; en sorte que toutes les matières mobiles comprises entre ces deux plans, sont toutes dirigées avec une très-grande force vers les parties inférieures.

Nous examinerons ailleurs les effets de cet état d'effort ; mais un effet bien évident est celui dont nous parlons ici, et qui tend donc à porter toutes les matières mobiles vers les parties inférieures, et à évacuer dès-lors tous les viscères de la cavité du bas-ventre.

Nous verrons ailleurs que cet effort se présente avec une très-grande intensité dans l'accouche-chement, et c'est lui qui devient la cause de tous les phénomènes qui se présentent alors. Cet effort se présente aussi, quoiqu'à un degré infiniment plus modéré, dans l'évacuation des matières fé-cales, dans l'excrétion de l'urine ; car quoique la matrice, les intestins, la vessie, puissent s'évacuer d'eux-mêmes, et qu'on ait vu, par exemple, des femmes accoucher après la mort bien décidée, et qu'il arrive assez communément que la matrice arrachée du corps, se roule fortement et fournisse des contractions violentes et rapides, très-capables de vider entièrement sa cavité ; quoique les cada-vres se vident quelquefois par un reste d'irritabilité encore subsistant après la mort, cependant il n'est pas douteux que dans l'état ordinaire, l'évacuation de la matrice, de la vessie et des intestins, ne

soit très-puissamment aidée par l'effort du diaphragme et des muscles du bas-ventre, et d'autant
plus que les matières contenues sont en moindre
quantité, et que le principe d'action, ou le principe d'irritabilité, comme on dit communément de
chacun de ces organes, se trouve dans un état d'affaiblissement plus considérable.

⸱ LEÇON DOUZIÈME.

Muscles de la respiration.

La respiration suppose nécessairement une alternative d'agrandissement et de resserrement dans
la capacité de la poitrine ; et le poumon, qui,
comme nous le verrons dans la suite, est suspendu
dans cette cavité, ne fait en recevant l'air et en le
chassant au dehors, que se prêter à ces mouvements de la poitrine et les suivre.

En examinant les muscles du bas-ventre, nous
avons vu que ces muscles attachés au sternum,
et à une grande partie des côtes inférieures, doivent nécessairement abaisser ces os ; que de plus,
ils portent le sternum vers la colonne vertébrale et
qu'ils approchent les unes des autres les côtes qui
se correspondent dans les côtés opposés ; en sorte
que les muscles du bas-ventre resserrent dans tous
ses sens la capacité de la poitrine, et qu'ils sont
dès-lors, des agents puissants de l'expiration.

Dans l'inspiration au contraire, les côtes s'é-
lèvent, et d'après la double articulation que cha-

cune subit avec la colonne vertébrale, il s'ensuit,
comme nous l'avons dit dans l'ostéologie, que leur
mouvement d'élévation est un mouvement composé, et qu'en même temps qu'elles s'élèvent, elles
se portent sensiblement en dehors : en sorte que
par ce mouvement d'élévation, l'extrémité antérieure de chaque côte, s'écarte de la colonne vertébrale ; de plus, chacune s'écarte de celle qui
lui répond dans le côté oposé, et de cette manière, la capacité de la poitrine est augmentée, et
dans le sens de sa largeur, et dans celui de sa
profondeur. Nous devons examiner dans cette leçon quels sont les muscles capables d'élever les
côtes.

On vous a démontré sur les parties latérales et
extérieures de la poitrine, des muscles qui remplissent les espaces que les côtes laissent entr'elles ;
c'est ce qu'on appèle muscles intercostaux externes.
Ces muscles sont communément en aussi grand
nombre que les intervalles intercostaux, et il est
extrêmement rare, et ce n'est jamais que vers les
parties inférieures de la poitrine, que quelques-
uns de ces muscles traversent plusieurs côtes
successives. Les fibres de ces muscles sont obliques
et dirigées d'arrière en avant, en sorte que chacun de ces muscles s'attache à la côte supérieure,
plus près du point d'appui qu'à la côte qui la suit

inférieurement : dès-lors il n'est pas douteux que dans leur effort de contraction, ces muscles n'approchent la côte inférieure de la supérieure, puisque nous savons qu'une puissance appliquée à un levier, agit avec d'autant plus d'avantage, qu'elle est placée plus loin du point d'appui, et qu'ainsi le point mobile de ces muscles doit être leur point d'attache à la côte inférieure ; et cette élévation des côtes par l'action des muscles, sera d'autant plus considérable, qu'il y aura une plus grande différence dans leur degré de mobilité respective.

On vous a aussi démontré sur les parois intérieures de la poitrine, des muscles qui sont également tendus d'un côté à l'autre ; c'est ce qu'on appèle muscles intercostaux internes. La direction de leurs fibres est absolument contraire à celle des plans externes, et elles les croisent, en sorte que chacun des muscles intercostaux internes s'attache à une côte inférieure plus près du point d'appui qu'à la côte qui la suit supérieurement ; et, d'après le principe de mécanique que nous venons de rappeler, ces muscles doivent agir avec plus d'avantage sur les côtes supérieures que sur les inférieures, et que dès-lors leurs points les plus mobiles étant leurs points d'attache à la côte supérieure, ces muscles, dans leur effort de contraction, devraient abaisser les côtes. C'est ce qu'ont prétendu Bayle, et surtout M. Hamberger,

qui eut sur cet objet, avec M. Haller, des disputes
qui sont devenues beaucoup trop célèbres. Cette
conséquence, déduite de la disposition de ces
muscles intercostaux internes, et de leur attache à
la côte supérieure plus proche du point d'appui
qu'à la côte inférieure, cette conséquence, dis-je,
serait légitime si toutes les côtes avaient le même
degré de mobilité ; mais comme elles sont très-iné-
galement mobiles, que la première, comme nous
l'avons dit ailleurs est établie d'une manière très-solide, et qui ne lui permet presque aucun mouvement ; que la seconde est plus mobile que la première, la troisième plus que la seconde, et ainsi
des autres jusqu'aux dernières, qui sont d'une mobilité extrême, et qui cèdent à l'action la plus légère,
il s'ensuit que, quoique l'action de ces muscles sur
la côte supérieure soit plus puissante que sur l'inférieure, cependant c'est l'inférieure qui doit céder,
parce que son excès de mobilité relatif l'emporte
sur la faiblesse qui résulte de l'insertion des muscles
qui lui est appliquée. M. Haller a prouvé ce fait
par des expériences multipliées et décisives : il a
tendu des fils sur une poitrine dont toutes les parties avaient à peu près le degré de souplesse qu'elles
ont dans l'état vivant ; il a donné à ces fils la même
direction qu'ont les fibres des muscles intercostaux
internes ; il a tiré ces fils, et il a vu que les côtes
s'élevaient, et que les inférieures s'approchaient

constamment des supérieures. Il a aussi sollicité
des animaux vivants à de grands efforts d'inspiration, en faisant de larges blessures pénétrantes dans
la cavité de la poitrine, et il a vu que les muscles
intercostaux internes entraient en action dans l'acte
de l'inspiration, et lorsque les côtes s'approchaient
les unes des autres d'une manière très-sensible. Il
est donc bien prouvé actuellement par les expériences de M. Haller, que les muscles intercostaux
internes sont congénères des muscles externes; qu'ils
élèvent également les côtes, et qu'ils sont dès-
lors des muscles inspirateurs.

Ludwig a remarqué, avec raison, que ces deux
plans de muscles si voisins l'un de l'autre, et liés
d'une manière si intime, ne pouvaient pas être antagonistes l'un de l'autre, et qu'ils devaient nécessairement exécuter des mouvements communs.

On vous a démontré aussi des muscles assez peu
considérables qui s'attachent aux apophyses transverses des vertèbres dorsales qui se dirigent obliquement et qui viennent s'attacher à la côte prochainement inférieure vers l'angle de cette côte. On a
prétendu que ces muscles n'avaient point d'action
sur les côtes, et que tout leur effet portait exclusivement sur la colonne vertébrale ; cependant, comme
les vertèbres présentent un point d'appui beaucoup

plus fixe que les côtes qui s'y attachent, il est probable
que ces muscles agissent sur les côtes ; mais, d'un
autre côté, comme leur insertion est extrêmement
voisine du point d'appui, il s'ensuit que ces muscles
doivent être plutôt appliqués à soutenir les côtes et
à les empêcher de céder aux efforts qui tendent à
les abaisser, qu'à leur imprimer un mouvement d'élévation bien sensible.

Le diaphragme se trouve placé transversalement
entre la capacité de la poitrine et celle du bas-ventre ;
il présente vers son centre, comme vous l'avez vu,
une portion tendineuse considérable, de laquelle
partent des fibres charnues qui se distribuent en
manière de rayons et qui s'attachent à tout le contour inférieur de la poitrine et à une portion fort
inférieure de la colonne vertébrale ; et dès-lors il
n'est pas douteux que ces fibres charnues, en se contractant, n'approchent le centre tendineux qui est
mobile de leurs points d'attache qui sont situés inférieurement, et que dès-lors ce muscle en agissant
ne s'aplanisse et ne descende profondément dans
la cavité du bas-ventre. Ce muscle augmente donc
considérablement la capacité de la poitrine dans le
sens de sa longueur, et il prépare un grand espace
à l'expansion ou à la distension du poumon.

Le diaphragme et les muscles intercostaux sont

les principaux agents de l'inspiration ; et , dans
l'état naturel, ce sont les seuls qui l'effectuent. Le
diaphragme , en s'abaissant et augmentant le diamètre longitudinal de la poitrine , et les muscles
intercostaux, internes et externes , en portant les
côtes en avant et en dehors , et en augmentant
ainsi la cavité de la poitrine dans le sens de sa
largeur et dans le sens de sa profondeur ; et même
dans la respiration absolument libre et naturelle ,
il paraît que le diaphragme est le seul organe qui
agrandisse la poitrine ; car alors les côtes n'ont que
très-peu de jeu et ne s'élèvent pas d'une manière
sensible ; en sorte que l'action des muscles intercostaux externes et internes , est bornée alors à
soutenir les côtes à un degré fixe d'élévation , afin
de donner au diaphragme un point d'appui convenable ; et aussi , lorsque les muscles intercostaux
sont affaiblis , et qu'ils ne retiènent pas les côtes
assez solidement , ces côtes, surtout les inférieures,
cèdent à l'action du diaphragme , dont le seul
point fixe se trouve alors à la colonne vertébrale ,
et ces côtes inférieures sont abaissées , et sont
portées vers celles qui leur correspondent dans le
côté opposé ; en sorte que la poitrine est alors plus
ou moins resserrée dans sa partie inférieure ; mais
ces mouvements des côtes inférieures , qui cèdent
donc au diaphragme et qui s'abaissent , n'ont lieu
que dans certaines circonstances, comme l'a vu

Haller, et ne se présentent point dans l'état naturel, comme on l'a prétendu.

Quoique la nature n'emploie donc communément, pour effectuer l'inspiration ou la dilatation de la poitrine, quoiqu'elle n'emploie que l'action combinée du diaphragme et des muscles intercostaux, cependant elle peut y appliquer, et y applique effectivement beaucoup d'autres instruments ; et de tous les muscles très-nombreux qui s'attachent, soit immédiatement aux côtes, soit à quelqu'autre partie liée intimement avec les côtes, il n'en est pas qui ne concourent plus ou moins à la respiration, lorsqu'il se présente des circonstances qui la rendent très-difficile. M. Haller dit avoir éprouvé une difficulté de respirer très-marquée, dans un rhumatisme qui occupait le muscle grand pectoral, qui, comme vous l'avez vu s'attache à la partie supérieure du bras, et qui se répand, par différentes digitations, sur la poitrine. Bartholetti dit avoir observé un asthme à la suite d'une inflammation, et qui était survenue aux nerfs du muscle grand pectoral, et qui fut dissipée par des remèdes convenables appliqués sur ces nerfs (1).

_____

(1) C'est parce que l'état de sommeil suspend, le plus

Le mécanisme de la pandiculation est fort remarquable. Lorsque nous voulons former une longue et profonde inspiration , nous relevons le cou
et la tête, et nous retenons ces parties très-solide-

---

ordinairement, l'action de ces muscles auxiliaires soumis
à la volonté, que lorsque la poitrine est embarrassée, on
éprouve, pendant le sommeil, de grandes difficultés dans
la respiration, qui éveillent brusquement, avec toutes les
angoisses de la suffocation. C'est à cette cause qu'il faut
attribuer l'éveil en sursaut, si familier dans les hydropi-
sies de poitrine; accident qu'on a mal expliqué, en l'attri-
buant à la pression que les eaux portent sur le poumon,
lorsque le corps est couché sur le dos, ou sur les côtés ; car
Charles le Pois (Charles Pison , comme on l'appelait communément) et M. de Haen l'ont observé sur des malades,
qui, pour l'éviter, prenaient leur sommeil sur un fauteuil.
Je remarque ici, en passant, qu'on calme souvent cet accident par l'usage de l'opium , qui agit, sans doute , en
rendant les nerfs moins sensibles à l'impression des causes
d'irritation. Une observation qui me paraît extrêmement
importante, c'est que l'opium paraît avoir une action bien
marquée contre toutes les maladies qui éprouvent leur re-
doublement pendant le sommeil. Vous trouverez, sur ce
sujet, des observations intéressantes dans M. DE HAEN
(*Ratio medendi*, p. 297 , et dans WILLIS, *De morb. conv.*
cap. 5 , *p.* 30 , 2ᵉ *col.*). En parlant de l'opium dans les
accidents convulsifs qui paraissent pendant le sommeil ,
Willis dit : « *Cujus modi effectum ab opiatis in tali casu*
» *exhibitis sæpius expertus sum* ». (Ibid.)

i. 58

ment assujéties par l'action combinée des muscles
qui s'y attachent postérieurement, comme le *splenius*, le *complexus* et beaucoup d'autres. Alors
les muscles qui s'attachent à la fois à la colonne
vertébrale ou à la tête et à différentes portions de
la poitrine, telles que le *cervical descendant*, le
dentelé, les *sterno-cleïdo-mastoïdiens*, *etc.*,
trouvant un point d'appui très-fixe dans la tête et
dans la colonne vertébrale, déploient toute leur
action sur les côtes, et contribuent à les élever.

D'un autre côté, nous jetons les bras en arrière,
et nous les tenons fortement étendus ; dès-lors,
les bras ainsi fixés, donnent au muscle grand pectoral et au très-large du dos, un point d'appui qui
porte et détermine toute leur action sur les côtes
dont ils devièrent les releveurs.

Il faudrait demander ici à ceux qui prétendent que
tout, dans l'animal, est le produit de l'instruction
et de l'exemple, et qui refusent de reconnaître que
tous ses mouvements sont réglés et dirigés par des
perceptions confuses, mais très-réelles et très-sûres,
ce qui a appris à l'animal à appliquer à l'exercice
de la respiration, des muscles qui, dans l'état ordinaire, tendent à des fins si différentes, et qui
sont si éloignés de l'organe au soulagement duquel
ils s'emploient alors.

Dans l'effort, comme nous l'avons vu, les agents de l'inspiration et de l'expiration se présentent en opposition, et s'exercent de concert. Le poumon est alors rempli d'une très-grande quantité d'air qui ne peut s'échapper, parce que la glotte ou l'ouverture supérieure de la trachée-artère est alors fermée complètement et avec beaucoup d'effort, comme nous le dirons dans la suite. Le diaphragme et les muscles du bas-ventre sont alors dans une action très-vive; et, comme ils présentent deux plans inclinés qui se touchent supérieurement, il s'ensuit que leur effort de pression se dirige suivant la diagonale, et que, dès-lors, toutes les matières mobiles contenues dans le bas-ventre sont très-puissamment dirigées vers les parties inférieures; aussi cet état d'effort contribue-t-il, avec beaucoup d'efficacité, comme nous l'avons dit, et à l'évacuation des résidus de la première digestion, et à l'excrétion de l'urine.

Mais cet état d'effort, c'est-à-dire, le concours d'action des puissances de l'inspiration et de l'expiration a bien d'autres effets; et il est remarquable que cet état est celui que nous affectons constamment lorsque nous voulons déployer de grandes forces même à l'extérieur. M. Haller a parfaitement bien vu comment la manière fixe dont toutes les parties du tronc sont établies et arrêtées par les agents de l'inspiration et de l'expiration qui s'opposent et se contrebalancent, fournit des points d'appui fixes à tous les muscles qui s'attachent au tronc et aux membres de manière que toute l'action de ces muscles est employée à mouvoir ces membres, lesquels s'appliquent dès-lors avec beaucoup plus d'avantage contre les résistances à surmonter.

Il paraît cependant que cette considération de la manière dont les muscles se trouvent alors plus avantageusement distribués, ne suffit pas seule pour concevoir comment les forces sont tellement attachées à cet état d'effort, que selon l'expérience heureuse de M. Haller elles semblent s'exhaler avec le souffle.

Il paraît donc (GAL. *de utilitate respirationis*, tom. 1. pag. 242. *frobes. édit.*) qu'il faut avoir égard à l'état de tension vive où se trouve le diaphragme, tension qui est d'autant plus considérable que chacun des points du diaphragme est soutenu par le poumon qui est rempli d'air. Or, quoiqu'on ne doive pas attribuer autant d'importance à ce muscle que l'ont fait bien des modernes, dont les idées se trouvent déjà dans des ouvrages fort anciens et entre autres dans le petit traité de Galien *de utilitate respirationis*, il est probable cependant que cette tension vive du diaphragme se répète sympathique-

ment sur tous les muscles , et augmente ainsi la vigueur et le ton de tout le système musculaire.

Nous devons considérer aussi que le sang se porte
en grande quantité vers le cerveau, comme nous le
verrons ailleurs, en sorte que toute la substance du
cerveau se trouve alors dans un état de tension très-
considérable , et l'on peut croire que cette tension
du cerveau se répète par voie de sympathie , et
qu'elle entretient ainsi dans toutes les parties un
état très-favorable au développement de leurs forces.

LEÇON TREIZIÈME.

Station, marche, saut.

LE corps de l'homme ne peut se tenir debout ou dans une situation élevée qu'autant que la ligne perpendiculaire qui passe par le centre de gravité tombe sur quelqu'un des points de l'espace compris entre les pieds, ou sur quelqu'un des points de la plante des pieds lorsque la station se fait sur une jambe. Le centre de gravité du corps dans un homme adulte se trouve entre l'os sacrum et l'os pubis ; car comme l'a expérimenté Borelli, si on renverse un homme sur un plan horizontal, et que ce plan soit posé sur une tringle prismatique, l'équilibre n'aura lieu et le plan horizontal ne sera soutenu que lorsque les os pubis répondront à la tringle.

Lorsque ce centre de gravité est porté au-delà de la base de substantation le corps tombe nécessairement et il n'y a aucune force musculaire qui puisse prévenir ou empêcher sa chute. Il est facile d'apercevoir que lorsque la partie postérieure du corps est exactement appliquée contre un plan vertical, contre un mur, par exemple, on ne peut incliner le corps en avant d'une manière sensible sans que cette inclinaison ne décide nécessairement sa chute.

Le corps dans sa longueur est composé de différentes parties distinctes et détachées, et comme elles se correspondent le plus communément par des éminences arrondies, il s'ensuit que lorsque le corps est situé selon une perpendiculaire, ces colonnes superposées qui en composent la longueur ne se touchent que par un point, et que dès-lors ces colonnes ne sont établies que d'une manière fort incertaine. Le centre de gravité du tout, qui résulte de leur assemblage ne peut donc être maintenu dans la même ligne qu'autant que les puissances musculaires qui s'attachent à ces colonnes les retiènent fortement établies, ou du moins les empêchent de se mouvoir les unes sur les autres d'une quantité fort considérable.

La chute du corps peut se faire en avant, en arrière et sur les côtés, c'est-à-dire, que les mouvements que peuvent exécuter les unes sur les autres les différentes parties dont le corps est composé, ces mouvements, dis-je, peuvent par tous ces sens, porter le centre de gravité du corps hors de la base de substantation ou de l'espace compris entre les pieds.

La chute du corps en avant se fait par la flexion

de la jambe sur le pied, et par l'inclinaison de
l'épine sur les fémurs. La flexion de la jambe sur
le pied est prévenue par l'action des muscles so-
laires et gastrocnemiens, lesquels s'attachent à l'extrémité du calcanéum, et qui dès-lors se trouvant
assez éloignés du centre de mouvement ou de l'articulation de la jambe avec l'astragal, agissent avec
beaucoup d'avantage. Nous avons déjà observé que
dans le singe, le calcanéum fournit un prolongement moins considérable, et la faiblesse qui en
résulte pour les muscles extenseurs du pied, est
une des causes qui fait que cet animal ne peut
pas se tenir debout aussi facilement que l'homme,
et d'une manière aussi soutenue. L'inclinaison en
avant du tronc et de la tête, est prévenue par l'action des muscles *sacro-lombaires* très-longs du dos,
par le *splenius*, le *complexus*; et ces muscles qui
retiènent en arrière la tête et le tronc, et qui les
empêchent de se porter en avant, sont plus nombreux et plus forts que ceux qui sont situés dans
un sens contraire, et ils concourent bien plus
puissamment à arrêter la station, parce que la tête,
à raison de sa situation, tend naturellement à tomber en avant; et que d'un autre côté, les vertèbres
des lombes peuvent seulement se fléchir en avant,
et non pas en arrière.

La chute du corps en arrière se fait par l'exten-

sion du pied portée trop loin, et par la flexion de
la cuisse sur la jambe. La chute, dans ce sens,
est donc prévenue par l'action des fléchisseurs du
pied et des muscles extenseurs de la cuisse sur
la jambe. Il paraît donc, d'après ce que nous venons d'exposer, il paraît qu'il n'est pas exact de
dire que la station est maintenue par l'action combinée de tous les muscles extenseurs et fléchisseurs de chaque articulation. Il est très-clair,
comme le dit Borelli, que les fléchisseurs de l'é-
pine ne contribuent point à cet effet, puisque ces
muscles, par leur action, ne pourraient qu'augmenter la tendance qu'a le corps à se porter en avant,
tendance qui doit être balancée par l'action forte
et non interrompue de tous les extenseurs, qui,
comme l'avait très-bien remarqué Galien, sont
ceux qui sont alors dans le plus grand travail. Il
est clair aussi que les muscles fléchisseurs de la
cuisse sur la jambe, n'agissent pas dans la station,
puisque l'action de ces muscles ne saurait avoir
d'autre effet que de déterminer la chute du corps
en arrière. Il est donc très-vrai que tous les muscles
extenseurs et fléchisseurs de chaque articulation n'a-
gissent pas dans la station, et que cet état n'est
pas le produit de l'action combinée de ces muscles
antagonistes; c'est uniquement ce que dit Borelli,
comme vous pouvez le voir dans sa trente-sixième
proposition, et non pas que la chute du corps e'

arrière soit impossible, comme le lui fait dire
M. Haller.

Il y a donc une très-grande quantité de muscles
et de muscles très-puissants, qui agissent sans interruption, pour établir et maintenir la station;
aussi cette situation est-elle très-pénible, et nous
cherchons à diminuer la fatigue qui résulte d'une
station trop prolongée, en portant alternativement
le corps d'une jambe sur l'autre. Ce phénomène a
été mal expliqué en disant que par là, nous dimi-
nuons de moitié le poids que nous supportons lorsque les deux jambes sont en action. Il est clair que
lorsque le corps est établi sur les deux jambes, son
poids se partage également à chacune d'elles, et
que chacune n'en soutient que la moitié, au lieu
que ce poids du corps passe tout entier sur la
jambe qui le soutient seule. La véritable raison de
ce phénomène, c'est qu'en portant ainsi tout le
poids sur une seule jambe, nous relâchons l'action
d'une grande quantité de muscles, et que rien
ne fatigue davantage qu'une continuité de mouvements non interrompus, parce que rien n'est
plus contraire aux procédés de la nature, qui
dans tous ses actes, présente des alternatives
plus ou moins réglées d'action et de repos; *quod
caret alternâ quiete durabile non est*, dit le
poète.

Nous avons dit que la station ne peut avoir lieu qu'autant que la ligne perpendiculaire qui passe par le centre de gravité du corps, tombe sur quelqu'un des points de l'espace compris entre les pieds. La station est donc établie d'une manière d'autant plus solide que cet espace est plus grand, puisque le champ des librations ou des oscillations du centre de gravité aura alors plus d'étendue, et que ce centre trouvera un plus grand nombre de points sur lesquels il puisse s'appuyer. C'est pour agrandir cet espace ou cette base de substentation, que les os fémurs sont si écartés les uns des autres dans leurs parties supérieures, et que le col de ces os forme avec son corps un angle demi-droit, ce qui n'a lieu dans aucun autre animal. J'ai déjà remarqué d'après Galien, que ceux qui ont les os fémurs fort excavés, se soutiènent plus solidement que ceux en qui ces os sont disposés selon une ligne plus droite, et que c'est aussi cette situation cambrée, comme on l'appèle, que l'on affecte dans les endroits où il est difficile de se tenir, comme sur un vaisseau secoué par de violents roulis.

La marche se fait par le mouvement d'une jambe sur celle qui est en repos. Pour marcher, nous commençons par appuyer fortement un des pieds sur le sol, et lorsque la jambe est ainsi fixée, nous y transportons le centre de gravité du corps; puis nous fléchissons l'autre jambe ; nous la déployons, et quand le pied et le genou correspondent au point sur lequel nous voulons nous arrêter, nous étendons cette jambe, nous la fixons à son tour, et quand le pied est appliqué sûrement contre le sol, nous y transportons le centre de gravité du corps, en contractant tous les muscles qui s'attachent et au tronc et à la cuisse ; et dans ce mouvement en avant du centre de gravité, l'action de ces muscles est puissamment aidée par l'action de la jambe postérieure qui s'étend, et porte le corps en avant.

La facilité que nous trouvons à établir les jambes sur le sol d'une manière convenable, dépend de la structure des pieds ; car les pieds étant fort mobiles, surtout par le moyen des doigts, ils s'appliquent très-précisément aux différentes inégalités du sol, et s'y cramponnent en quelque sorte. Galien nous dit avoir vu des gens chez lesquels les doigts du pied s'étaient détachés par l'impression d'un froid rigoureux. Ces personnes se tenaient debout aussi facilement qu'avant leur accident ; elles marchaient, elles couraient dans un chemin uni, avec autant de légèreté que tout autre ; mais il n'en était pas ainsi dans les chemins difficiles, dans les montées roides et escarpées où elles ne pouvaient se soutenir qu'à l'aide d'un bâton.

Le corps, dans la marche, se porte alternativement d'une jambe sur l'autre, et chacune de ces jambes suit dans son mouvement une ligne différente, ainsi qu'il est facile de s'en convaincre en suivant les traces d'un homme qui marche sur un terrein sablé : car les impressions de chaque jambe se répondent suivant deux lignes parallèles, et qui sont assez distantes l'une de l'autre. Il s'ensuit que dans l'exercice de la marche, le centre de gravité est porté alternativement de gauche à droite, et de droite à gauche; et il est facile de se convaincre de la réalité de ces déviations du centre de gravité dans la marche. Car si on plante deux piquets à une certaine distance l'un de l'autre, qu'ils soient de différente couleur, qu'on s'écarte de ces piquets et qu'on se place de manière que le premier cache entièrement le second; si on avance vers ces piquets, quelque effort que l'on fasse pour maintenir le corps sur la ligne droite, on verra que le second piquet se découvre et se cache alternativement; ce qui ne serait pas si on se tenait constamment sur la ligne de ces deux piquets.

Ces déviations du centre de gravité deviènent surtout fort sensibles dans les personnes qui ont les jambes courtes et qui ont beaucoup d'embonpoint; car ces personnes marchent en canetant, comme on dit, c'est-à-dire que le corps se balance

et se porte alternativement de gauche à droite,
d'une quantité très-sensible. C'est sans doute pour
borner ces déviations attachées à la marche, et
pour maintenir le centre de gravité dans une direction qui approche plus de la ligne droite, et
par conséquent pour ménager le temps, que dans
la course, nous agitons les bras de devant en arrière, en forme de balanciers, et que les cou-
reurs éprouvent plus de facilité en portant de longs
balanciers.

Le saut diffère essentiellement de la marche et
de la course, en ce que dans la marche, le centre
du corps est soutenu continuellement, au lieu que
dans le saut, le corps entier se détache du sol, et
qu'il est jeté sur une ligne parabolique, comme le
sont tous les projectiles.

Le saut est précédé constamment de la flexion
de toutes les articulations inférieures; la jambe
se fléchit sur le pied, la cuisse se fléchit sur la
jambe, et l'épine se fléchit sur les os des cuisses;
en sorte que le centre de gravité du corps, se
trouve abaissé alors d'une quantité considérable.

Borelli, pour expliquer le mécanisme du saut,
a fait observer qu'une verge de métal pliée contre
le sol, se détache et s'élève quand elle est aban-

donnée à elle-même; mais on a objecté à Borelli, et il est facile de démontrer que les mouvements de cette pièce de métal dépendent de son élasticité.

Mayou a plus clairement expliqué comment; dans les balancements répétés que les os fléchis exercent sur leur centre d'articulation, comment ces os acquièrent une force centrifuge par laquelle ils tendent à s'éloigner de leur centre d'articulation, et d'autant plus que leurs balancements sont plus rapides, et que ces os ont plus de longueur. Mais cette force centrifuge sera absolument nulle tant que le centre d'articulation ne sera pas déplacé. Il était donc réservé au célèbre M. Barthez d'apercevoir nettement tout le mécanisme du saut. M. Barthez a donc bien vu que, d'après les flexions répétées que présentent les extrémités inférieures, l'os de la cuisse, qui se meut circulairement sur l'os de la jambe, acquiert une force par laquelle il tend à s'éloigner de l'os de la jambe; et, d'un autre côté, le mouvement circulaire de la jambe sur le pied déplace l'articulation de la jambe avec la cuisse, et donne dès-lors une pleine et entière liberté à la force de projection que l'os de la cuisse avait acquise.

On voit de là que le saut suppose nécessairement plusieurs flexions dans les colonnes inférieures; on voit aussi que le saut doit être d'autant plus considérable, que les différentes pièces détachées dont ces extrémités sont composées ont plus de longueur.

LEÇON QUATORZIÈME.

Pharynx ; salive; mastication; déglutition.

Le corps animal se détruit sans cesse, surtout par
l'action combinée de l'air et du feu ; et ce mouvement de décomposition qui s'exerce d'une manière
non interrompue, et qui s'exerce dans toutes ses
parties, le réduirait bientôt à rien, s'il n'avait reçu
de la nature la faculté de choisir parmi les corps
qui l'environnent ceux qui sont capables de le nourrir, et surtout s'il n'avait la faculté de travailler ces
corps, de les élaborer, et de les assimiler plus ou
moins complétement à sa substance propre.

Nous parlerons ailleurs des phénomènes de la
digestion; mais avant que les aliments éprouvent
l'action des organes digestifs, ils doivent avoir subi
des changements ou une préparation particulière :
c'est cette préparation dont il va être question dans
cette leçon.

L'ouverture supérieure du canal alimentaire est
très-petite dans l'homme, relativement au volume
de son corps; et, dans la plupart des animaux, les

parties dont cette ouverture est composée se prolongent d'une quantité bien plus considérable.

Cette différence est fondée sur deux raisons qui
se présentent facilement : 1° c'est que cette ouverture ne contient point dans l'homme d'organes ou
de parties qui soient destinées à lui servir de moyens
d'attaque ou de défense; et, plus généralement,
l'homme n'a point reçu de moyens de cette espèce,
et la nature n'a point attaché à son corps, comme
au corps des autres animaux, aucune arme, soit
offensive, soit défensive; en sorte qu'absolument
nu de corps et d'esprit, l'homme paraît pour la
nature un objet de rebut, loin d'être un objet de
préférence. Mais c'est précisément cette nudité qui
fait sa force; c'est cet état de faiblesse qui jète et
établit le fondement de sa grandeur. L'homme n'a
reçu aucune arme de la nature, mais il a des mains,
à l'aide desquelles il peut s'en fabriquer de bien supérieures à celles dont tous les animaux sont pourvus;
il n'a pas non plus reçu la connaissance développée
ou réfléchie de tel ou tel art en particulier; mais il
a la raison, dont le bon usage le conduit à la connaissance de tous les arts et de toutes les sciences.
C'est donc parce qu'il n'est rien, qu'il peut tout
devenir; c'est parce qu'il n'est rigoureusement asservi à aucune forme décidée, qu'il peut, avec un
égal avantage, se plier à toutes.

La seconde raison de la petitesse relative de la bouche de l'homme, c'est qu'il a des organes par le moyen desquels il peut saisir facilement les substances qui doivent le nourrir, au lieu que la plupart des animaux, et, par exemple, tous les animaux bien décidément quadrupèdes, comme le sont les solipèdes et les pieds fourchus, n'ont point d'instrument de cette espèce, et que dès-lors ils sont obligés de prendre et de saisir leurs aliments avec l'organe qui correspond à la bouche de l'homme.

La bouche est composée, comme vous l'avez vu, de deux pièces osseuses, situées transversalement; l'une, inférieure, qui peut exécuter des mouvements propres qui n'appartiènent qu'à elle; l'autre, supérieure, tellement enclavée dans le crâne, qu'elle ne peut avoir d'autres mouvements que ceux qui lui sont communs avec la tête en entier.

L'ouverture de la bouche se fait par l'écartement respectif de ces deux pièces transversales, et dans ce mouvement la mâchoire inférieure est abaissée par l'action des muscles *digastriques* et *peauciers*, et en général par l'action de tous les muscles qui, d'une part, s'attachent à la mâchoire inférieure, et qui, d'autre part, s'attachent à l'os hyoïde, comme les *géénihyodiens*, les *génioglosses* : car l'effet de ces muscles porte exclusivement sur la mâchoire inférieure. Lorsque l'os hyoïde est porté, soit en bas, soit en arrière, par l'action de ses muscles propres, l'abaissement de la mâchoire inférieure est aidé bien évidemment par sa pesanteur naturelle, et aussi par le ressort de l'espèce de cartilage qui est placé dans son articulation entre l'apophyse condyloïde et la cavité glenoïde de l'os des tempes (1).

Le mouvement de la mâchoire inférieure n'est pas le seul qui décide l'ouverture de la bouche : si on presse le doigt ou tout autre corps entre les dents, et qu'on le retiène d'une manière fixe, il est facile d'observer qu'en ouvrant la bouche les dents supérieures et inférieures s'écartent de ce corps, quoiqu'à des mesures différentes : ou bien encore, si on applique fortement le menton sur un plan parfaitement im-

---

(1) Et même dans l'état le plus naturel, il paraît que c'est cette pesanteur qui est la cause principale de l'abaissement de la mâchoire ; car l'os hyoïde ne s'abaisse pas sensiblement, et ne se porte pas non plus en avant ; et, comme le dit M. John Hunter, il est facile de s'assurer par le tact, que les muscles qui s'attachent à la mâchoire inférieure et à cet os, comme les geni-hyoïdiens, et les milo-hyoïdiens ne sont point sensiblement tendus, lorsque la mâchoire inférieure s'abaisse. (*Comm. Leipsic. t.* 19, *p.* 328.)

mobile, on peut aisément ouvrir la bouche, et dès-lors il est évident que ce mouvement ne dépend que de la tête, qui se relève et se porte en arrière. Par ces expériences, et par d'autres qui sont analogues, il est donc bien démontré que la mâchoire supérieure, ou plutôt la tête en entier, contribue à l'ouverture de la bouche ; et, d'après les observations de M. Ferrein, il paraît que, dans les mouvements ordinaires, la tête y contribue pour une sixième ou mieux une cinquième partie ; et ce mouvement de la tête dépend principalement du ventre postérieur du muscle *digastrique*, qui s'attache, d'une part, à l'apophyse mastoïde, et qui inférieurement est fortement uni à l'os hyoïde.

La mâchoire inférieure est relevée par l'action des *temporaux* des *masseters*, des *pterigoïdiens* internes et externes. Lorsque ceux de ces muscles qui se correspondent dans les côtés opposés agissent à la fois et agissent avec des forces égales, ils impriment à la mâchoire inférieure un mouvement à direction droite et perpendiculaire, et dès-lors les dents incisives sont appliquées avec une action très-forte les unes contre les autres, et tendent avec beaucoup d'avantage à diviser, rompre et couper les aliments.

Mais lorsque ces puissances musculaires auxquelles la mâchoire inférieure est suspendue agissent inégalement et par un mouvement successif, elles lui impriment un mouvement oblique et circulaire, dont l'axe de révolution se trouve à la partie centrale de l'une des apophyses condyloïdes. Ce mouvement circulaire de la mâchoire inférieure applique successivement et fait rouler l'une sur l'autre les larges surfaces que présentent les dents molaires.

Ces mouvements de la mâchoire, soit le mouvement droit et perpendiculaire, soit le mouvement composé ou oblique, ne servent pas seulement à diviser et à atténuer les aliments ; la grande et principale utilité de ces mouvements, surtout des mouvements de rotation et de broyement, c'est de les imbiber et de les charger de salive, et de les en pénétrer dans leurs plus petites parties.

On connaît parfaitement les organes qui opèrent la sécrétion de la salive : on sait que ces organes ont des conduits excréteurs qui s'ouvrent dans la cavité de la bouche et qui s'y déchargent ; et quoiqu'on attribue communément les découvertes de ces faits anatomiques à Stenon, Bartholin et Warton, il paraît cependant que ces grands auteurs n'ont fait à cet égard que rappeler des connaissances très-anciennes, mais qui, comme tant d'autres,

avaient été négligées et oubliées pendant long-
temps ; car Galien, dans son traité *de Usu par-*
tium, lib. 9, et *de Semine*, lib. 2, nous parle de
ces faits comme étant très-familiers aux anatomistes
de son temps et à ceux qui l'avaient précédé.

D'un autre côté, on a fait beaucoup d'expériences sur la salive ; en sorte que l'on connaît
bien et l'histoire anatomique et l'histoire physique
de cette liqueur : mais on n'en connaît pas davantage les utilités réelles qu'elle remplit dans l'économie animale. On voit d'abord qu'elle doit être
très-importante, puisqu'on la retrouve dans tous
les animaux, ou qu'on trouve au moins dans
chacun une humeur analogue. On voit aussi que
la salive est éminemment fermentescible, et qu'elle
imprime une fermentation ou un mouvement in-
testin de décomposition à toutes les substances
avec lesquelles on la mêle ; mais, quoi qu'il en
soit, nous ne pouvons pas partir de ce fait pour
déterminer, d'une manière nette et précise, comment la salive contribue à la digestion, à la transmutation des aliments, parce que cette transmutation est un phénomène particulier *sui generis*,
et qui n'a point de représentant dans le reste de
la nature (1).

(1) Il paraît cependant qu'on est assez bien fondé à éta-

On convieut aujourd'hui assez généralement,
que l'écoulement de la salive n'est pas un effet
mécanique, et ne dépend point des compressions
portées sur les glandes salivaires dans les différents
mouvements de la mâchoire, et ce fait, qui a été
long-temps contesté, est acquis par des expériences
qui se répètent tous les jours. Tout le monde sait
qu'indépendamment de tout mouvement, la salive
coule en abondance, et s'élance, par petits jets
rapides, au seul aspect d'un mets fortement désiré,
et qu'au contraire, la bouche reste sèche lorsque
les mouvements de la mastication s'exercent ou
sur des corps décidément insipides, ou sur des
corps que le goût n'admet pas; et s'il est vrai,
comme l'a soutenu Haller (ce que Stahl avait nié
positivement), s'il est vrai qu'un morceau de bois

---

blir que la salive mêlée intimement avec les aliments, les
dispose avec beaucoup d'avantage à la dissolution qu'ils
doivent éprouver dans l'estomac; car la dissolution est
vraiment un des moyens dont la nature se sert pour préparer les aliments à la transmutation vitale : ainsi on sait
que les sucs gastriques, c'est-à-dire, les sucs qui se séparent dans l'estomac, et qui sont analognes à la salive,
sont dans tous les animaux les plus puissants dissolvants
de toutes les substances dont ces animaux peuvent se
nourrir. C'est un fait bien acquis par les expériences de
M. l'abbé Spallanzani, expériences intéressantes, à bien des
égards, mais dont cet illustre physicien a fait cependant
des applications beaucoup trop générales.

qu'on agite dans la bouche provoque l'écoulement
de la salive, d'abord il est bien évident que la quantité
de salive qui coule alors, est beaucoup moindre
que si on substituait un aliment agréable. D'ailleurs, ce fait ne prouve rien en faveur de la compression, mais il doit se rapporter au principe de
l'association des idées dont j'ai déjà eu occasion
de parler, et qui nécessite la nature à lier ensemble
et à mener de front des actes dont elle a souvent
éprouvé la coexistence.

Un des usages principaux et très-évidents de la
salive, c'est de développer et d'exalter la saveur des
aliments ; en sorte que des corps très-savoureux ne
font point d'impression, lorsque l'organe du goût
est complètement desséché, et qu'au contraire, des
corps à peu près insipides, comme du pain noir
et fort sec, prènent une saveur fort agréable, comme
l'a observé M. Haller, lorsqu'ils sont mâchés pendant long-temps et mêlés avec une grande quantité
de salive. Or, comme la salive coule bien évidemment avant que l'organe du goût ait été affecté matériellement par son objet, on voit ici une preuve
bien frappante de ce que nous avons dit ci-devant,
c'est-à-dire, de la manière active dont le principe
de vie se dispose à recevoir les sensations.

Les aliments broyés par l'action des dents, imbibés , pénétrés de salive , et réduits ainsi en consistance de pâte ou de bouillie , sont portés vers l'arrière-bouche ou le pharynx, principalement par l'action de la langue , qui , non-seulement par la variété et la facilité de ses mouvements, sert à rendre la mastication plus complète , en portant à chaque instant les aliments sous les dents , mais qui les détermine puissamment vers l'arrière-bouche, en les appliquant fortement contre la voûte du palais , par un mouvement successif, et qui est dirigé de sa pointe vers sa base.

En même temps que les aliments sont dirigés vers le pharynx par l'action de la langue , le pharynx s'ouvre et s'avance pour recevoir les aliments par l'action des muscles *stilo-pharyngiens*, *genio-glosses* , *palato-pharyngiens*.

Mais le pharynx , dans lequel nous supposons que sont poussés les aliments, ne s'ouvre pas seulement dans l'œsophage, quoique ce soit la voie la plus naturelle ; il communique encore avec les narines par le moyen des arrière-narines , qui s'ouvrent dans sa cavité. Pour que l'acte de déglutition puisse s'effectuer , il faut donc couper cette communication qui existe entre le pharynx et les narines , et c'est ce que fait le voile du palais, qui est une continuation et de la membrane qui revêt l'intérieur des narines, et de celle qui est appliquée sur la voûte du palais; dans l'acte de la déglutition, cette membrane, ou le voile du palais, est relevée et appliquée contre l'ouverture des arrière-narines, qu'elle ferme complètement par l'action des *salpingo-staphilins*.

Nous avons supposé que les aliments étaient dans le pharynx; mais, pour y parvenir, il faut qu'ils passent sur le larynx, ou sur l'ouverture de la trachée-artère; or, pour que ce passage puisse se faire sûrement, et sans que ces aliments, soit solides, soit liquides, pénètrent dans cette ouverture du larynx, il faut que cette ouverture soit complètement fermée.

On vous démontrera une pièce cartilagineuse qui est attachée à la racine de la langue, et qui répond à cette cavité du larynx; cette pièce cartilagineuse est ce qu'on appèle l'épiglotte. Or, dans la déglutition, l'épiglotte s'abaisse sur le larynx, et le ferme complétement, et elle s'abaisse d'abord par l'action du dos de la langue, ensuite par l'impulsion ou le poids même des aliments, mais surtout par l'action des muscles qui s'attachant à la mâchoire inférieure et au larynx, élèvent le larynx et le portent en avant.

Et voilà pourquoi le mouvement de déglutition

ne peut se faire sûrement qu'autant que' la bouche est fermée, ou du moins qu'autant que la mâchoire inférieure est retenue à un degré fixe, de manière qu'elle puisse fournir un point d'appui solide, et que les muscles qui s'y attachent puissent déployer toute leur action sur le larynx.

Non seulement la glotte est fermée par le moyen de l'épiglotte, il est probable aussi que les muscles *arythenoïdiens obliques* et les muscles *thyrythenoïdiens* contribuent à cet effet; car, comme ces muscles peuvent fermer la glotte, et qu'ils peuvent même la fermer avec assez de force pour que l'air, poussé par l'action combinée de toutes les puissances de l'expiration, ne trouve pas d'issue, il n'est pas douteux que ces muscles n'agissent dans toutes les circonstances où il est question d'écarter de la trachée-artère des corps qui lui seraient nuisibles.

Cependant, Messieurs, comme il n'y a rien d'absolu dans les ouvrages de la nature, et qu'elle ne s'assujétit nulle part à cette précision rigoureuse et mathématique que nous sommes toujours si portés à supposer, les moyens dont nous venons de faire l'énumération ne ferment point la glotte de manière qu'il ne reste aucune communication entre la trachée-artère et la cavité de la bouche; en sorte

qu'une petite partie de la boisson pénètre dans la
trachée-artère, et ruissèle légèrement le long de ses
parois; et, en effet, si on fait avaler à un animal
un liqueur colorée, et qu'on l'égorge sur l'heure,
on voit que toute la trachée-artère et toute l'entrée
des poumons sont pénétrées de la couleur dont la
boisson était teinte. Cette expérience, que l'on
trouve dans un traité de Corde, attribué à Hippocrate, mais qui est postérieur à cet auteur, et qui
est bien évidemment de quelque disciple d'Erasistrate, a été répétée, dans ces derniers temps, par
MM. Evers et Haller, et suivie des mêmes résultats.

Le pharynx, fermé, du côté de la bouche, par
l'action de la langue, qui est fortement appliquée
contre la voûte du palais, fermé, du côté du nez,
par le voile du palais, qui, s'il ne ferme point
complètement les arrière-narines à chaque acte de
déglutition, s'applique au moins sur les aliments,
et les écarte de ces arrière-narines, le pharynx,
dis-je, ne présente d'autre ouverture que celle de
l'œsophage, et les aliments qui y sont contenus
sont contraints de passer dans ce canal par lequel
ils sont portés dans l'estomac, comme nous le dirons dans la suite.

FIN DU PREMIER VOLUME.

TABLE

DES LEÇONS D'OSTÉOLOGIE ET DE MYOLOGIE

CONTENUES DANS CE VOLUME.

~~~~~~~~~~~~~~

OSTÉOLOGIE FRAICHE.

MYOLOGIE.

FIN DE LA TABLE.

www.ingramcontent.com/pod-product-compliance
Lightning Source LLC
Chambersburg PA
CBHW060920220326
41599CB00020B/3033